普通高等教育"十三五"规划教材　风景园林与园林系列

风景园林
计算机辅助设计

闫双喜　主编

化学工业出版社

·北京·

《风景园林计算机辅助设计》是根据风景园林与园林专业高等教育的特点，结合对风景园林等专业型人才的要求而编写的，全书共分为三部分，分别详细介绍了AutoCAD 2014软件的基础知识、基本图形绘制、编辑命令、文本、表格和尺寸标注、图块的应用及插入外部文件和图形的输出与打印；3DS Max 2012软件的基础知识、创建几何形体、二维物体绘制、用于模型建立编辑修改器、高级建模、材质与贴图、中文版灯光和摄影机和园林效果图建模实例；Photoshop CS6软件的入门知识、基本绘图工具、图层的应用、通道和蒙版、滤镜的使用和园林效果图的制作。且每章后面均配有思考与练习题，非常方便于进行自学。图文并茂，内容翔实。

《风景园林计算机辅助设计》可作为风景园林、园林、景观、建筑、城市规划、环境艺术专业的教材或教学参考书，同时也可作为相关行业设计人员、园林工作者及园林爱好者的实用参考书。

图书在版编目（CIP）数据

风景园林计算机辅助设计/闫双喜主编．—北京：化学工业出版社，2016.7（2023.6重印）

普通高等教育"十三五"规划教材·风景园林与园林系列

ISBN 978-7-122-26974-4

Ⅰ．①风⋯　Ⅱ．①闫⋯　Ⅲ．①园林设计-计算机辅助设计-应用软件-高等学校-教材　Ⅳ．①TU986.2-39

中国版本图书馆CIP数据核字（2016）第094158号

责任编辑：尤彩霞　　　　　　　　　　装帧设计：关　飞
责任校对：王　静

出版发行：化学工业出版社（北京市东城区青年湖南街13号　邮政编码100011）
印　　装：北京科印技术咨询服务有限公司数码印刷分部
880mm×1230mm　1/16　印张18¾　字数638千字　2023年6月北京第1版第4次印刷

购书咨询：010-64518888　　　　　　　售后服务：010-64518899
网　　址：http://www.cip.com.cn

凡购买本书，如有缺损质量问题，本社销售中心负责调换。

定　价：59.00元　　　　　　　　　　　　　　　　　　版权所有　违者必究

普通高等教育"十三五"规划教材·风景园林与园林系列

《风景园林计算机辅助设计》编写人员名单

主　　编　闫双喜
副 主 编　周　冰
　　　　　　叶美金
　　　　　　黎　盛
编写人员
　　　　　　郭　楠　　河南农业大学
　　　　　　黎　盛　　西南大学
　　　　　　李　倩　　四川农业大学
　　　　　　李传磊　　无锡市广播电视大学
　　　　　　刘保国　　河南农业大学
　　　　　　刘道纯　　信阳农林学院
　　　　　　刘志军　　河南农业大学
　　　　　　田自武　　河北工程大学
　　　　　　王　超　　河南农业大学
　　　　　　闫双喜　　河南农业大学
　　　　　　叶美金　　成都师范学院
　　　　　　张　硕　　成都师范学院
　　　　　　周　冰　　河南农业大学
　　　　　　周梦艳　　江苏省相城中等专业学校

前　言

计算机辅助设计在风景园林规划设计中正在起到越来越大的作用，亦是风景园林、园林等专业的基础必修课程之一。虽然目前市场上已有一些高等院校风景园林及其相近专业计算机辅助设计的教材，但因其专业软件更新较快，因此有待于及时更新与完善。

《风景园林计算机辅助设计》教材根据该专业高等教育的特点，结合对风景园林等专业型人才的要求而编写，全书以实用性为原则，基础知识以够用为度，重点进行操作技能的训练，通过大量实际案例训练，循序渐进，能使学生轻松入门，熟练掌握常用三大软件即 AutoCAD、Photoshop CS6 和 3DS Max 的基础知识、基本技能操作和案例训练。

为了加强学生的实际操作能力，本教材编写中加强了实验实训内容，突出强调该学科的应用性和实用性，本教材基本概念和基本理论阐述清晰，基本反映本学科的发展趋势，注重本学科的系统性及与后续课程的联系。鉴于以前的教材大多选用早期的软件版本，本教材拟选用最新的软件版本，如 AutoCAD 2014、3DS Max2012 和 Photoshop CS6。

全书分为三部分，分别详细介绍了 AutoCAD 2014 软件的基础知识、基本图形绘制、编辑命令、文本、表格和尺寸标注、图块的应用及插入外部文件和图形的输出与打印；3DS Max 2012 的基础知识、创建几何形体、二维物体绘制、用于模型建立编辑修改器、高级建模、材质与贴图、中文版灯光和摄影机和园林效果图建模实例；Photoshop CS6 软件的入门知识、基本绘图工具、图层的应用、通道和蒙版、滤镜的使用和园林效果图制作。且每章后面均配有练习题，非常方便学生和爱好者自学。

本书既是普通高等学校的园林、风景园林、景观学、城市规划等相关专业的学习教材，同时也可作为相关专业的自学考试和网络教育等的学习教材，也可作为高职高专院校、本科院校举办的职业技术学院等相关专业的培训班、五年制高职、成人教育等相关专业的教材，也可作为园林工程设计工作人员、林业管理人员、工程技术人员的的参考用书。

本教材编写分工如下：第 1~2 章由李传磊编写，第 3 章由刘道纯编写，第 4~6 章由闫双喜编写，第 7~10 章由周冰编写，第 11~14 章由田自武编写，第 15 章和第 20 章由周梦艳编写，第 16 章由李倩编写，第 17 章由黎盛编写，第 18 章由张硕编写，第 19 章由叶美金编写。书中 AutoCAD 部分由闫双喜、叶美金和郭楠统稿，3DS Max 部分由周冰和王超通稿，Photoshop 部分由黎盛、刘志军和刘保国统稿。

由于时间仓促，编者水平有限，书中难免有疏漏之处，敬请广大读者批评指正。

编者

2016 年 7 月

目 录

第1篇 AutoCAD 2014

第1章 AutoCAD 2014 基础知识 ... 1

- 1.1 园林设计制图的基本知识 ... 1
  - 1.1.1 园林设计基本概念 ... 1
  - 1.1.2 园林设计制图的基本知识 ... 2
- 1.2 AutoCAD 2014 入门 ... 3
  - 1.2.1 操作界面与绘图环境 ... 3
  - 1.2.2 基本输入操作 ... 8
  - 1.2.3 图形显示工具 ... 11
  - 1.2.4 辅助绘图工具 ... 12
  - 1.2.5 设计中心与工具选项板 ... 19
  - 1.2.6 图层管理 ... 20
  - 1.2.7 图形对象的特性及修改 ... 24
  - 1.2.8 文件管理 ... 26
- 1.3 上机操作 ... 27
- 本章小结 ... 28
- 思考与练习 ... 29

第2章 AutoCAD 2014 基本图形绘制 ... 30

- 2.1 直线与点命令 ... 30
  - 2.1.1 绘制直线 ... 30
  - 2.1.2 绘制构造线 ... 30
  - 2.1.3 绘制点 ... 30
  - 2.1.4 实例 ... 31
- 2.2 圆类图形 ... 32
  - 2.2.1 绘制圆 ... 32
  - 2.2.2 实例 ... 32
  - 2.2.3 绘制圆弧 ... 33
  - 2.2.4 实例 ... 33
  - 2.2.5 绘制圆环 ... 33
  - 2.2.6 实例 ... 33
  - 2.2.7 绘制椭圆与椭圆弧 ... 34
  - 2.2.8 实例 ... 34
  - 2.2.9 绘制修订云线 ... 34
  - 2.2.10 实例 ... 35
- 2.3 多边形绘制 ... 35
  - 2.3.1 绘制矩形 ... 35
  - 2.3.2 实例 ... 35
  - 2.3.3 绘制正多边形 ... 36
  - 2.3.4 实例 ... 36
- 2.4 多段线 ... 37
  - 2.4.1 绘制多段线 ... 37
  - 2.4.2 编辑多段线 ... 37
  - 2.4.3 实例 ... 38
- 2.5 样条曲线 ... 39
  - 2.5.1 启动样条曲线 ... 39
  - 2.5.2 编辑样条曲线 ... 39
  - 2.5.3 实例 ... 39
- 2.6 多线 ... 40
  - 2.6.1 绘制多线 ... 40
  - 2.6.2 定义多线样式 ... 40
  - 2.6.3 编辑多线 ... 41
  - 2.6.4 实例 ... 41
- 2.7 图案填充 ... 43
  - 2.7.1 图案填充 ... 43
  - 2.7.2 图案填充编辑 ... 44
  - 2.7.3 实例 ... 44
- 本章小结 ... 45
- 思考与练习 ... 46

第3章 AutoCAD 2014 编辑命令 ... 48

- 3.1 选择对象 ... 48
- 3.2 删除及恢复类命令 ... 49
  - 3.2.1 删除 ... 49
  - 3.2.2 恢复 ... 49
  - 3.2.3 清理 ... 49
- 3.3 复制类命令 ... 50
  - 3.3.1 复制 ... 50
  - 3.3.2 实例 ... 50

- 3.3.3 镜像 ... 51
- 3.3.4 实例 ... 51
- 3.3.5 偏移 ... 51
- 3.3.6 实例——喷泉池顶视图 ... 52
- 3.3.7 阵列 ... 52
- 3.3.8 实例——喷泉顶视图 ... 54
- 3.4 改变位置类命令 ... 55
  - 3.4.1 移动 ... 55
  - 3.4.2 旋转 ... 55
  - 3.4.3 实例——指北针 ... 55
  - 3.4.4 缩放 ... 56
  - 3.4.5 实例 ... 56
- 3.5 改变几何特性类命令 ... 57
  - 3.5.1 打断 ... 57
  - 3.5.2 打断于点 ... 57
  - 3.5.3 分解 ... 57
  - 3.5.4 合并 ... 58
  - 3.5.5 修剪 ... 58
- 3.5.6 实例 ... 59
- 3.5.7 延伸 ... 59
- 3.5.8 实例 ... 60
- 3.5.9 拉伸 ... 60
- 3.5.10 拉长 ... 60
- 3.5.11 倒角 ... 61
- 3.5.12 实例 ... 61
- 3.5.13 圆角 ... 62
- 3.5.14 实例 ... 62
- 3.5.15 光顺曲线 ... 63
- 3.6 对象编辑 ... 63
  - 3.6.1 钳夹功能 ... 63
  - 3.6.2 修改对象属性 ... 64
  - 3.6.3 特性匹配 ... 64
  - 3.6.4 实例 ... 64
- 3.7 上机操作 ... 65
- 本章小结 ... 65
- 思考与练习 ... 65

第4章 文本、表格和尺寸标注 ... 66

- 4.1 绘制辅助工具 ... 66
  - 4.1.1 精确定位工具 ... 66
  - 4.1.2 对象捕捉工具 ... 68
- 4.2 文字 ... 69
  - 4.2.1 文字样式 ... 69
  - 4.2.2 单行文本标注 ... 70
  - 4.2.3 多行文本标注 ... 71
  - 4.2.4 文本编辑 ... 73
- 4.3 表格 ... 73
- 4.3.1 定义表格样式 ... 73
- 4.3.2 创建表格 ... 74
- 4.3.3 表格文字编辑 ... 75
- 4.4 尺寸标注 ... 75
  - 4.4.1 尺寸样式 ... 75
  - 4.4.2 尺寸标注 ... 77
- 本章小结 ... 79
- 思考与练习 ... 79

第5章 图块的应用及插入外部文件 ... 81

- 5.1 图块的应用 ... 81
  - 5.1.1 创建图块 ... 81
  - 5.1.2 插入图块 ... 83
  - 5.1.3 修改图块 ... 84
- 5.2 编辑图块属性 ... 85
  - 5.2.1 创建与附着属性 ... 85
  - 5.2.2 编辑块的属性 ... 86
- 5.3 外部参照的使用 ... 87
- 5.3.1 附着外部参照 ... 87
- 5.3.2 管理外部参照 ... 87
- 5.3.3 剪裁外部参照 ... 88
- 5.4 设计中心的应用 ... 89
  - 5.4.1 启动设计中心 ... 89
  - 5.4.2 插入设计中心内容 ... 90
- 本章小结 ... 90
- 思考与练习 ... 90

第6章 图形的输出与打印 ... 91

- 6.1 模型空间、图纸空间和布局概念 ... 91
  - 6.1.1 什么是模型空间和图纸空间 ... 91
  - 6.1.2 布局的创建与管理 ... 91
  - 6.1.3 浮动视口的特点 ... 94
- 6.2 图形输出 ... 94
  - 6.2.1 页面设置 ... 94
- 6.2.2 打印设置 ... 97
- 6.3 定制布局样板 ... 97
  - 6.3.1 布局样板的意义 ... 97
  - 6.3.2 创建布局样板举例 ... 98
- 本章小结 ... 99
- 思考与练习 ... 99

第 2 篇 3DS Max 2012

第 7 章 3DS Max 2012 基础知识 ······ 101

- 7.1 3DS Max 2012 界面认识 ······ 101
  - 7.1.1 界面布局设定 ······ 101
  - 7.1.2 功能区介绍 ······ 101
- 7.2 空间坐标介绍 ······ 103
  - 7.2.1 空间坐标 ······ 103
  - 7.2.2 坐标轴控制 ······ 104
- 7.3 视图类型 ······ 105
  - 7.3.1 视窗切换 ······ 105
  - 7.3.2 视图显示模式 ······ 107
- 本章小结 ······ 107

第 8 章 3DS Max 2012 创建几何形体 ······ 108

- 8.1 基本几何物体建立 ······ 108
  - 8.1.1 认识基本三维物体 ······ 108
  - 8.1.2 基本参数修改 ······ 108
- 8.2 选择功能介绍 ······ 110
  - 8.2.1 基本选择 ······ 110
  - 8.2.2 选择的其他方式 ······ 112
  - 8.2.3 集合与群组 ······ 113
- 8.3 复制功能介绍 ······ 114
  - 8.3.1 常规复制 ······ 114
  - 8.3.2 空间复制 ······ 115
- 本章小结 ······ 117

第 9 章 3DS Max 2012 二维物体绘制 ······ 118

- 9.1 二维线体的基本建立 ······ 118
  - 9.1.1 二维图形创建 ······ 118
  - 9.1.2 基本参数修改 ······ 118
- 9.2 二维曲线修改面板 ······ 119
  - 9.2.1 编辑面板认识与编辑 ······ 119
  - 9.2.2 编辑修改项目列表 ······ 120
- 9.3 子层级修改功能介绍 ······ 120
  - 9.3.1 塌陷编辑 ······ 120
  - 9.3.2 二维图形点段线的编辑介绍 ······ 120
- 本章小结 ······ 123

第 10 章 3DS Max 2012 用于模型建立编辑修改器 ······ 124

- 10.1 二维曲线常规转换为三维物体 ······ 124
  - 10.1.1 命令类型 ······ 124
  - 10.1.2 基本参数控制 ······ 124
- 10.2 二维曲线放样建模 ······ 128
  - 10.2.1 造型原理 ······ 128
  - 10.2.2 产生造型物体的条件 ······ 128
  - 10.2.3 多型放样 ······ 129
  - 10.2.4 造型基础编辑 ······ 130
- 本章小结 ······ 133

第 11 章 3DS Max 2012 高级建模 ······ 134

- 11.1 可编辑网格和可编辑多边形 ······ 134
  - 11.1.1 可编辑多边形的子层级对象 ······ 134
  - 11.1.2 "可编辑多边形"的"选择"卷展栏 ··· 134
  - 11.1.3 "编辑几何体"卷展栏 ······ 135
  - 11.1.4 编辑子层级对象卷展栏 ······ 135
- 11.2 多边形细分曲面和平滑 ······ 138
  - 11.2.1 "可编辑多边形"的"细分曲面"卷展栏 ······ 138
  - 11.2.2 网格平滑修改器 ······ 139
  - 11.2.3 "涡轮平滑"修改器 ······ 140
- 11.3 常用变形修改器 ······ 140
  - 11.3.1 添加修改器方法 ······ 140
  - 11.3.2 使用修改器堆栈 ······ 140
  - 11.3.3 对象空间修改器 ······ 141
- 11.4 复合对象建模和编辑 ······ 142
  - 11.4.1 布尔运算 ······ 142
  - 11.4.2 地形建立 ······ 144
- 本章小结 ······ 146

第 12 章 3DS Max 2012 材质与贴图 ······ 147

- 12.1 材质编辑器面板 ······ 147
  - 12.1.1 Slate 材质编辑器 ······ 147

12.1.2	精简材质编辑器 …………… 148	12.3.1	常用的贴图类型 …………… 153
12.2	材质类型 …………………………… 149	12.3.2	材质的贴图通道 …………… 154
12.2.1	标准材质 …………………… 150	12.3.3	贴图坐标 …………………… 155
12.2.2	"Ink'n Paint"材质 ……… 151	12.3.4	坐标修改器 ………………… 155
12.3	贴图和贴图坐标 …………………… 152	本章小结	……………………………………… 156

第 13 章　3DS Max 2012 中文版灯光和摄影机 …………………………………… 157

13.1	光源类型 …………………………… 157	13.3.1	摄影机的意义 ……………… 162
13.1.1	灯光的类型和特点 ………… 157	13.3.2	摄影机的类型 ……………… 162
13.1.2	光源的创建和命名 ………… 159	13.3.3	摄影机的特性 ……………… 163
13.1.3	灯光参数调整 ……………… 160	13.3.4	摄影机的创建 ……………… 163
13.2	场景灯光布置 ……………………… 161	13.3.5	摄影机的参数设置 ………… 163
13.2.1	认知场景灯光 ……………… 161	13.4	摄影机的创建和布置 ……………… 164
13.2.2	三点照明法布置场景灯光 … 161	本章小结	……………………………………… 165
13.3	摄影机 ……………………………… 162		

第 14 章　3DS Max 2012 园林效果图建模实例 …………………………………… 166

14.1	广场草坪树池建模和材质贴图 …… 166	14.2.3	花架摄影机和场景灯光布局 … 174
14.1.1	创建场地模型 ……………… 166	14.2.4	花架渲染成图 ……………… 175
14.1.2	材质贴图及参数调整 ……… 169	14.2.5	喷泉模型创建 ……………… 175
14.1.3	场景灯光和摄影布局 ……… 171	14.2.6	喷泉材质贴图和参数调整 … 178
14.1.4	渲染成图 …………………… 171	14.2.7	喷泉场景摄影机和灯光布局 … 179
14.2	建筑小品场景创建 ………………… 172	14.2.8	喷泉渲染成图 ……………… 179
14.2.1	创建花架模型 ……………… 172	14.3	综合场景 …………………………… 180
14.2.2	花架材质贴图和参数调整 … 174	本章小结	……………………………………… 180

第 3 篇　Photoshop CS6

第 15 章　Photoshop CS6 入门 ………………………………………………………… 181

15.1	认识图像 …………………………… 181	15.2.2	工具箱 ……………………… 183
15.1.1	图像种类 …………………… 181	15.3	文件管理 …………………………… 184
15.1.2	位图的相关概念 …………… 181	15.3.1	新建文件 …………………… 184
15.1.3	色彩属性 …………………… 181	15.3.2	打开文件 …………………… 184
15.1.4	颜色模式 …………………… 182	15.3.3	保存文件 …………………… 185
15.1.5	图像文件格式 ……………… 182	15.3.4	退出 ………………………… 185
15.2	操作界面 …………………………… 183	思考与练习	…………………………………… 185
15.2.1	菜单栏 ……………………… 183		

第 16 章　Photoshop CS6 基本绘图工具 …………………………………………… 186

16.1	选择工具 …………………………… 186	16.2.2	缩放、平移工具 …………… 190
16.1.1	矩形选框工具组 …………… 186	16.2.3	裁切工具 …………………… 192
16.1.2	套索工具组 ………………… 187	16.3	画笔工具 …………………………… 194
16.1.3	魔术棒工具 ………………… 188	16.3.1	画笔工具 …………………… 194
16.1.4	选区控制 …………………… 188	16.3.2	画笔面板 …………………… 195
16.2	移动、缩放、平移和裁剪工具 …… 190	16.3.3	铅笔工具 …………………… 199
16.2.1	移动工具 …………………… 190	16.3.4	历史记录画笔工具 ………… 199

	16.3.5	历史记录艺术画笔工具	200		16.6.2	创建横排文字	208
	16.3.6	颜色替换工具	200		16.6.3	创建直排文字	209
16.4		图像修饰工具	201		16.6.4	调整文字格式	210
16.5		填充及渐变工具	207	16.7		路径和形状工具	212
	16.5.1	渐变工具	207	16.8		图像的调整	216
	16.5.2	渐变编辑器	207		16.8.1	图像色彩的调整	216
	16.5.3	油漆桶工具	208		16.8.2	图像色调的调整	223
16.6		文字工具	208		16.8.3	特殊色彩的调整	227
	16.6.1	文字工具组	208	思考与练习			228

第 17 章　图层的应用　230

17.1		图层的基础	230		17.3.1	正常模式	235
	17.1.1	图层面板	230		17.3.2	加深模式	236
	17.1.2	图层类型	230		17.3.3	减淡模式	237
	17.1.3	创建图层	231		17.3.4	对比模式	237
	17.1.4	选择图层	231		17.3.5	比较模式	239
	17.1.5	隐藏和显示图层	231		17.3.6	构成模式	239
	17.1.6	改变图层顺序	231	17.4		图层蒙版	240
	17.1.7	复制和删除图层	231		17.4.1	图层蒙版的原理	240
	17.1.8	拷贝和粘贴图层	232		17.4.2	添加图层蒙版	240
	17.1.9	填充图层	232		17.4.3	图层蒙版的作用	240
	17.1.10	图层的透明度和填充度	232		17.4.4	图层蒙版面板	242
	17.1.11	移动和变换图层	232		17.4.5	编辑图层蒙版	243
17.2		管理图层	232	17.5		图层样式	243
	17.2.1	图层命名和颜色标记	232		17.5.1	添加图层样式	243
	17.2.2	链接和锁定图层	232		17.5.2	图层样式命令	243
	17.2.3	创建图层组	233		17.5.3	编辑图层样式	245
	17.2.4	拼合图层	233		17.5.4	图层样式综合运用	245
	17.2.5	图层的筛选	234	17.6		调整图层	247
	17.2.6	图层的对齐与分布	234	思考与练习			251
17.3		图层混合模式	235				

第 18 章　通道和蒙版　253

18.1		通道	253		18.2.2	矢量蒙版	257
	18.1.1	通道概述	253	18.3		范例操作	258
	18.1.2	通道操作	254		18.3.1	利用通道快速抠树	258
	18.1.3	通道编辑	254		18.3.2	树木和草坪的快速处理	259
18.2		蒙版	257	本章小结			260
	18.2.1	图层蒙版	257	思考与练习			260

第 19 章　滤镜的使用　261

19.1		认识滤镜	261	19.4		滤镜的分类及使用方法	262
	19.1.1	滤镜的概念	261		19.4.1	内置滤镜	262
	19.1.2	使用滤镜的注意事项	261		19.4.2	外挂滤镜	272
	19.1.3	滤镜的作用范围	261	本章小结			273
19.2		Photoshop CS6 滤镜新增功能	261	思考与练习			273
19.3		转换智能滤镜	262				

第20章 用 Photoshop CS6 制作园林效果图 …………………………………………………… 276

20.1 园林平面效果图制作……………… 276
20.2 园林立面效果图制作……………… 279
20.3 园林透视效果图后期制作………… 280
20.4 园林鸟瞰效果图后期制作………… 284
20.5 园林功能分区图的制作…………… 286
本章小结 ……………………………………… 289
思考与练习 …………………………………… 289

参考文献 ……………………………………………………………………………………… 290

第 1 篇　AutoCAD 2014

第 1 章　AutoCAD 2014 基础知识

1.1　园林设计制图的基本知识

1.1.1　园林设计基本概念

1.1.1.1　概述

园林是指在一定地域内运用工程技术和艺术手段，通过因地制宜地改造地形，整治水系，栽种植物，营造建筑和布置园路等方法创作而成的优美的游憩境域。这门学科所涉及的知识面较广，它包含文学、艺术、生物、生态、工程、建筑等诸多领域，同时又要求综合各学科的知识统一于园林艺术之中。所以，园林设计是一门研究如何应用艺术和技术手段处理自然、建筑和人类活动之间复杂关系，达到和谐完美、生态良好、景色如画之境界的一门学科。

园林设计的最终目的是创造出优美、舒适、健康文明的游憩境域，一方面满足人们休息、娱乐的物质文明需要，另一方面要满足人的精神文明的需求。在这个过程中，要遵循"适用、经济、美观"的原则。适用包含两方面含义，一方面是指正确选址，因地制宜；另一方面要适合所服务的对象。在考虑"适用"的前提下，要考虑经济问题，尽量在投资少的情况下，建设出质量高的园林。最好要做到在"适用""经济"的前提下，尽量做到"美观"满足园林布局造景的艺术的要求。在园林设计过程中要把这三者统一考虑，最终创造出理想的园林作品。

1.1.1.2　园林设计的内容及要素

一般来说，园林的构成要素包括五大部分：地形、水体、园林建筑、植物、广场和道路。这五大要素通过有机组合，构成一定特殊的园林形式，成为表达某一性质、某一主题思想的园林作品。

(1) 地形

地形是园林的基底和骨架，主要包括平地、土丘、丘陵、山峦、山峰、凹地、谷地等类型。地形因素的利用和改造，将影响到园林的形式、建筑的布局、植物配植、景观效果等因素。总的来说，地形在园林设计中可以起到如下的作用。

骨架作用：地形是构成园林景观的骨架，是园林中所有景观元素与设施的载体，它为园林中其他景观要素提供了赖以存在的基面。地形对建筑、水体、道路等的选线、布置等都有重要的影响。地形坡度的大小、坡面的朝向也往往决定建筑的选址及朝向。因此，在园林设计中，要根据地形合理地布置建筑、配置树木等。

空间作用：地形具有构成不同形状、不同特点园林空间的作用。地形因素直接制约着园林空间的形成。地块的平面形状、竖向变化等都影响园林空间的状况，甚至起到决定性的作用。如在平坦宽阔的地形上形成的空间一般是开敞空间，而在山谷地形中的空间则必定是闭合空间。

景观作用：作为造园诸要素载体的底界面，地形具有扮演背景角色的作用。如一块平地上的园林建筑、小品、道路、树木、草坪等形成一个个的景点，而整个地形则构成此园林空间诸景点要素的共同背景。除此之外，地形还具有许多潜在的视觉特效，通过对地形的改造和组合，形成不同的形状，可以产生不同的视觉效果。

(2) 水体

我国园林以山水为特色，水因山转，山因水活。水体能使园林产生很多生动活泼的景观。形成开朗明净的空间和透景线，所以也可以说水体是园林的灵魂。

水体可以分为静水和动水两种类型。静水包括湖、池、塘、潭、沼等形态；动水常见的形态有河、湾、溪、渠、涧、瀑布、喷泉、涌泉、壁泉等。另外，水声、倒影等也是园林水景的重要组成部分。水体中还可形成堤、岛、洲、渚等地貌。

园林水体在住宅绿化中的表现形式为：喷水、跌水、流水、池水等。其中喷水包括水池喷水、旱池喷水、浅池喷水、盆景喷水、自然喷水、水幕喷水等；跌水包括假山瀑布、水幕墙等。

（3）园林建筑

园林建筑，主要指在园林中成景的，同时又为人们赏景、休息或起交通作用的建筑和建筑小品的设计，如园亭、园廊等。园林建筑不论单体或组群，通常是结合地形、植物、山石、水池等组成景点、景区或园中园，它们的形式、体量、尺度、色彩以及所用的材料等，同所处位置和环境的关系特别密切。

从园林中所占面积来看，建筑是无法和山、水、植物相提并论的。它之所以成为"点睛之笔"，能够吸引大量的浏览者，就在于它具有其他要素无法替代的、最适合于人活动的内部空间，是自然景色的必要补充。

（4）植物

植物是园林中有生命的构成要素。植物要素包括乔木，灌木，攀援植物，花卉，草坪等。植物的四季景观，本身的形态、色彩、芳香等都是园林造景的题材。园林植物与地形、水体、建筑、山石等有机的配植，可以形成优美的环境改成园林。除了要考虑植物要素外，在条件允许的情况下，还需增加动物景观规划，如观鱼游、听鸟鸣等，让动物植物形成共生共荣的生物生态景观，为园林景观增色。

（5）广场和道路

园林广场和道路是整个园林的重要组成部分。道路相当于园林的脉络，起到组织游览路线、联系空间的作用；广场可以认为是道路的扩大部分，其规划布局必须在满足该区域使用功能的要求，同时与周围环境相协调，才能更好地体现出整个园林的功能与价值。广场与道路的形式可以是规则的，也可以是自然的，或自由曲线流线形的，都要因地制宜地进行布置。有时候也把园林广场和道路归纳到园林建筑元素内。

1.1.2 园林设计制图的基本知识

1.1.2.1 园林设计制图概述

园林设计制图是指建造一块园林绿地之前，设计者根据建设计划及当地的具体情况，把对这块地的内容，通过各种图纸及简要说明把它表达出来，使大家知道这块园林绿地上将来要建设的建筑、水体、园路、小品是什么样子的。施工人员根据这些图纸和说明，可以依照我们所绘的图纸和说明，把这块园林绿地建造出来。

1.1.2.2 园林设计平面图纸的绘制

园林设计平面图是表现规划范围内的各种造园要素（如地形、山石、水体、建筑及植物等）布局位置的水平投影图，它是反映园林工程总体设计意图的主要图纸，也是绘制其他图纸及造园施工的依据。

由于园林设计平面图的比例较小，设计者不可能将构思中的各种造园要素以其真实形态表达于纸上，而是采用一些经国家统一制定的或"约定俗成"的简单图例来说明。

园林地形的高低变化及其分布情况通常用等高线表示。设计地形等高线用细实线绘制，原地形等高线用细虚线绘制，设计平面图中等高线可以不注高程。

园林建筑在大比例图纸绘制过程中，对于有门窗的建筑，可采用通过窗台以上部位的水平剖面图来表示，对于没有门窗的建筑，采用通过支撑柱部位的水平剖面图来表示。用粗实线画出建筑的断面轮廓，用中实线画出其他可见轮廓。此外，也可采用屋顶平面图来表示，用粗实线画出外轮廓，用细实线画出屋面。对花坛、花架等建筑小品用细实线画出投影轮廓。在小比例图纸中（1:1000以上），只需用粗实线画出水平投影外轮廓线，建筑小品可不画。

园林水体一般用两条线表示，外面的一条表示水体边界线（即驳岸线），用粗实线绘制；里面的一条表示水面，用细实线绘制。

园林山石均采用其水平投影轮廓线概括表示，以粗实线绘出边缘轮廓，以细实线概括出皱纹。

园路用细实线画出路缘，对铺装路面也可按设计图案简略示出。

园林植物由于种类繁多、姿态各异，平面图中无法详尽表达，一般采用"图例"概括表示，在使用常用的植物平面图图例以外的图例时，应在图纸中适当位置画出并说明其含义。

为了更清楚地表达设计意图，必要时总平面图上可书写说明性文字，如图例说明，园林作品的方位、朝向、占地范围、地形、地貌、周围环境及建筑物室内外标高等。

1.1.2.3 园林建筑图纸的绘制

园林建筑图纸一般可分为初步设计图纸和施工图图纸两个方面，较复杂的工程项目还要进行技术图纸的绘制。

（1）初步设计图的绘制

初步设计图的内容包括基本图样：总平面图、建筑平立剖面图、有关技术和构造说明、主要技术经济指标等。

初步设计图尽量画在同一张图纸上，图面布置可以灵活些，表达方法可以多样，例如可以画上阴影和配景，或用色彩渲染，以加强图面效果。

初步设计图上要画出比例尺并标注主要设计尺寸，例如总体尺寸、主要建筑的外形尺寸、轴线定位尺寸和功能尺寸等。

(2) 施工图的绘制

园林建筑施工图的绘制要求如下：

① 确定绘制图样的数量。根据建筑的外形、平面布置、构造和结构的复杂程度决定绘制哪些图样。在保证能顺利完成施工的前提下，图样的数量应尽量少。

② 在保证图样能清晰地表达其内容的情况下，根据各类图样的不同要求，选用合适的比例，平立剖面图尽量采用同一比例。

③ 进行合理的图面布置。尽量保持各图样的投影关系，或将同类型的、内容关系密切的图样集中绘制。

④ 通常先画建筑施工图，一般按总平面｜平面图｜立面图｜剖面图｜建筑详图的顺序进行绘制。再画结构施工图，一般先画基础图、结构平面图，然后分别画出各构件的结构详图。

⑤ 园林建筑小品一般用平、立、剖面图，表达其外形和各部分的装配关系。

⑥ 尺寸在标有建施的图样中，主要标注与装配有关的尺寸、功能尺寸、总体尺寸。

⑦ 需编写施工总说明。施工总说明包括的内容有：放样和设计标高、基础防潮层、楼面、楼地面、屋面、楼梯和墙身的材料和做法，室内外粉刷、装修的要求、材料和做法等。

1.1.2.4 园林施工图纸的绘制

施工图设计包括封面、图纸目录、设计说明、图纸等。设计要求齐全、完整，内容、深度应符合规定，文字说明、图纸要准确清晰。在编排上按先总后分的规则进行编排；较小的项目通常按"总图｜详图"的顺序编排；有一些较大型的项目常分成多个片区，编排上则按"总图｜分区，分区总图｜分区详图"的规则来排序。

在园林施工图中通常包括建筑、水、电等专业图纸，这需要按不同的专业分类，一般按工序先后编排：土方｜园建｜结构｜水｜电｜种植。如果建筑、水电等专业图纸量大时，应按专业分册编排。

具体园林施工图绘制内容有以下几部分：

① 文字部分：封面，目录，总说明，材料表等。

② 施工放线：施工总平面图，各分区施工放线图，局部放线详图等。

③ 土方过程：竖向施工图，土方调配图。

④ 建筑工程：建筑设计说明，建筑构造作法一览表，建筑平面图、立面图、剖面图，建筑施工详图等。

⑤ 结构工程：结构设计说明，基础图、基础详图，梁、柱详图，结构构件详图。

⑥ 电气工程：电气设计说明，主要设备材料表，电气施工平面图、施工详图、系统图、控制线路图等。大型工程应按强电、弱电、火灾报警及其智能系统分别设置目录。

⑦ 给排水工程：给排水设计说明，给排水系统总平面图、详图、给水、消防、排水、雨水系统图，喷灌系统施工图。

⑧ 园林绿化工程：植物种植设计说明，植物材料表，种植施工图，局部施工放线图，剖面图等。如果采用乔、灌、草多层组合，分层种植设计较为复杂，应该绘制分层种植施工图。

园林制图是表达园林设计意图最直接的方法，是每个园林设计师必须掌握的技能。园林CAD制图是园林设计的基本语言。

1.2 AutoCAD 2014 入门

1.2.1 操作界面与绘图环境

AutoCAD 2014 的操作界面是打开软件的第一个画面，也是 AutoCAD 2014 显示编辑图形的区域。

启动 AutoCAD 2014 后的默认界面，是 AutoCAD 2009 以后出现的新界面的风格——"草图与注释"模式，其显示形式与"AutoCAD 经典"模式略有不同，为了便于学习和使用过以前版本的用户学习，采用 AutoCAD 经典模式对其界面进行介绍（图1-1）。

图1-1 AutoCAD 2014 的操作界面

不同风格操作界面具体转换方法是：单击界面右下角的"切换工作空间"按钮（图1-2），在弹出的菜单中选择"AutoCAD 经典"。

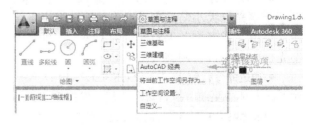

图1-2 操作界面转换方式

1.2.1.1 经典操作界面

一个完整的 AutoCAD 经典操作界面包括标

题栏、菜单栏、工具栏、坐标系图标、布局标签、状态栏、命令行窗口、状态托盘和滚动条等部分组成（图1-3）。

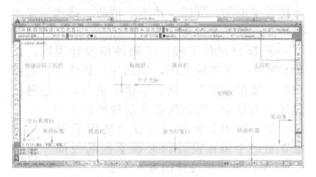

图1-3 经典操作界面

(1) 标题栏

在AutoCAD 2014中文操作界面最上端的是标题栏。在标题栏中，显示了系统当前正在运行的应用程序（AutoCAD 2014）和用户正在使用的图形文件。第一次启动AutoCAD时，在操作界面的标题中，将显示AutoCAD 2014在启动时创建并打开的图形文件名字Drawing 1.dwg（图1-3）。

(2) 绘图区

绘图区是指在标题栏下方的大片空白区域，绘图区域是用户使用AutoCAD 2014绘制图形的区域，绘图区是绘图、编辑对象的工作区域，绘图区域可以随意扩展，在屏幕上显示的可能是图形的一部分或全部区域，用户可以通过缩放、平移等命令来控制图形的显示。

在绘图区域中，有一个作用类似光标的十字线，其交点反映了光标在当前坐标系中的位置。在AutoCAD 2014中，将该十字线称为光标，AutoCAD 2014通过光标显示当前点的位置。十字线的方向与当前用户坐标系的X轴、Y轴方向平行，十字线的长度系统预设为屏幕大小的5%，如图1-3所示的经典操作界面。

修改图形窗口中十字光标的大小：光标的长度系统预设为屏幕大小的5%，用户可以根据绘图的习惯和实际需要更改其大小。改变光标有以下两种方法：

● 依次打开"工具｜选项｜显示"选项卡，在"十字光标大小"选项目组中的编辑框中直接输入数值，或者拖动编辑框后的滑块，即可对十字光标的大小进行调整（图1-4）。

● 通过命令行输入"CURSORSIZE"的值，实现对光标大小的更改。执行该命令后，根据系统提示

`CURSORSIZE 输入 CURSORSIZE 的新值 <5>:`

输入新的值即可。

修改绘图窗口颜色：在默认情况下，AutoCAD 2014的绘图窗口是黑色背景、白色线条，

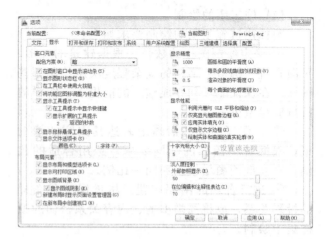

图1-4 "选项"对话框"显示"选项卡

黑色的背景是为了让用户在使用CAD的过程中，看得更清楚，从而提高办公效率，用户可以根据自己的习惯来修改窗口的颜色。

● 修改绘图窗口颜色的步骤如下：在菜单栏选择"工具｜选项"命令，屏幕上将弹出"选项"对话框，依次单击"显示｜颜色｜二维模型空间｜统一背景｜颜色"几个按钮，对绘图区颜色进行更改（图1-5）。

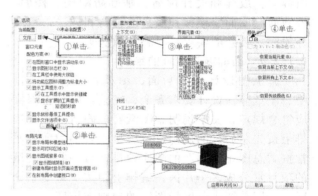

图1-5 修改绘图窗口颜色的操作步骤

(3) 菜单栏

在AutoCAD 2014绘图窗口标题栏下方是AutoCAD 2014的菜单栏。同其他Windows程序一样，AutoCAD的菜单也是下拉式的，并在菜单中包含子菜单。AutoCAD 2014菜单栏包含12个菜单："文件""编辑""视图""插入""格式""修改""参数""窗口"和"帮助"，这些菜单几乎包含了AutoCAD 2014的所有绘图命令，后面的章节会展开讲述。

● 带有小三角形▶的菜单命令：这种类型的命令后面还有子菜单，如单击"视图"菜单中的"缩放"，屏幕上会进一步显示出"缩放"所有的子菜单命令（图1-6）。

● 打开带有省略号…的菜单命令：这种类型的命令后面带有省略号，表示单击后会有对话框出现。如图1-7所示，打开"文字样式"，出

现"文字样式"对话框（图1-8）。

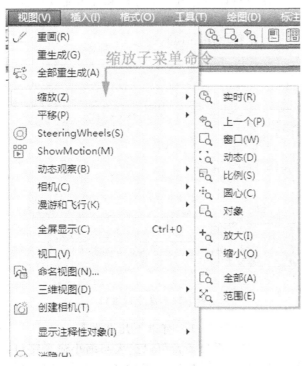

图1-6 带有子菜单的菜单命令

图1-7 带有对话框的菜单命令

图1-8 "文字样式"对话框

- 直接操作的菜单命令：执行这种类型的命令将直接进行相应的命令操作（图1-9）。

图1-9 直接操作的菜单命令

（4）工具栏

工具栏是一组图标工具的集合，把光标移动到某个图标上，稍停片刻即在该图标的一侧显示相应的工具提示，同时在状态栏中显示对应的说明和命令名。此时单击图标也可以启动命令。在默认情况下，可以见到绘图区顶部的"标准"工具栏、"图层"工具栏、"特性"工具栏以及"样式"工具栏，和位于绘图区左侧的"绘图"工具栏和右侧的"修改"工具栏和"绘图顺序"工具栏（图1-10）。

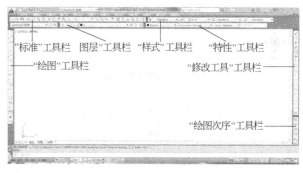

图1-10 工具栏类型

① 设置工具栏：AutoCAD 2014的标准菜单提供有46种工具栏，将光标放在任一工具栏的非标题区，单击鼠标右键，系统会自动打开单独的工具栏标签（图1-11）。用单击某一个未在界面显示的工具栏名，系统自动在界面打开该工具栏；反之，关闭工具栏。

② 工具栏的"固定""浮动"与"打开"：工具栏可以在绘图区"浮动"（图1-12），此时显示该工具栏标题，并可关闭该工具栏，用鼠标可以拖动"浮动"工具栏到图形区边界，使它变为"固定"工具栏，此时该工具栏标题隐藏。也可以把"固定"工具栏拖出，使它成为"浮动"工具栏（图1-12）。

在有些图标的右下角带有一个小三角，按住鼠标左键会打开相应的工具栏（图1-13），按住鼠标左键，将光标移动到某一图标上释放鼠标，该图标就变为当前图标。单击当前图标，可执行相应命令。

第1章 AutoCAD 2014基础知识

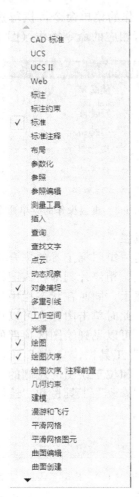

图 1-11 单独工具栏标签

图 1-12 "浮动"工具栏

图 1-13 "打开"工具栏

(5) 命令行窗口

命令行窗口是输入命令名和显示命令提示的区域，默认的命令行窗口布置在绘图区下方，是若干文本行（图 1-14）。

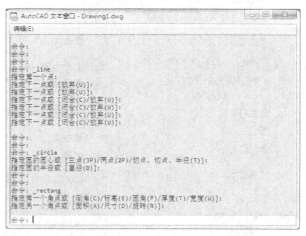

图 1-14 命令行窗口

对命令行窗口，有以下几点说明：

① 移动拆分条，可以扩大与缩小命令窗口；可以拖动命令行窗口，布置在屏幕上的其他位置。默认情况下布置在图形窗口的下方。

② 对当前命令行窗口中输入内容，可以按 F2 可以开关对应的 AutoCAD 2014 文本窗口，窗口中记录着命令行显示过的历史信息。

③ AutoCAD 2014 通过命令行反馈各种信息，包括出错信息。在绘图过程中，要时论关注命令行窗口出现的各种信息。

(6) 布局标签

AutoCAD 2014 系统默认设定一个模型空间布局标签两个"布局 1""布局 2"两个图样空间布局标签（图 1-3），可以通过单击在模型空间与布局空间之间切换，简单说来，模型空间就是设计师面对的设计场地，每一个布局就是其中一张设计图纸，可以创建很多相当于图纸的布局，而模型空间只有一个。

(7) 状态栏

状态栏一般位置屏幕的最底部，左端显示绘图区中光标定位的坐标 X、Y、Z，向右边依次显示"推断约束""捕捉模式""栅格显示""正交模式""极轴追踪""对象捕捉""三维对象捕捉""对象捕捉追踪""允许/禁止动态 UCS""动态输入""显示/隐藏透明度"快捷特性，选择循环和注释监视器 15 个功能开关（图 1-3）。单击这些开关按钮，可以实现这些功能的开关。具体用法，在后面有所介绍。

(8) 状态托盘

状态托盘包括一些常见的显示工具和注释工具，包括模型空间与布局空间转换工具（图 1-15），通过这些按钮可以控制图形或绘图区的状态。

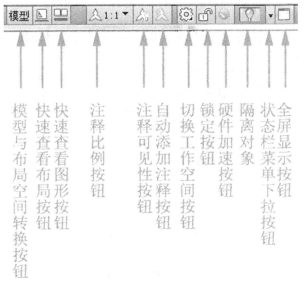

图1-15 状态托盘

① 模型与布局空间转换按钮：在模型空间与布局空间进行转换。

② 快速查看布局按钮：快速查看当前图形在布局空间的布局。

③ 快速查看图形按钮：快速查看当前图形在模型空间的图形位置。

④ 注释比例按钮：单击注释右下角的小三角形符号，弹出注释比例列表（图1-16），可以根据需要选择适当的注释比例。

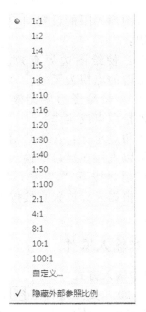

图1-16 注释比例列表

⑤ 注释可见性按钮：当图标亮显时表示显示所有比例的注释性对象；当图标变暗时表示仅显示当前比例注释性对象。

⑥ 自动添加注释按钮：注释比例更改时，自动将比例添加到注释对象。

⑦ 切换工作空间按钮：进行工作空间转换。

⑧ 锁定按钮：控制是否锁定工具栏或绘图区在操作界面中的位置。

⑨ 硬件加速：设定图形卡的驱动程序以及设置硬件加速的选项。

⑩ 隔离对象：当选择隔离对象时，在当前视图中显示选定对象，所有其他对象都暂时隐藏；当选择隐藏对象时，在当前视图中暂时隐藏选定对象，所有其他对象可见。

⑪ 状态栏菜单下拉按钮：单击该下拉按钮（图1-17）选择打开或隐藏相关选项图标，也可在状态栏空白处右击。

⑫ 全屏显示按钮：该选项可以清除Windows窗口中的标题栏、工具栏和选项板等界面元素，使AutoCAD的绘图窗口全屏显示（图1-18）。

图1-17 应用程序状态栏菜单

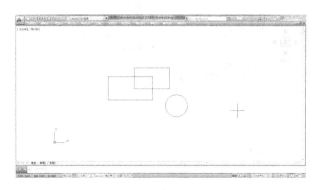

图1-18 全屏显示

(9) 滚动条

在AutoCAD 2014的绘图窗口中，在窗口的下方和右侧，还提供了供用来浏览图形的水平和竖直方向的滚动条（图1-3）。在滚动条中单击或拖动滚动条中的滚动块，可以在绘图窗口中按水平和竖直两个方向浏览图形。

1.2.1.2 绘图环境

(1) 快速访问工具栏和交互信息工具栏

① 快速访问工具栏：该工具包括"新建""打开""保存""另存为""打印""放弃""重做"和等几个最常用的工具（图1-19）。

② 交互信息工具栏：该工具包括"搜索"

图1-19 快速访问工具栏

"Autodesk 360""Autodesk Exchange 应用程序""保持连接""收藏夹"和"帮助"几个数据交互访问工具（图1-20）。

图1-20 交互信息工具栏

（2）配置绘图环境

① 图形单位的设置：一般情况下，可以采用计算机默认的单位和图形边界，但有时需要根据绘图的实际需要进行设置。在 AutoCAD 中，可以利用相关命令对图形单位和图形边界等进行具体设置。

图形单位的设置主要包括设置长度和角度的类型、精度以及角度的起始方向。可通过以下几种方式进行图行单位设置：

- 命令行："DDUNITS（UNITS）"。
- 菜单栏："格式｜单位"。

执行上述命令后，系统打开"图形单位"对话框（图1-21）。该对话框用于定义单位和角度格式。

图1-21 "图形单位"对话框

选项说明：

"长度"与"角度"选项组：指定测量的长度与角度当前单位及当前单位的精度。

"插入时的缩放单位"下拉列表框：控制使用工具选项板拖入当前图形、块的测量单位。如果块或图形创建时使用的单位与该选项指定的单位不同，则在插入这些块或图形时，将对其按比例缩放。插入比例是源于块或图形使用的单位与目标图形使用的单位之比。如果插入块时不按指定单位缩放，请选择"无单位"。

输出样例：显示用当前单位和角度设置的例子。

光源：控制当前图形中光度控制光源的强度测量单位。

"方向"按钮：单击该按钮，系统显示"方向控制"对话框（图1-22）。可以在该对话框中进行基准角度的方向控制设置。

图1-22 "方向控制"对话框

② 图形边界设置：绘图界限用于标明用户的工作区域和图纸的边界。为了便于用户准确度地绘制和输出图形，避免绘制的图形超出某个范围，可使用 CAD 的绘图界限功能，可通过以下几种方式对图形边界进行设置：

- 命令行："LIMITS"。
- 菜单栏："格式｜图形界限"。

执行上述命令后，命令行出现：

`LIMITS 指定左下角点或 [开(ON) 关(OFF)] <0.0000,0.0000>:`

提示后，进行图形界限的设置。

选项说明：

开（ON）：使绘图边界有效。系统将在绘图边界以外拾取的点视为无效。

关（OFF）：使绘图边界无效。用户可以在绘图边界以外拾取点或实体。

动态输入角点坐标：AutoCAD 2014 的动态输入功能，可以直接在屏幕上输入角点坐标，输入了横坐标值后，按下","键，接着输入纵坐标值。也可以根据光标位置直接按下鼠标左键确定角点位置。

1.2.2 基本输入操作

1.2.2.1 命令输入方式

AutoCAD 2014 交互绘图必须输入必要的指令和参数。有多种命令输入方式。主要有以下6种（以绘制直线为例）：

- 在命令行窗口输入命令名。命令字符可不区分大小写。执行命令时，在命令行提示中经常会出现命令选项，如输入绘制直线命令"LINE↵"后，在命令行 `LINE 指定第一个点:` 的提示下在屏幕上指定一点或输入一个点的坐标，当命令行提示：`LINE 指定下一点或 [放弃(U)]:` 时，选择不带方括号的提示为默认选项，因此可以直接输入直线段的下一个点坐标，如果要选择其他选项，则应该首先输入该选项的标识字符，如要选择上一个命令的"放弃"时，需输入其标识字符"U"，然后按系统提示进行输入或在屏幕合适位置上单击。命令选项的后面有时还带有尖括号，尖括号内的数值为默认数值，如"修订云线"命令，在 REVCLOUD 指定起点或 [弧长(A) 对象(O) 样式(S)] <对象>: 提示下，输入"A ↙"，则命令行 REVCLOUD 指定最小弧长 <0.5>:提示中，尖括号内的数值"0.5"为默认数值，若不需要改动，则直接"↙"或按空格键，进入下一个命令提示（图 1-23）。

- 在命令行窗口输入命令的缩写字如 L (Line)、C (Circle)、A (Arc)、Z (Zoom)、R (Redraw)、CO (Copy)、PL (Pline)、E (Erase) 等。

- 选取绘图菜单直线选项 直线(L)。

- 选取工具栏中的对应图标。

- 在命令行打开右键快捷菜单。

如果前面刚使用过要输入的命令，可以在命令行打开右键快捷菜单，在"最近使用的命令"子菜单中选择需要的命令，"一般最近使用的命令"子菜单中存储最近使用的六个命令，如果经常重复使用某个六次操作以内的命令，这种方法比较简捷。

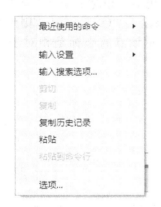

图 1-23　命令行右键快捷菜单

- 在绘图区右击。

如果用户要重复使用上次使用的命令，可以直接在绘图区右击，系统立即重复执行上次使用的命令（图 1-24），这种方式适用于重复执行某命令。

1.2.2.2　命令的重复、撤销、重做

(1) 命令的重复

在命令行窗口中按回车键可重复调用上一个命令，不管上一个命令是已完成还是已被取消。

(2) 命令的撤销

在命令执行的任何时刻都可以取消和终止命

图 1-24　绘图区域右键快捷菜单

令的执行，可以取消一个命令，也可以取消若干个。执行该命令时，调用方法有以下四个方面：

- 命令行："UNDO"。
- 菜单栏："编辑|放弃"。
- "标准"工具栏："放弃"按钮。
- 利用快捷键：Ctrl＋Z。

(3) 命令的重做

已被撤销的命令还可以恢复重做。执行该命令时，调用方式有如下四种。

- 命令行："REDO"。
- 菜单栏："编辑|重做"。
- "标准"工具栏："重做"按钮。
- 利用快捷键：Ctrl＋Y。

该命令可以一次执行多重放弃和重做操作。单击 UNDO 或 REDO 列表箭头，可以选择要放弃或重做的操作，可以放弃和重做一个或多个操作（图 1-25）。

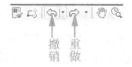

图 1-25　撤销和重做命令

1.2.2.3　透明命令

在 AutoCAD 2014 中有些命令不仅可以直接在命令行中使用，而且可以在其他命令的执行过程中插入并执行，待该命令执行完毕后，系统继续执行原命令，这种命令称为透明命令。

透明命令一般多为修改图形设置或打开辅助绘图工具命令。

一般的命令执行方式同样适用于透明命令的执行。如执行"圆"命令时，在命令行提示： CIRCLE 指定圆的圆心或 [三点(3P) 两点(2P) 切点、切点、半径(T)]:

第 1 章　AutoCAD 2014 基础知识　　9

下，仍可以执行平移命令，按 Esc 键退出该命令，则恢复执行"圆"命令。

1.2.2.4 按键定义

在 AutoCAD 2014 中，除了可以通过命令行窗口输入命令，单击工具栏图标或者选择菜单命令来完成外，还可以使用键盘上的一组功能键或快捷键，通过这些功能键或快捷键，可以快速实现指点的功能，如 F1 键系统调用的是"AutoCAD 2014 帮助"对话框，F2 键调用的是"AutoCAD 文本窗口"对话框。

有些功能键或快捷键在 AutoCAD 2014 的菜单中已经指出，如"复制"快捷键为"Ctrl＋C"，"粘贴"快捷键为"Ctrl＋V"（图 1-26）。

图 1-26 菜单栏"编辑"下的命令

1.2.2.5 命令执行方式

一般命令有两种执方式，通过对话框或通过命令行输入命令。如指定使用命令行方式，可以在命令名前加短划线来表示，如"-LAYER"表示用命令行方式执行"图层"命令。而如果在命令行输入"LAYER"，系统则会自动打开"图层"对话框。

另外，有些命令同时存在命令行、菜单和工具栏三种执行方式，这时如果选择菜单或工具栏方式，命令行会显示该命令，并在前面加一划线。例如，绘制直线命令，若通过菜单或工具栏时，命令行会显示"-LAYER" 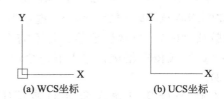，命令的执行过程和结果与命令行方式相同。

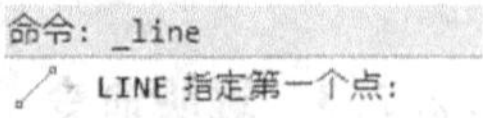

1.2.2.6 坐标系统与数据的输入方法

（1）坐标系

在绘图过程中常常需要通过某个坐标系作为参照，以便精确地定位对象的位置，AutoCAD 采用两种坐标系：世界坐标（WCS）与用户坐标系（UCS）。用户刚进入 AutoCAD 时的坐标系统就是世界坐标系，是默认的坐标系统。为了能够更好地辅助绘图，在入 AutoCAD 中可以修改坐标的原点和方向，这时世界坐标系 WCS 将变为用户坐标系即 UCS。WCS 与 UCS 的界面区别是 UCS 没有方框标记（图 1-27）。调用用户坐标系命令的方法有如下三种。

- 命令行："UCS"命令。
- 选择菜单栏中的"工具｜UCS"命令。
- 单击"UCS"工具栏中的"UCS"按钮。

图 1-27 坐标系图标

（2）数据输入方法

在 AutoCAD 中，点的坐标可以用直角坐标、极坐标、球面坐标和柱面坐标表示，每一种坐标又分别具有两种坐标输入方式：绝对坐标方式和相对坐标方式。其中直角坐标和极坐标最为常用。

① 直角坐标法：用点的 X、Y 坐标值表示的坐标。

例如，在命令行输入点的坐标提示下，输入"15，20"则表示输入了一个 X、Y 的坐标值分别是"15，20"的点，此为绝对坐标输入方式，表示该点的坐标是相对于坐标原点的坐标值（图 1-28），如果输入"@15，20"，则为相对坐标输入方式，表示该点的坐标是相对于前一点的坐标值。

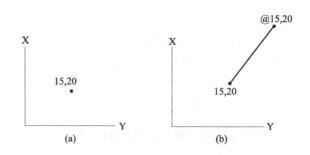

图 1-28 直角坐标法输入数据

② 极坐标法：用长度和角度表示的坐标，只能用来表示二维点的坐标。在绝对坐标输入方式下，表示为："长度＜角度"，如"15＜45"，其中长度为该点到坐标原点的距离，角度为该点至坐标原点的连线与 X 轴正向的夹角，如图 1-29(a) 所示。

在相对坐标输入方式下，表示为："@长度＜角度"，如"@15＜45"，其中长度为该点到前一点的距离，角度为该点至前一点的连线与 X

轴正向的夹角，如图1-29(b)所示。

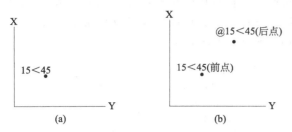

图1-29　极坐标法输入数据

(3) 动态数据输入

① 点的输入：通过"视图｜显示｜UCS图标｜开"，系统打开动态输入功能，可以在屏幕上动态地输入某些参数数据，例如，绘制直线时，在光标附近会动态地显示"指定第一点"以及后面的坐标框，当前显示的光标所在位置，可以输入数据，两个数据之间逗号隔开，指定第一点后，系统动态显示直线的角度，同时要求输入线段长度值，其输入效果与"@长度＜角度"方式相同。

② 距离值输入：在AutoCAD 2014中，有时需要提供高度、半径、长度等距离值。AutoCAD 2014提供了两种输入距离的方式：一种是用键盘在命令行窗口中直接输入数值；另一种是在屏幕上拾取两点，以两点的距离值定出所需数值。

1.2.3　图形显示工具

改变视图最一般的方法就是利用缩放和平移命令。用它们可以在绘图区放大或缩小图像显示，或改变图形位置。这样方便我们作图和看图。

1.2.3.1　图形缩放

在绘图过程中，为了方便绘图，经常用到缩放功能，AutoCAD 2014介绍快速地根据用户的需要迅速地缩放图形的大小，设置了各种缩放工具，这里介绍最典型的几个。

(1) 实时缩放

AutoCAD 2014为交互式的缩放和平移提供了可能。利用实时缩放，用户就可以通过垂直向上或向下移动鼠标的方式来放大或缩小图形。利用实时平移，能通过单击或移动鼠标重新放置图形。缩放视图命令主要有以下四种调用方法：

● 命令行："ZOOM"。

● 菜单栏："视图｜缩放｜实时"。

● "标准"工具栏："实时缩放"按钮。

● 向上或向下滑动鼠标中键，可以放大或缩小图形。

(2) 动态缩放

使用动态缩放功能可以改变图形显示而不产生重新生成的效果，动态缩放会在当前视区中显示图形的全部。动态缩放命令主要有以下三种调用方法：

● 在命令行输入"ZOOM"命令（图1-30）命令行提示下输入"D↙"。

图1-30　"ZOOM"命令

● 菜单栏："视图｜缩放｜动态"命令（图1-31）。

图1-31　"动态缩放"类型

● "缩放"工具栏："动态缩放按钮"。

其他缩放类型说明：

上一个（P）：在绘制一幅复杂的图形时，有时需要放大图形的一部分以进行细节的编辑。当编辑完成后，有时希望回到前一个视图。这种操作可以使用"上一个（P）"选项来实现。当前视口由"缩放"命令的各种选项或"移动"视图、视图恢复、平行投影或透视命令引起的任何变化，系统都将保存。每一个视口最多可以保存10个视图。连续使用"上一个（P）"选项可以恢复前10个视图。

窗口（W）：通过确定一个矩形窗口的两个对角来指定所需缩放的区域，对角点可以由鼠标指定，也可以输入坐标确定。指定窗口的中心点将成为新的显示屏幕。窗口中的区域将被放大或者缩小。调用"ZOOM"命令时，可以在没有选择任何选择的情况下，利用鼠标在绘图窗口中直接指定缩放窗口的两个对角点。

比例（S）：在提示信息下，直接输入比例系数，AutoCAD将按照此比例因子放大或缩小图形的尺寸。如果在比例系数后面加一个"X"，则表示相对于当前视图计算的比例因子。使用比例因子的第三种方法就是相对于图形空间，例如，可以在图形空间阵列布排或打印出模型的不同的视图。为了使每一张视图都与图形空间单位成比例，可以使用"比例（S）"选项，每一个视图可以有单独的比例。

圆心（C）：通过确定一个中心点，该选项可以定义一个新的显示窗口。操作过程中需要制定中心点以及输入比例或高度。默认新的中心点就是视图的中心点，默认的输入高度就是当前视图的高度，直接按Enter键后，图形将不会被放大。输入比例，则数值越大，图形放大倍数也将越大。也可以在数值后紧跟一个X，如3X，表示在放大时不是按照绝对值改变，而是按相对于当前视图的相对值缩放。

对象（O）：此选项是缩放以便尽可能大地显示一个或多个选定的对象并使其位于视图的中心。可以启动ZOOM命令前后选择对象。

全部（A）：执行"ZOOM"命令后，在提示文字后键入"A"，即可执行"全部（A）"缩放操作。不论图形有多大，该操作都将显示图形的边界或范围，即使对象不包括在边界以内，它们也将被显示。因此，使用"全部（A）"缩放选项，可查看当前视口的整个图形。

范围（E）：图形的范围由图形的所在的区域构成，剩余的空白区域将被忽略。应用这个选项，图形中所有的对象都尽可能地被放大。

注意：这里所提到了诸如放大、缩小或移动的操作，仅仅是对图形在显示进行控制，图形本身并没有任何改变。

1.2.3.2 图形平移

当图形幅面大于当前视口时，例如使用图形缩放命令将图形放大，如果需要在当前视口之外观察或绘制一个特定区域时，可以使用图形平移命令来实现。平移命令能将在当前视口以外的图形的一部分移动进来查看或编辑，但不会改变图形的缩放比例。执行图形平移的方法如下五种。

- 命令行：PHN。
- 菜单栏："视图|平移"。
- "标准"工具栏："平移按钮"。
- 快捷菜单：绘图窗口中右击，选择"平移"选项。
- 按住鼠标中键。

激活平移命令之后，光标将变成一只"小手"，可以在绘图中任意移动，以示当前正处于平移模式。单击并按住鼠标左键将光标锁定在当前位置，即"小手"已经抓住图形，然后，拖住图形使其移动到所需位置上。松开鼠标左键将停止平行图形。可反复按下鼠标左键，拖动，松开，将图形平移到其他位置上。

平移命令预先定义了一些不同的菜单选项与按钮，它们可用于在特定方向上平移图形，在激活平移命令后，这些选项可以从菜单"视图|平移|＊"（图1-32）。

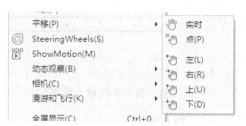

图1-32 "平移"类型

实时：是平移命令中最常用的选项，也是默认选择，前面提到的平移操作都是指实时平移，通过鼠标的拖动来实现任意方向上的平移。

点：这个选项要求确定位移量，这就需要确定图形移动的方向和距离；可以通过输入点的坐标或用鼠标指定点的坐标来确定位移。

左：该选择移动图形使屏幕左部的图形进入显示窗口。

右：该选择移动图形使屏幕右部的图形进入显示窗口。

上：该选项向底部平移图形后，使屏幕顶部的图形进入显示窗口。

下：该选项向顶部平移图形后，使屏幕底部的图形进入显示窗口。

1.2.4 辅助绘图工具

要快速顺利地完成图形绘制工作，有时要借助一些辅助工具，比如用于准确确定绘图位置的精确定位工具和调整图形显示范围与方式的显示工具等（图1-33）。下面将简略介绍几个比较重要的辅助绘图工具。

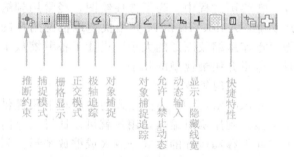

图1-33 辅助绘图工具

1.2.4.1 推断约束

推断约束显示启动方式：

- 快捷键：Ctrl＋Shift＋I，切换开、关状态。
- 状态栏："栅格显示"按钮。

在AutoCAD 2014中约束可以理解为是一种限制效果，用于精确地控制草图中的对象。比如，限制两根线是垂直、相交还是共线，限制圆与直线相切等，绘图时，可以先照图形大致形状绘制草图，然后对绘制的草图中各元素进行约束，再来修改尺寸。

启用 AutoCAD 2014 "推断约束" 模式会自动在正在创建或编辑的对象与对象捕捉的关联对象或点之间应用约束。这种约束也只在对象符合约束条件时才会应用。推断约束后不会重新定位对象。

打开了"推断约束"时，用户在创建几何图形时指定的对象捕捉将用于推断几何约束。但是，对于交点、外观交点、延伸、象限等，不支持对象捕捉；对于固定、平滑、对称、同心、等于、共线等也无法推断约束。

推断约束设置方式：

● 命令行：CONSTRAINTSETTINGS。

● 状态栏上的（推断约束）按钮处右击，从弹出的快捷菜单中选择"设置"（图1-34）。

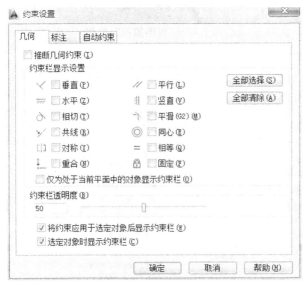

图1-34 "约束设置"对话框

应用举例：使用推断约束中的相切功能，将任意一长方形与两已知圆相切（图1-35、图1-36）。

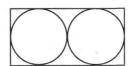

图1-35 原图　　图1-36 结果图

操作步骤如下：

① 打开 CAD 软件中，画已知两圆和任意长方形（图1-35）。

② 启动推断约束。

③ 选择"参数几何约束｜相切"命令（图1-37）。

进行如下操作（图1-38～图1-47）：

图1-37 几何约束相切

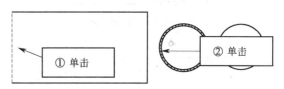

图1-38 第一次相切约束（1）

图1-39 第一次相切约束（2）

空格重复"几何约束—相切"命令：

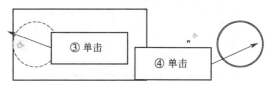

图1-40 第二次相切约束（1）

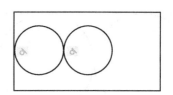

图1-41 第二次相切约束（2）

空格重复"几何约束—相切"命令：

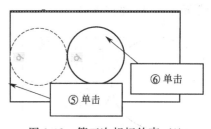

图1-42 第三次相切约束（1）

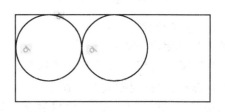

图1-43 第三次相切约束（2）

空格重复"几何约束—相切"命令：

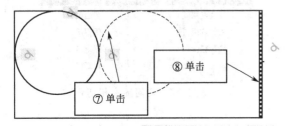

图1-44　第四次相切约束（1）

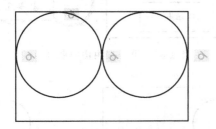

图1-45　第四次相切约束（2）

空格重复"几何约束—相切"命令：

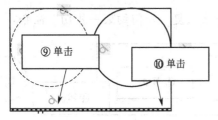

图1-46　第五次相切约束（1）

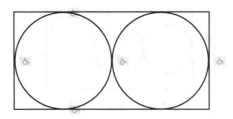

图1-47　第五次相切约束（2）

隐藏所有约束（图1-48）。

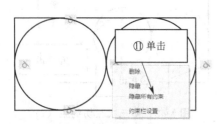

图1-48　隐藏所有约束

1.2.4.2　捕捉模式

捕捉模式启动方式：
- 快捷键："F9"，切换开、关状态。
- 状态栏："捕捉模式"按钮。

捕捉是指AutoCAD 2014可以生成一个隐含分布于屏幕上的栅格，这种栅格能够捕捉光标，使得光标只能落到其中的一个栅格点上。捕捉可分为"矩形捕捉"和"等轴测捕捉"两种类型。默认设置为"矩形捕捉"，即捕捉点的阵列类似于栅格，利用捕捉绘制图形（图1-49），仅开"捕捉"模式，这些栅格不会显示；在绘制下图中，线的坐标点只能落到栅格上。

捕捉设置方式：
- 命令行：DSETTINGS（草图设置对话框）"捕捉与栅格"选项卡。
- 在状态栏上的"捕捉模式"按钮处右击，从弹出的快捷菜单中选择"设置"图1-49。

通过"草图与设置"对话框"捕捉与栅格"选项卡来实现（图1-50）。

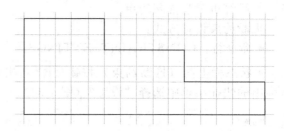

图1-49　"矩形捕捉"实例

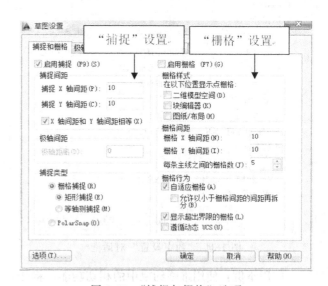

图1-50　"捕捉与栅格"选项

1.2.4.3　栅格显示

栅格显示启动方式：
- 快捷键："F7"，切换开、关状态。
- 状态栏："栅格显示"按钮。

栅格是图框内使用的用于定位参照、对齐、估算长度的工具。栅格相当于手工制图中使用的坐标纸，它按照相等的间距在屏幕上设置栅格点（图1-51）。使用者可以通过栅格点数目来确定距离，从而达到精确绘图的目的。栅格只在绘图范围内显示，帮助辨别图形边界，安排对象以及对象之间的距离，它不是CAD图形的一部分，打印时不会被输出。

用户可以根据实际需要自定义栅格的间距、大小与样式，在"草图设置"对话框下，"栅格间距"选项区中设置间距、大小与样式（图1-50）。或是调用GRID命令，根据命令行提示同样可以控制栅格的特性。

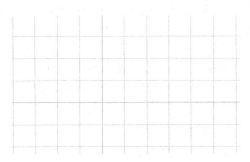

图1-51 栅格示例

注意：

① 当栅格间距设置得太密时，系统将提示该视图中栅格间距太小不能显示。如果图形缩放太大，栅格也可能显示不出来。

② 栅格间距不需要和捕捉间距相同。例如，可以设定较宽的栅格间距用作参照，但使用较小的捕捉间距以保证定位点时的精确性。

1.2.4.4 正交模式

正交模式启动方式：

- 快捷键："F8"，切换开、关状态。
- 状态栏："正交模式"按钮。

正交绘图模式，即在命令的执行过程中，光标只能沿着X轴或者Y轴移动。所有绘制的线段和构造线都将平行于X轴或Y轴，因此它们相互垂直成90°相交，即正交。使用正交绘图，对于绘制水平和垂直线非常有用，特别是当绘制构造线时经常使用。

注意："正交"模式将光标限制在水平或垂直（正交）轴上。因为不能同时打开"正交"模式和极轴追踪，因此"正交"模式打开时，AutoCAD 2014会关闭极轴追踪。如果再次打开极轴追踪，AutoCAD 2014将关闭"正交"模式。

1.2.4.5 极轴追踪

极轴追踪启动方式：

- 快捷键："F10"，切换开、关状态。
- 状态栏："极轴追踪"按钮。

极轴追踪是在创建或修改对象时，按事先给定的角度增量和距离增量来追踪特征点，即捕捉相对于初始点、且满足指定的极轴距离和极轴角的目标点。

极轴追踪设置主要是设置追踪的距离增量和角度增量，以及与之相关联的捕捉模式，其设置方式如下：

- 命令行：DSETTINGS（草图设置对话框）"极轴追踪"选项卡。
- 状态栏上的"极轴追踪"按钮处右击，从弹出的快捷菜单中选择"设置"（图1-52）。

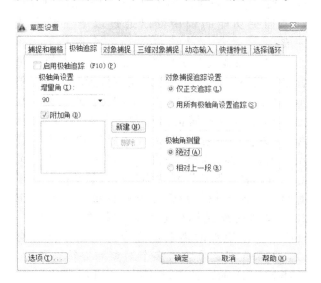

图1-52 "极轴追踪"选项

① 设置极轴角度：在"草图设置"对话框的"极轴追踪"选项卡中，可以设置极轴角增量角度，设置时可以使用向下箭头所打开的下拉选项栏中的90°、45°、30°、22.5°、18°、15°、10°和5°的极轴角增量，也可以直接输入指定其他任意角度，光标移动时，如果接近极轴角，将显示对齐路径和工具栏提示，当极轴角增量设置为30°，光标移动90°时显示的对齐路径。"附加角"用于设置极轴追踪时是否采用附加角度追踪，选中"附加角"复选框，通过单击"增加"按钮或者"删除"按钮来增加，删除附加角度值。

② 对象捕捉追踪设置：用于设置对象捕捉追踪的模式，如果选择"仅正交追踪"选项，则当采用追踪功能时，系统仅在水平和垂直方向上显示追踪数据，如果选择"用所有极轴角设置追踪"选项，则当采用追踪功能时，系统不仅可以在水平和垂直方向显示追踪数据，还可以在设置的极轴追踪角度与附加角度所确定的一系列方向上显示追踪数据。

③ 极轴角测量：用于设置极轴角的角度测量采用的参考基准。"绝对"则是相对水平方向逆时针测量，"相对上一段"则是以上一段对象为基准进行测量。

1.2.4.6 对象捕捉

对象捕捉启动方式：

- 快捷键："F3"，切换开、关状态。
- 状态栏："对象捕捉"按钮。

AutoCAD 2014给所有的图形对象都定义了特征点，对象捕捉则是指在绘图过程中，通过捕捉这些特征点，迅速准确将新的图形对象定位在现有对象的确切位置上，例如圆的圆心，线段的中点或两个对象的交点等。在 AutoCAD 2014 中，可以通过单击状态栏中"对象捕捉"单选框，来完成启用对象捕捉功能，在绘图过程中，对象捕捉功能的调用可以通过以下三种方式完成。

• "对象捕捉"工具栏（图1-53）：在绘图过程中，当系统提示需要指定定点位置时，可以单击"对象捕捉"工具栏中相应的特征点按钮，在把光标移动到要捕捉的对象上的特征点附近，AutoCAD 2014 会自动提示并捕捉到这些特征点。例如，如果需要用直线连接一系列圆的圆心，可以将"圆心"设置为执行对象捕捉。如果有两个可能的捕捉点落在选择区域，AutoCAD 2014 将捕捉离光标中心最近的符合条件的点，还有可能指定点时需要检查那一个对象捕捉有效，如果在指定位置有多个对象捕捉符合条件，在指定点之前，按 Tab 键可以遍历所有可能的点。

图1-53 "对象捕捉"工具栏

• "对象捕捉"快捷菜单：在需要指定点位置时，还可以按住"Ctrl"键或"Shift"键，单击鼠标右键，弹出对象捕捉快捷菜单（图1-54）。从该菜单上一样可以选择某一种特征点执行对象捕捉，把光标移动到要捕捉的对象上的特征点附近，即可捕捉到这些特征点。

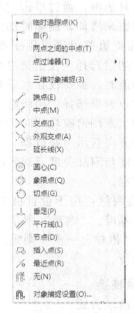

图1-54 "对象捕捉"快捷菜单

• 使用命令行：当需要指定点位置时，在命令行中输入相应特征点的关键词把光标移动到要捕捉的对象上的特征点的附近，即可捕捉到这些特征点。

注意：
① 对象捕捉不可单独使用，必须配合别的绘图命令一起使用。仅当 AutoCAD 2014 提示输入点时，对象捕捉才生效。如果试图在命令提示下使用对象捕捉，AutoCAD 2014 将显示错误信息。

② 对象捕捉只影响屏幕上可见的对象，包括锁定图层、布局视口边界和多段线上的对象。不能捕捉不可见的对象，如未显示的对象、关闭或冻结图层上的对象或虚线的空白部分。

1.2.4.7 对象捕捉追踪

对象捕捉追踪启动方式：

• 快捷键："F11"，切换开、关状态。

• 状态栏："对象捕捉追踪"按钮。

园林设计图绘制中，经常需要在相对于已有对象的某个位置上拾取一个点，例如可能从已有对象的一定距离或方向上拾取一个点，如果采用常规方式，往往要用辅助线才能解决这些点的拾取。然而，对象捕捉追踪却使得用户的绘图方式发生很大的改变，它提供的基于已知点的追踪线的可视化拾取，使得使用者可以方便地拾取到这些点，大大提高绘图的效率。因此用户可以专注于屏幕上当前的提示实时地看到当前的绘图情况。追踪的目的是要基于已存在的一点，用对象捕捉来拾取另一个点。这些已经存在的点可叫做临时追踪点，最多可允许有七个临时追踪点。对象捕捉追踪会暂时拉出一条追踪虚线，能够与其他的追踪线或已有对象产生交点，我们可以方便地拾取到这些点。要使用对象捕捉追踪，至少要有一个对象捕捉是激活的。因此，在启用此功能前，我们首先要设置对象捕捉，并启用（图1-55），两个都同时勾选，才能启用"对象捕捉追踪"功能。

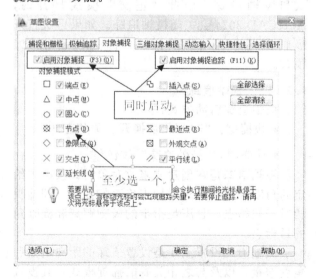

图1-55 "对象捕捉追踪"选项卡

注意：

① 对象捕捉追踪是对象捕捉与极轴追踪的综合，启用对象捕捉追踪之前，应先启用极轴追踪和自动对象捕捉，并根据绘图需要设置极轴追踪的增量角，设置好对象捕捉的捕捉模式。

② 在"草图设置"对话框中的"对象捕捉"选项卡中，"启用对象捕捉追踪"复选框用户确定是否启用对象捕捉追踪。

③ 追踪系统与正交具有互斥性，因此在对象追踪系统中，不要打开正交开关。

④ 一旦设置了对象捕捉后，在每一次运行时，所设定的目标捕捉方式就会被激活，而不是一次选择有效，当同时使用多种方式时，系统将捕捉距离光标最近、同时又是满足多种目标捕捉方式之一的点。当光标距要获取的点非常近时，按下 Shift 键将暂时不获取对象点。

1.2.4.8　动态输入

动态输入启动方式：

- 快捷键："F12"，切换开、关状态。
- 状态栏："动态输入"按钮。

"动态输入"命令是指绘图过程中，CAD 软件能在光标附近提供一个命令界面，以帮助用户专注于绘图区域。

启用"动态输入"时，工具栏提示将在光标附近显示信息，该信息会随着光标移动而动态更新。当某条命令为活动时，工具栏提示将为用户提供输入的位置。

对动态输入的设置，具体方法如下。

- 命令行：DSETTINGS（草图设置对话框）。
- 状态栏上的"动态输入"按钮处单击鼠标右键，从弹出的快捷菜单中选择"设置"（图1-56）。

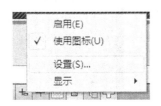

图 1-56　"动态输入"设置

经过以上两种方法，打开"动态输入"选项板（图1-57）。

选项说明：

"启用指针输入"：启用指针输入后，在工具提示中会动态地显示出光标坐标值。当 AutoCAD 2014 提示输入点时，用户可以在工具提示中输入坐标值，不必通过命令行输入。

单击"指针输入"选项组中的"设置"按钮，AutoCAD 2014 弹出"指针输入设置"对话框（图1-58）。用户可以通过此对话框设置工具提示中点的显示格式以及何时显示工具提示设置。

图 1-57　"动态输入"选项板

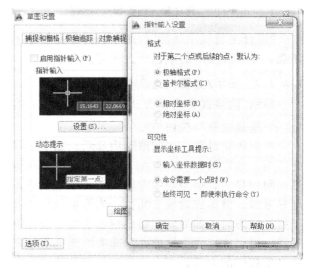

图 1-58　"指针输入设置"对话框

"可能时启用标注输入"：用于确定是否启用标注输入。启用标注输入后，当 AutoCAD 2014 提示输入第二个点或距离时，会分别动态显示出标注提示、距离值以及角度值的工具提示（图1-59），同样，此时可以在工具提示中输入对应的值，而不必通过命令行输入值。

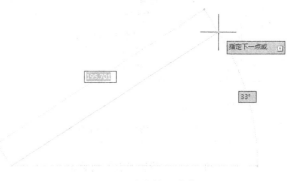

图 1-59　动态输入实例

注意：如果同时打开指针输入和标注输入，则标注输入有效时会取代指针输入。

单击"标注输入"选项组中的"设置"按钮，AutoCAD 2014 弹出"标注输入的设置"对话框，（图 1-60），用户可以通过此对话框进行相关设置。

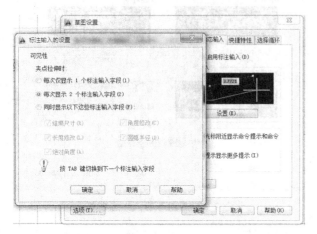

图 1-60 "标注输入的设置"对话框

"设计工具提示外观"：用于设计工具提示的外观，如工具提示的颜色、大小等。

1.2.4.9 显示/隐藏线宽

显示/隐藏线宽启动方式：单击状态栏上的"显示/隐藏线宽"按钮。

控制线宽是否在当前图形中显示。如果选择此选项，线宽将在 AutoCAD 2014 模型空间和图纸空间中显示，但是当线宽以大于一个像素的宽度显示时，重生成时间会加长。当图形的线宽处于打开状态时，如果发现妨碍视图的观察或性能下降，可以选择"隐藏线宽"选项，此选项不影响对象打印的方式。

线宽的设置：在 AutoCAD 2014 状态栏上的（显示/隐藏线宽）按钮处单击鼠标右键，从弹出的快捷菜单中选择"设置"，都可以打开"线宽设置"对话框（图 1-61），也可以使用系统变量 LWDISPLAY 设置"显示线宽"。

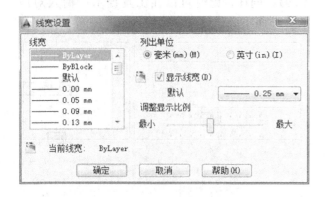

图 1-61 "线宽设置"对话框

选项说明：

① 线宽：显示可用线宽值。线宽值由包括"BYLAYER""BYBLOCK"和"默认"在内的标准设置组成。"默认"值由 LWDEFAULT 系统变量进行设置，初始值为 0.01in 或 0.25mm。所有新图层中的线宽都使用默认设置。值为 0 的线宽以指定打印设备上可打印的最细线进行打印，在 AutoCAD 2014 模型空间中则以一个像素的宽度显示。

② 当前线宽：显示当前线宽。要设置当前线宽，请从线宽列表中选择一种线宽然后选择"确定"。

③ 单位：指定线宽是以毫米显示还是以英寸显示。

显示线宽：控制线宽是否在当前图形中显示。

④ 默认：控制图层的默认线宽。初始的默认线宽是 0.01in 或 0.25mm。

⑤ 调整显示比例：在"模型"选项卡上，线宽以像素为单位显示。用以显示线宽的像素宽度与打印所用的实际像素宽度数值成比例。如果使用高分辨率的显示器，则可以调整线宽的显示比例，从而更好地显示不同的线宽宽度。

1.2.4.10 快捷特性

快捷特性启动方式：

• 快捷键：Ctrl + Shift + P，切换开、关状态。

• 状态栏："快捷特性"按钮

此命令开启后，即可显示图形快捷特性面板，从而方便修改 CAD 对象的属性。开启此命令后，选择图形，旁边就出现图形的基本属性，可以对其内容进行修改（图 1-62）。

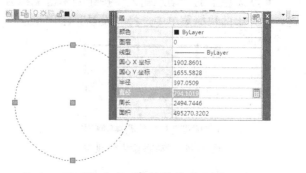

图 1-62 "快捷特性"示例

快捷特性设置方法如下。

• 命令行：DSETTINGS（草图设置对话框）"快捷特性"选项卡。

• 状态栏上的 （快捷特性）按钮处右击，从弹出的快捷菜单中选择"设置"（图 1-63 所示）。

选项说明：

① 显示"快捷特性"选项板：在选择对象时显示"快捷特性"选项板，具体取决于对象

图 1-63 "快捷特性"选项框

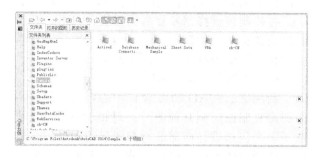

图 1-64 "设计中心"选项板

类型。

② 选项板显示：设定"快捷特性"选项板的显示设置。

③ 针对所有对象：设置"快捷特性"选项板，以显示选择的任何对象，而不只是在自定义用户界面编辑器中指定为显示特性的对象类型。

④ 仅针对具有指定特性的对象：设置"快捷特性"选项板，以仅显示在自定义用户界面编辑器中指定为显示特性的对象类型。

⑤ 选项板位置：控制在何处显示"快捷特性"选项板。

⑥ 固定：在固定位置显示"快捷特性"选项板。可以通过拖动选项板指定一个新位置。

⑦ 自动收拢选项板："快捷特性"选项板只显示指定数量的特性。当光标滚过时，该选项板展开。

⑧ 最小行数：设置当"快捷特性"选项板收拢时显示的特性数量。可以指定从 1~30 的整数值。

1.2.5 设计中心与工具选项板

1.2.5.1 设计中心

AutoCAD 2014 设计中心是一个集成化的快速绘图工具，使用设计中心可以很容易地组织设计内容，并把它们拖动到自己的图形中，辅助快速绘图，也可以使用设计中心窗口的内容显示框，来观察用 AutoCAD 2014 设计中心资源管理器所浏览资源的细目。

(1) 启动设计中心

- 命令行："ADCENTER"。
- 菜单栏："工具 | 选项板 | 设计中心"。
- "标准"工具栏："设计中心"按钮。
- 快捷键：Ctrl+2。

执行上述命令后，系统打开设计中心（图1-64）。

(2) 插入块

可以利用设计中心将图块插入图形当中。当将一个图块插入图形当中时，块定义就被复制到图形数据库当中。在一个图块被插入图形之后，如果原来的图块被修改，则插入到图形中的图块也随之改变。

当其他命令正在执行时，不能插入图块到当前图形当中。例如，如果在插入块时，在提示行正在执行一个命令，此时光标变成了个带斜线的圆，提示操作无效。另外一次只能插入一个图块。AutoCAD 2014 设计中心提供了插入图块的两种方法。

- 利用鼠标指定比例和旋转方式插入图块。

步骤如下：

① 从文件夹列表或查找结果中选择要插入的图块，按住鼠标左键，将其拖动到打开的图形。松开鼠标左键，此时，被选择的对象被插入到当前打开的图形中。利用当前设置的捕捉方式，可以将对象插入到任何存在的图形中。

② 按下鼠标左键，指定一点为插入点，移动鼠标，鼠标位置点与插入点之间的距离为缩放比例，按下鼠标左键确定比例。同样方法移动鼠标，鼠标指定位置与插入点连线和水平线角度为旋转角度。被选择的对象就根据鼠标指定的比例和角度插入到图形中。

- 精确指定坐标。

利用该方法可以设置插入图块的参数，具体方法如下：

① 从文件夹列表或查找结果列表框选择要插入的对象，拖动对象到打开的图形。

② 在相应命令行提示下输入比例和转角数值。

③ 被选择的对象就根据指定的参数插入到图形中。

(3) 利用设计中心进行图形复制

利用设计中心进行图形复制的具体方法有两种，如下：

- 在图形之间复制图块。

利用 AutoCAD 2014 设计中心可以浏览和装载需要复制的图块，然后将图块复制到剪贴板，

第 1 章 AutoCAD 2014 基础知识

利用剪贴板将图块粘贴到图形中，操作方法如下：在控制板选择需要复制的图块，右击，在弹出的快捷菜单中选择"复制"命令，然后通过右击"粘贴"命令粘贴到当前图形上。

● 在图形之间复制图层。

利用 AutoCAD 2014 设计中心可以从任何一个图形复制图层到其他图形。例如，如果已经绘制了一个包括设计所需的所有图层的图形，在绘制另外新的图形时，可以新建一个图形，并通过设计中心将已有图层复制到新的图形当中，这样可以节省时间，并保证图形间的一致性。方法如下：

拖动图层到已打开的图形：确认要复制图层的目标文件被打开，并且是当前的图形文件。在控制板或查找结果列表框中选择要复制的一个或多个图层。拖动图层到打开的图形文件。松开鼠标后被选择的图层被复制到打开的图形当中。

复制或粘贴图层到打开的图形：确认要复制的图层的图形被打开，并且是当前的图形文件。在控制板或查找结果列表框中选择要复制的一个或多个图层。右击打开快捷菜单，选择"复制"命令。如果要粘贴图层，确认粘贴目标图形文件被打开，并为当前文件。右击打开快捷菜单，选择"粘贴"命令。

1.2.5.2 工具选项板

工具选项板是"工具选项板"窗口中选项卡形式的区域，提供组织、共享和放置块及填充图案的有效方法。工具选项板中还可以包含由第三方开发人员提供的自定义工具。

打开工具选项板有以下四种方法。

● 命令行："TOOLPALETTES"。
● 菜单栏中："工具|选项板|工具选项板"。
● 标准工具栏："工具选项板 "。
● 利用快捷键：Ctrl+3。

新建工具板，有利于个性化作图，也能够满足特殊作图需要，主要通过下列两种方法建立新的工具板。

● 命令行："CUSTOMIZE"。
● 选择菜单栏："工具|自定义|工具选项板"。

执行上述命令后，系统打开"自定义"对话框中的工具选项板选项卡（图1-65）。

右击，打开快捷菜单（图1-66），选择"新建选项板"命令，在打开的对话框中可以为新建的工具选项板命名。确定后，工具选项板中就增加了个新选项卡（图1-67）。

有两种方法可以向工具选项板添加内容：
● 将图形、块和图案填充从设计中心拖动到工具选项板上。
● 使用"剪切""复制"和"粘贴"命令将

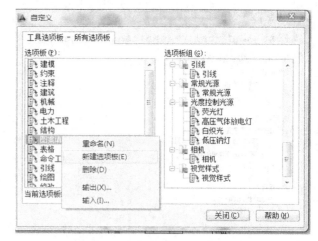

图 1-65 "自定义"对话框

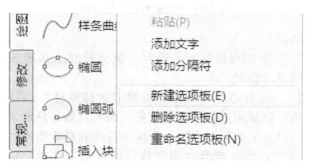

图 1-66 "新建选项板"命令

图 1-67 新增选项卡

一个工具选项板中的工具移动或复制到另一个工具选项板中。

1.2.6 图层管理

图层就像是透明且重叠的描图纸，使用它可以很好地组织不同类型信息，具有相同属性的对象将其绘制在同一图层上，图1-68中的规划平面图可以分为道路、水体、建筑、植物等图层。绘制一幅新的设计图形时，要新建一个文件，开始只有一个名为0的特殊图层。在默认情况下，图层0将被使用7号颜色、CONTINUOUS线型、"默认"线宽以及NORMAL打印样式。这个图层不能删除或者重命名。图层具有开关、冻结、锁定、颜色、线型、线宽、打印等属性可以控制。

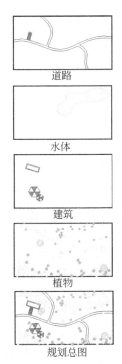

图 1-68 图层效果示意图

1.2.6.1 建立图层

通过创建新的图层，可以将类型相似的对象指定给同一个图层使其相关联。例如，可以将文字、辅助线、标注、图框置于不同的图层，并为这些图层指定通用特性。通过将对象分类放在各自的图层中，可以快速有效地控制对象显示以及对其更改，而不影响其他图层上的对象。

执行方式：
- 命令行："LAYER↙"。
- 菜单栏："格式│图层"。
- 工具栏：图层│图层特性管理器 (图 1-69)。

图 1-69 "图层"工具栏

执行上述命令，系统打开"图形特性管理器"对话框（图 1-70）。

图 1-70 "图层特性管理器"对话框

单击"图层特性管理器"对话框中"新建"按钮，建立新图层，默认的图层名称为"图层 1"，可以根据绘图需要更改图层名，如建筑层、乔木层、灌木层等。如建立一个新的水体图层（图 1-71）。

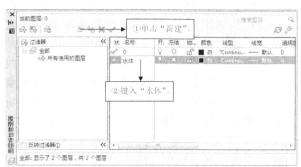

图 1-71 "新建图层"对话框

在一个图形中可以创建的图层数以及在每个图层中可以创建的对象数是无限的。图层最长可使用 255 个字符的字母数字来命名。图层特性管理器按名称的字母顺序排列图层。

在每个图层属性设置中，包括图层名称、关闭/打开图层、冻结/解冻图层、锁定/解锁图层、图层线条颜色、图层线条线型、图层线条宽度、图层打印样式以及图层是否打印九个参数。下面分别讲述如何设置这些参数。

(1) 设置图层线条颜色

在园林制图中，整个图形包含多种不同功能的图形对象，例如外轮廓线、水体、道路、植物、尺寸标注等，为便于直观区分它们，就有必要针对不同的图形对象使用不同的颜色，如水体采用湖蓝色、道路棕色、植物绿色等。

如果要改变图层的颜色，则单击图层所对应颜色的图标，弹出选择颜色对话框（图 1-72），它是一个标准的颜色设置对话框，可以使用索引颜色、真彩色和配色系统等三个选项卡来选择颜色（图 1-73）。

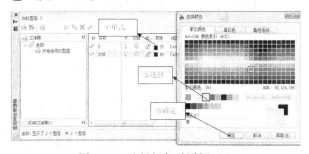

图 1-72 选择颜色对话框（1）

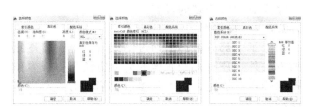

图 1-73 选择颜色对话框（2）

第 1 章　AutoCAD 2014 基础知识　21

(2) 设置图层线型

线型是指作为图形基本元素的线条的组成方式，如实线、点划线等。在许多的绘图工作中，常以线型划分图层，为某一个图层设置适合的线型，在绘图时，只需要将该图层设为当前工作层，即可绘制出符合线形要求的图形对象，极大地提高了绘图的效率。

单击图层所对应的线型图标，弹出"选择线型"对话框（图1-74）。默认情况下，在"已加载的线型"列表框中，系统中只添加了Continuous线型。单击"加载"按钮，打开"加载线型或重载线型"，单击"确定"按钮，即可把该线型"已加载的线型"列表框中（图1-75），可以按住Ctrl键选择几种线型同时加载。

图1-74 "选择线型"对话框

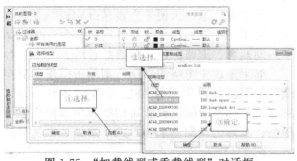

图1-75 "加载线型或重载线型"对话框

(3) 设置图层线宽

顾名思义，线宽设置就是改变线条的宽度。用不同宽度的线条表现图形对象的类型，也可以提高图形的表达能力可读性。例如，绘制园林小品主要剖切线的时候，用粗实线，绘制次要结构线时，用细实线。设置方法如下：

单击图层所示线宽图标，弹出"线宽"对话框（图1-76），选择一个线宽，单击"确定"按钮完成对图层线宽的设置。

1.2.6.2 设置图层

除了上部分讲述的通过图层管理器设置图层的方法外，还有几种其他的简便方法可以设置图层的颜色、线宽、线型等参数。启动方式有以下两种：

① 直接设置图层。可以直接通过命令行或

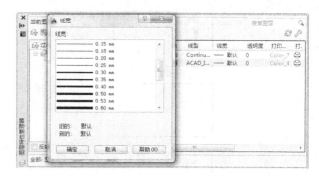

图1-76 "线宽"对话框

菜单设置图层的颜色、线宽和线型。执行方法：
- 命令行："COLOR↙"。
- 菜单栏："格式｜颜色"。

执行上述命令后，系统打开"选择颜色"对话框（图1-77）。

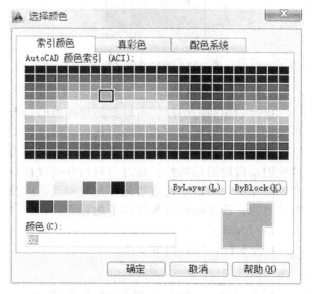

图1-77 "选择颜色"对话框

- 命令行："LINETYPE↙"。
- 菜单栏："格式｜线型"。

执行上述命令后，系统打开"线型管理器"对话框（图1-78）。

图1-78 "线型管理器"对话框

- 命令行："LINEWEIGHT 或 LWEIGHT↙"。

- 菜单栏："格式|线宽"。

执行上述命令后，系统打开"线宽设置"对话框（图1-79）。

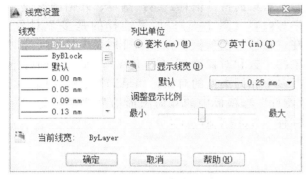

图1-79 "线宽设置"对话框

② AutoCAD 2014提供了一个"对象特性"工具栏（图1-80）。用户能够控制和使用工具栏上的"对象特性"工具栏快速地察看和改变所选对象的图层、颜色、线型和线宽等特性。"对象特性"工具栏上的图层颜色、线型、线宽和打印样式的控制增强了查看和编辑对象属性的命令。在绘图屏幕上选择任何对象都将在工具栏上自动显示它所在图层、颜色和线型等属性。

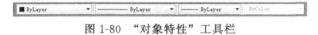

图1-80 "对象特性"工具栏

也可以在"对象特性"工具栏上的"颜色""线型""线宽"的"打印样式"下拉列表中选择需要的参数值，这部分内容在"图形对象的特性及修改"中也有所介绍。

③ 用"特性"对话框设置图层，执行方式如下。
- 命令行："DDMODIFY或PROPERTIES✓"。
- 菜单："修改|特性"。
- 工具栏："标准|特性"。

执行上述命令后，系统打开"特性"工具板（图1-81），在其中可以方便地设置或修改图层、颜色、线型、线宽等属性。

图1-81 "特性"工具板

1.2.6.3 控制图层

① 切换当前图层：不同的图形对象需要绘制在不同的图层中，在绘制前，需要将工作图层切换到所需的图层上来。打开"图层特性管理器"对话框，选择图层，单机"当前"按钮完成设置。

② 删除图层：在"图层特性管理器"对话框中的图层列表框中选择要删除的图层，单击"删除"按钮即可删除该图层。从图形文件定义中删除选定的图层，只能删除未参照的图层。参照图层包括图层0及DEFPOINTS、包含对象（包括块定义中的对象）的图层、当前图层和依赖外部参照的图层。不包含对象（包括块定义中的对象）的图层、非当前图层和不依赖外部参照的图层都可以删除。

③ 关闭/打开图层：在"图层特性管理器"对话框中，单击图标，可以控制图层的可见性。图层打开时，图标小灯泡呈鲜艳的颜色，该图层上的图形可以显示在屏幕上或绘制在绘图仪上。当单击该属性图标后，图标小灯泡呈灰暗色时，该图层上的图形不显示在屏幕上，而且不能被打印输出，但仍然作为图形的一部分保留在文件中。

④ 冻结/解冻图层：在"图层特性管理器"对话框中，单击图标，可以冻结图层或将图层解冻。图标呈雪花灰暗色时，该图层是冻结状态；图标呈太阳鲜艳色时，该图层是解冻状态。冻结图层上的对象不能显示，也不能打印，同时也不能编辑修改该图层上图形对象。在冻结了图层后，该图层上的对象不影响其他图层上对象的显示和打印。

⑤ 锁定/解锁图层：在"图层特性管理器"对话框中，单击图标，可以锁定图层或将图层解锁。锁定图层后，该图层上的图形依然显示在屏幕上并可打印输出，并可以在该图层上绘制新的图形对象，但用户不能对该图层上的图形进行编辑修改操作。可以对当前层进行锁定，也可在对锁定图层上的图形进行查询和对象捕捉命令。锁定图层可以防止对图形的意外修改。

⑥ 打印样式：在AutoCAD 2014中，可以使用一个称为"打印样式"的新的对象特性。打印样式控制对象的打印特性，包括颜色、抖动、灰度、笔号、虚拟笔、淡显、线型、线宽、线条端点样式、线条连接样式和填充样式。使用打印样式给用户提供了很大的灵活性，因为用户可以设置打印样式来替代其他对象特性，也可以按用户需要关闭这些替代设置。

⑦ 打印/不打印：在"图层特性管理器"对

话框中，单击打印图标，可以设定打印时该图层是否打印，以在保证图形显示可见不变的条件下，控制图形的打印特征。打印功能只对可见的图层起作用，对于已经被冻结或被关闭的图层不起作用（图1-82）。

图1-82 "图层特性管理器"对话框

1.2.7 图形对象的特性及修改

对象特性是指图形对象的颜色、线型、线宽等属性，修改图形对象的颜色、线型、线宽等属性，最方便的方法是使用"特性"工具栏。操作时，先选中图形对象，再在对应的特性窗口选择要用的颜色、线型、线宽即可（图1-83）。

图1-83 对象特性工具栏

1.2.7.1 图形对象的特性

所有的图形、文字和尺寸，都称为对象。这些对象所具有的图层、颜色、线型、线宽、坐标值、大小等属性都称为对象特性。用户可以通过特性选项板来显示选定对象或对象集的特性并修改任何可以更改的特性。启动"特性"选项板有以下四种方法。

- 下拉菜单："修改｜特性"。
- 工具栏："标准｜特性"。
- 命令行：properties。
- 快捷菜单：选中对象后右击选择快捷菜单中"特性"选项（图1-84）。

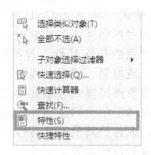

图1-84 图形对象特性快捷菜单

显示对象特性：首先在绘图区选择对象，然后使用上述方法启动"特性"选项板。如果选择的是单个对象，则"特性"选项板显示的内容为所选对象的特性信息，包括基本、几何图形或文字等内容（图1-85）；如果选择的是多个对象，在"特性"选项板上方的下拉列表中显示所选对象的个数和对象类型（图1-86）；如果，同时选择多个相同类型的对象，如果选择了两个圆，则"特性"选项板中的几何图形信息栏显示为"＊多种＊"（图1-87）。

图1-85 "特性"选项板

图1-86 选择多个对象下拉菜单

在"特性"选项板的右上角还有三个功能按钮，从左到右依次是用来切换PICKADD系统变量、选择对象、快速选择对象。

图1-87 选择相同类型对象信息显示

① "切换PICKADD系统变量"按钮：用来切换PICKADD系统变量的值。当按钮图形为 1 时，只能选择一个对象，如果使用窗选或交叉窗选同样可以一次选择多个对象，但只选中最后一个执行窗选或交叉窗选选择的对象；当按钮图形为 时，可以选择多个对象，两个按钮图形可以通过单击进行切换。

② 选择对象按钮：用来选择对象。单击该按钮，"特性"选项板暂时消失，选择对象并按回车键，返回"特性"选项板，在选项板中显示所选对象的特性信息。

③ 快速选择按钮：用来快速选择对象。

此外，为了节省"特性"选项板所占空间，便于用于绘图，可以对其进行移动、大小、关闭、允许固定、自动隐藏、说明等操作。方法为：在标题栏处右击，将显示快捷菜单，在快捷菜单中选择相应操作（图1-88）。

图1-88 "特性"选项板标题栏右键选项

1.2.7.2 修改对象特性值

利用"特性"选择板还可以修改选定对象或对象集的任何可以更改的特性值。当选项板显示所选对象的特性时，可以使用标题旁边的滚动条在特性列表中滚动查看，然后单击某一类别信息，在其右侧可能会出现不同的显示，如下拉箭头 、可编辑的编辑框、快速计算器按钮等。可以使用下列方法之一修改其特性值。

● 单击右侧的下拉箭头，从列表中选择一个值。

● 直接输入新值并按回车键。

● 单击该按钮，并在对话框中修改特性值。

● 单击快速计算器按钮，通过计算器按钮可计算新值。

在完成上述任何操作的同时，修改将立即生效，用户会发现绘图区域的对象随之发生变化。如果要放弃刚刚进行的修改，在"特性"选择板的空白区域右击，选择"放弃"选项即可。

1.2.7.3 对象特性的匹配

将一个对象的某些或所有特性复制到其他对象上，在AutoCAD被称为对象特性的匹配。使用"特性匹配"命令可以将其源对象的全部或部分特性复制到目标对象上。

启动"特性匹配"命令的方法有以下几种。

● 菜单栏："修改|特性匹配"。

● 工具栏：

● 命令行："matchprop（ma）或painter"。

执行上诉命令后，命令行提示如下。

MATCHPROP 选择源对象：选择源对象后，命令栏显示以下提示：

当前活动设置：颜色 图层 线型 线型比例 线宽 透明度 厚度 打印样式 标注 文字 图案填充 多段线 视口 表格 材质 阴影显示 多重引线

MATCHPROP 选择目标对象或 [设置(S)]：选择目标对象或输入"S"调用"特性设置"对话框，或按回车键结束选择。

其中，源对象是指需要复制其特性的对象；目标对象是指要将源对象的特性复制到其上的对象；"特性设置"对话框是用来控制要将哪些对象特性复制到目标对象，哪些特性不复制。在系统默认情况下，AutoCAD将选择"特性设置"对话框中的所有对象特性进行复制。

如果用户不想全部复制，可以在命令行提示"MATCHPROP 选择目标对象或 [设置(S)]："时，输入s后按回车键或右击选择快捷菜单的"设置"选项，调用（图1-89）的"特性设置"对话框来选择需要复制的对象特性。

在该对话框的"基本特性"选区和"特殊特性"选区中选择需要复制的特性选项，然后单击该按钮即可。

特性匹配是一种非常有效有用的编辑工具，它的作用如同Word中的格式刷。

图 1-89 "特性设置"对话框

1.2.8 文件管理

本部分将介绍有关文件管理的一些基本操作方法，包括新建文件、打开文件、保存文件、另存为、退出和图形修复等，这些都是 AutoCAD 2014 操作中最基础的知识。

1.2.8.1 新建文件

执行方式：
- 命令行："NEW✓"。
- 菜单栏："文件｜新建"。
- 工具栏："标准｜新建 "。

系统打开后（图 1-90）"选择样板"对话框。

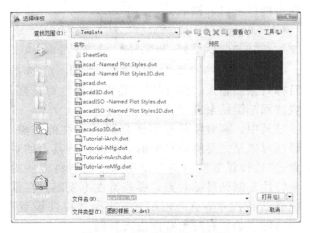

图 1-90 "选择样板"对话框

1.2.8.2 打开文件

执行方式：
- 命令行："OPEN✓"。
- 菜单栏："文件｜打开"。
- 工具栏："标准｜打开 "。

执行上述命令后，打开"选择文件"对话框（图 1-91），在"文件类型"列表框，用户可选 .dwg 文件、.dwt 文件、.dxf 文件和 .dws 文件。.dxf 文件是用文本形式存储的图形文件，能够被其他程序读取，应用也较为广泛。

图 1-91 "选择文件"对话框

1.2.8.3 保存文件

执行方式：
- 命令行："QSAVE 或 SAVE✓"。
- 菜单栏："文件｜保存"。
- 工具栏："标准｜保存 "。

执行上述命令后，若文件已命名，则 AutoCAD 自动保存；若文件未命名（即为默认名 drawing1.dwg 形式），则系统打开"图形另存为"对话框，用户可以命名保存，在"保存于"下拉列表框中可以指定保存文件的路径；在"文件类型"下拉列表框中，可指定保存文件文件类型。

1.2.8.4 另存为

执行方式：
- 命令行："SAVEAS✓"。
- 菜单栏："文件｜另存为"。

执行上述命令后，打开"图形另存为"对话框（图 1-92），AutoCAD 用另存名保存，并把当前图形更名。

图 1-92 "图形另存为"对话框

1.2.8.5 退出

执行方式：

- 命令行:"QUIT 或 EXIT ↙"。
- 菜单栏:"文件│退出"。
- 按钮:AutoCAD 操作界面右上角的"关闭"按钮 。

执行上述命令后,若用户对图形所做的修改尚未保存,则出现如图1-93所示的系统警告对话框。选择"是"按钮系统将保存文件,然后退出;选择"否"按钮系统将不保存文件;选择"取消"则返回绘图操作页面。若用户对图形所做的修改已经保存,则直接退出。

图 1-93 系统警告对话框

1.2.8.6 图形修复

执行方式:
- 命令行:"DRAWINGRECOVERY ↙"。
- 菜单栏:"文件│图形实用工具│图形修复管理器"。

执行上述命令后,系统打开图形修复管理器,打开"图形修复管理器"列表中的中的备份文件,可以重新保存,从而进行修复(图1-94)。

图 1-94 图形修复管理器

1.3 上机操作

(1) 熟悉操作界面

操作提示:
① 启动 AutoCAD 2014 进入绘图界面。
② 调整操作界面大小。
③ 设置绘图窗口与光标大小。
④ 打开、移动、关闭工具栏。
⑤ 尝试分别利用命令行、下拉菜单和工具栏绘制一条线段。

(2) 设置绘图环境

- 目的要求:任何一个图形文件都有一个特定的绘图环境,包括图形边界、绘图单位、角度等。设置绘图环境通常有两种方法:设置向导与单独的命令设置方法。通过学习设置绘图环境,可以促进读者对图形总体环境的认识。

- 操作提示:
① 选择菜单栏中的"文件│新建"命令,系统打开"选择样板"对话框,单击"打开"按钮,进入绘图界面。
② 选择菜单栏中的"格式│图形界限"命令,设置界限为"(0,0),(297,210)",在命令行中可以重新设置模型空间界限。
③ 选择菜单栏中的"格式│单位"命令,系统打开"图形单位"对话框,设置长度类型为"小数",精度为"0.00";角度类型为"十进制度数",精度为"0";用于缩放插入内容的单位为"毫米",用于指导光源强度的单位为"国际";角度方向为"顺时针"。
④ 选择菜单栏中的"工具│工作空间│AutoCAD经典"命令,进入工作空间。

(3) 管理图形文件

操作提示:
① 启动 AutoCAD 2014,进入绘图界面。
② 打开一幅已经保存过的图形。
③ 进行自动保存设置。
④ 将图形以新的名字保存。
⑤ 尝试在图形上绘制任意图线。
⑥ 退出该图形。
⑦ 尝试重新打开按新名保存的原图形。

(4) 数据输入

操作提示:
① 在命令行中输入"LINE"命令。
② 输入起点的直角坐标方式下的绝对坐标值 (10,10)。
③ 输入下一点的直角坐标方式下的相对坐标值 (@297,210)。
④ 输入下一点的极坐标方式下的绝对坐标值 (100<45)。
⑤ 输入下一点的极坐标方式下的相对坐标值 (@100<45)。
⑥ 用鼠标直接指定下一点的位置。
⑦ 单击状态栏上的"正交"按钮,用鼠标拉出下一点的方向,在命令行输入一个数值。
⑧ 回车结束绘制线段的操作。

(5) 控制图层

打开光盘文件,查看园林绿地平面图的细节,找找亭子在哪里?紫薇有几棵?梅花在哪个图层?

操作提示:利用平移工具和缩放工具移动和缩放图形。

(6) 使用"对象捕捉追踪"工具

过四边形上下边延长线交点作四边形右边平行线（图1-95）。

操作提示：

① 打开"对象捕捉追踪"工具栏

② 利用"对象捕捉追踪"工具栏中的"交点"工具捕捉四边形的延长线交点作为直线起点。

③ 利用"对象捕捉追踪"工具栏中的"平行线"工具捕捉一点作为直线终点。

四边形原图　　　操作2　　　操作3

图1-95　四边形平行线操作

本章小结

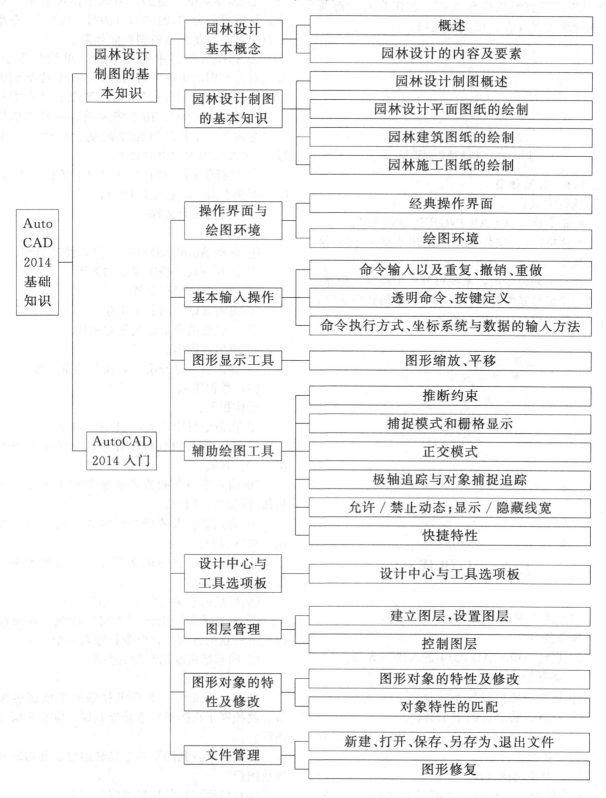

思考与练习

一、选择题

1. 为了保证整个图形边界在屏幕上可见，应使用哪一个缩放选项？（　　）
   A. 全部　　　　　　B. 上一个
   C. 范围　　　　　　D. 图形界限

2. 用（　　）命令可以设置图形界限。
   A. SCALE　　　　　B. EXTEND
   C. LIMITS　　　　　D. LAYER

3. 坐标"@30＜15"中的"30"表示什么？
   A. 该点与原点的连线与 X 轴夹角为 30°
   B. 该点到原点的距离为 30
   C. 该点与前一点的连线与 X 轴夹角为 30°
   D. 该点相对于前一点的距离为 30

4. 在一个视图中对模型空间进行配置，一次最多可设置（　　）个视口。
   A. 1　　　　　　　B. 2
   C. 4　　　　　　　D. 无限个

5. 绘制一条直线，起点坐标为（10，20），在命令行输入（@30，60）确定终点。若以该直线为矩形的对角线，则下列（　　）坐标不可能为矩形角的点坐标？
   A.（50，70）　　　B.（40，80）
   C.（10，80）　　　D.（40，20）

6. 为了保证整个图形边界在屏幕上可见，应使用哪个缩放选项？（　　）
   A. 全部　　　　　　B. 上一个
   C. 范围　　　　　　D. 图形界限

7. 对"极轴"追踪进行设置，把"增量角"设为 30°，把"附加角"设为 10°，采用极轴追踪时，不会显示极轴对齐的是（　　）。
   A. 10°　　　　　　B. 30°
   C. 40°　　　　　　D. 60°

8. 如果某图层中的对象不能被编辑，但能在屏幕上可见，且能捕捉该对象的特殊点和标注尺寸，该图层的状态是（　　）。
   A. 冻结　　　　　　B. 锁定
   C. 隐藏　　　　　　D. 块

9. 当捕捉设定的间距与栅格所设定的间距不同时（　　）。
   A. 捕捉仍然只按栅格进行
   B. 捕捉时按照捕捉间距进行
   C. 捕捉既按栅格又按捕捉间距进行
   D. 无法设置

二、操作题

1. 根据所学的关于"图层"知识，设置图林规划图中各图层，效果如图 1-96 所示：

图 1-96　图层设置

2. 已知 A（100，100）、B（300，200）、C（400，50）三点的坐标，绘制如图 1-97 所示三角形，并保存为 .dwg 格式文件，文件名：三角形绘制。

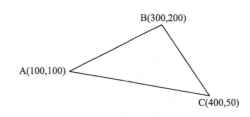

图 1-97　三角形

3. 设置如表 1-1 所示的图层，并绘制如图 1-98 所示的基础图（不标注尺寸）。

表 1-1　图层设置

名称	颜色	线型	线宽
轮廓线	黑色	continuous	0.4mm
中心线	红色	center	0.15mm
虚线	蓝色	hidden	0.15mm

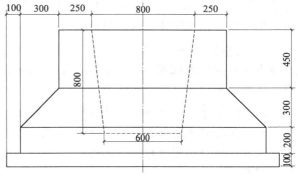

图 1-98　基础图

4. 绘制如下台阶侧立面投影图，如图 1-99 所示（不标注尺寸）。

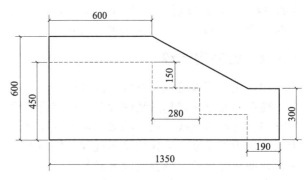

图 1-99　台阶侧立面

第 1 章　AutoCAD 2014 基础知识

第 2 章　AutoCAD 2014 基本图形绘制

2.1　直线与点命令

2.1.1　绘制直线

直线是绘图中最常用、最简单的图形形象，通过设置起点和终点即可确定直线的长度和方向。直线命令可连续绘制多条线段，但每一条线段都将是一个独立的直线对象，可以对任何一条线段单独进行编辑操作。

启动直线命令的方法有以下三种：
- 菜单栏：执行"绘图|直线"命令。
- 绘图工具栏：。
- 命令行：line（l）。

启动命令后，命令行依次出现以下各提示，操作说明如下：

① ：在该提示信息下，输入直线第一点的位置（可以输入坐标值，也可以直接在操作面板上单击）。

② ：输入直线下一点的位置或输入"U"，然后按回车键，将删除最后一次绘制的线段。

③ 闭合C：在有该参数命令提示下输入"C"，将封闭直线段，使首尾连成封闭的多边形。

说明：
- 在绘制直线的过程，按住 Shift 键，可以绘制出水平线和竖直线。
- 打开状态栏 第四个图标正交模式，或快捷键 F8，打开正交模式，执行直线命令，所划出的线均为出水平线和竖直线。

2.1.2　绘制构造线

构造线是两端可以无限延伸的直线，没有起点和终点。通过确定构造线的两个点控制构造线的方向，它不像直线、圆、圆弧、矩形等那样作为图形的构成元素，多作为绘图过程的辅助参考线，帮助精确定位、调整或设置对象。

启动构造线命令的方法有以下三种：
- 菜单栏：执行"绘图|构造线"命令。
- 绘图工具栏："构造线"。
- 命令行：Xline（XL）。

启动命令后，命令行出现以下各提示，操作说明如下：

绘图区指定点后，出现提示。
主要选项说明如下。

"指定点"：指定构造线要通过的点。

"指定通过点"：指定构造线要通过的点。

"水平（H）"：在命令行中输入"H"可以创建指定点的水平构造线。

"垂直（V）"：在命令行中输入"V"可以创建指定点的垂直构造线。

"角度（A）"：在命令行中输入"A"可以通过指定角度的方式创建构造线。

"水平（H）"：在命令行中输入"H"可以创建指定点的水平构造线。

"二等分（B）"：在命令行中输入"B"可以对具有角度的对象绘制角平分线。以该种方法绘制构造线，需要用户指定角的起点、顶点及端点。

"偏移（O）"：在命令行中输入"O"可以根据已有对象绘制出与该对象平行的构造线。

2.1.3　绘制点

在 AutoCAD 中，系统默认的点是没有大小和长短之分的图形，始终为一个小黑点，但可以对点的样式及大小进行设置，这样创建出来的点才有相应的样式和大小。它具有与直线、矩形一样的各种属性，在绘图中常用来定位，作为捕捉对象的节点和相对偏移，主要是为了辅助图形的绘制工作。

（1）设置点样式

设置点样式命令的方法有以下两种：
- 绘图工具栏："实用工具|点样式"命令。
- 命令行：ddptype。

打开"点样式"对话框，如图 2-1 所示，选择一个点对象在视图中希望现实的符号，设置点的显示大小，单击"确定"按钮。

"相对于屏幕设置大小"：按屏幕尺寸的百分比设置点的显示大小。当进行视图缩放操作时，

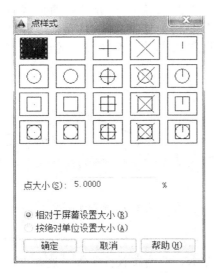

图 2-1 "点样式"对话框

点的显示大小并不改变。

"按绝对单位设置大小":按"点大小"框中指定的实际单位设置显示的大小,进行缩放时,显示点的大小随之改变。

说明:点样式是一个全局设定,设定为一种形式之后,对于图形中的所有的点都有效。修改点样式后,图形中的所有点的样式均会随之改变。

(2) 绘制点

设置点样式命令的方法有以下三种:

- 菜单栏:"绘图|点|单点(多点、定数等分、定距等分)"。
- 绘图工具栏:"单点 "。
- 命令行:"Po(Point)"。

注意:点包括单点和多点两种形式,如果命令行中执行 point 命令来绘制点,则每执行一个 point 命令,只能绘制一个点,需要重复单点命令的话,按空格键重复原来命令。若执行"绘图|点|多点"命令,在绘图区单击一次可绘制一个点,连续单击可绘制多个点。要退出正在进行的连续绘制点的操作,只能按"Esc"键。

(3) 定数等分点|定数等分

绘图时绘制一个点的情况比较少,通常使用的是定数等分和定距等分命令,自动生成点。定数等分可以将所选对象等分为指定数目的相等长度,定距等分可以将所选对象等分为指定距离相等长度,但这两者并不是将对象实际等分为单独的对象只是在选定对象按所选择的要求进行点的排列。

2.1.4 实例

(1) 用直线命令绘制一个如图 2-2 所示的标高符号

① 单击绘图工具栏 命令按钮或输入快捷键"L"。

② 在绘图区任意位置单击作为起点,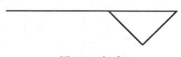提示下输入"@15,0↙"。

③ 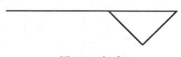提示下输入"@-3,-3↙"。

④ 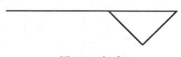提示下输入"@-3,3↙"得到如图 2-2 所示标高符号。

说明:@表示相对坐标,在执行过程,可以随时选择"U"来取消前一步的操作。

图 2-2 标高

使用 line 命令的直线是由两个点连成的,虽然该命令可以连续绘制直线,但每一条直线都是独立的对象,用户可以每条直线分别进行编辑。

(2) 绘制如图 2-3 所示构造线

图 2-3 构造线

① 单击绘图工具栏"构造线" 命令按钮或输入快捷键"Xl"。

② 提示下输入"H↙"。

③ XLINE 指定通过点:提示下绘图区在绘图区任意位置单击,↙,确认。

④ 按空格键重复构造线命令,提示下输入"V↙"。

⑤ XLINE 指定通过点:提示下绘图区在绘图区合适位置单击,↙,确认。

注意:在绘制构造线时,可直接按住 Shift 键,这样绘制出的构造线非水平,即垂直。重复上一个命令也可用空格键,后面章节不再赘述。

在园林计算机辅助设计中,除了通过绘制构造线来做辅助线外,也可执行 RAY 射线 命令来绘制辅助线。射线是一端无限长的直线和构造线一样,也仅作为绘图过程中的辅助线或参考线。其具体方法与绘制构造线类似,可自行练习。

(3) 用定数等分命令创作点，并将扇形分为三等分

打开“第 2 章素材”文件：

① 启动点样式命令，命令行输入：ddtype DDPTYPE，设置点的样式为╳，点大小“5”，选择“相对屏幕大小”，点击确定，如图 2-4 所示。

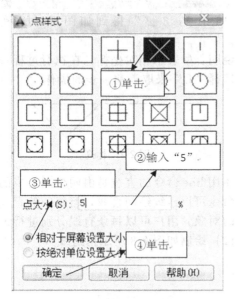

图 2-4　点样式设置

② 菜单栏：“绘图｜点｜定数等分”或绘图工具栏（下拉）“定数等分”。

③ DIVIDE 选择要定数等分的对象：提示下，在绘图区，选择弧 *BC*，↙。

④ DIVIDE 输入线段数目或 [块(B)]：，提示下，输入“3↙”。

⑤ 启动直线命令，LINE 指定第一个点：

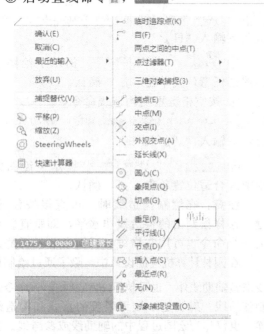

图 2-5　捕捉节点

提示下，单击 A 点，右击打开捕捉代替，捕捉节点（图 2-5），连接第一个节点；重复直线命令，获得点 A 与另外两个节点的连线，如图 2-6 所示。

图 2-6　扇形等分

点的命令，定数等分、定距等分常用来沿园路布置乔木，沿墙布置柱子等，这在以后的块的应用中，再做详细讲解。

2.2　圆类图形

2.2.1　绘制圆

圆是从中心（圆心）到弧形曲线的所有距离都相等的特殊闭合弧形对象，该对象有圆心、半径和直径等参数。

启动圆命令的方法有以下三种：

- 菜单栏：执行“绘图｜圆”命令。
- 绘图工具栏：“圆”。
- 命令行：“Circle（C）”。

主要选项说明：

CIRCLE 指定圆的圆心或 [三点(3P) 两点(2P) 切点、切点、半径(T)]：

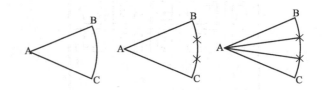

默认状态下，是“CIECLE 指定圆的圆心”在命令提示信息下，输入圆心所在位置以及圆的半径或直径数值。

其他：

“三点（3P）”：基于圆周上的三个点来绘制圆。

“两点（2P）”：基于直径的两个端点完成圆的绘制。

“切点、切点、半径（T）”绘制指定半径并和两个对象相切的圆。

2.2.2　实例

绘制下列与已知两圆相切一半径为 300 的圆。如图 2-7 所示。

操作方法如下：

① 打开“第 2 章素材”文件。

② 命令行输入 Circle（C）或也可单击绘图工具栏“圆”命令。

③ CIRCLE 指定圆的圆心或 [三点(3P) 两点(2P) 切点、切点、半径(T)]：提示下输入“T↙”，鼠标指向大圆上任意一点，

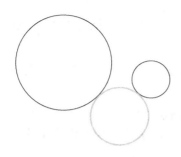

图 2-7　与已知两圆相切圆

单击，然后鼠标指向小圆上任意一点，单击，如图 2-8 所示。

④ 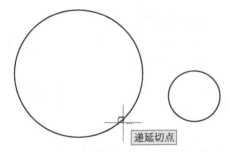 提示下输入"300↙"，完成绘制，如图 2-9 所示。

图 2-8　与已知两圆相切操作（1）

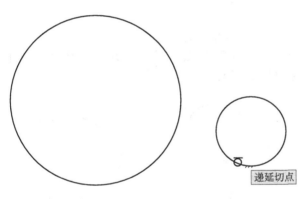

图 2-9　与已知两圆相切操作（2）

2.2.3　绘制圆弧

启动圆弧的方法有以下三种：
- 菜单栏：执行"绘图｜圆弧"命令。
- 绘图工具栏："圆弧 ⌒"。
- 命令行："Arc（A）"。

主要选项说明：

"三点"：指定圆弧的起点、第二点、终点绘制圆弧。

"起点"：指定圆弧的起始点。

"圆心"：指定圆弧的圆心。

"端点"：指定圆弧的终止点。

"方向"：指定和圆弧起点相切的方向。

"长度"：指定圆弧的弦长。正值绘制小于 180°的圆弧，负值绘制大于 180°的圆弧。

"角度"：指定圆弧包含圆心角，顺时针为负，逆时针为正。

"半径"：指定圆弧的半径。按逆时针绘制，正值绘制小于 180°的圆弧，负值绘制大于 180°的圆弧。

注意：使用菜单栏和绘图工具栏绘制圆弧过程中，各选项是明确的，不用再选择参数。

使用 Arc（A）命令绘制圆弧时，需根据已知条件和命令行提示，逐项选择参数。

输入角度或长度时，正负值会影响圆弧的绘制方向。

2.2.4　实例

打开"第 2 章素材"文件，绘制园路转弯时弧线（已知圆弧的两个端点和圆心）。

① 启动圆弧命令中的"起点，圆心，端点"命令 。

② 打开"对象捕捉"，在绘图区依次单击 A、B、C 三点（图 2-10），完成圆弧的绘制，如图 2-11 所示。

图 2-10　圆弧绘制原图　　图 2-11　圆弧绘制结果图

2.2.5　绘制圆环

圆环由两条圆弧多段线组成，这两条圆弧多段线首尾相接而形成圆形。多段线的宽度由指定的内直径和外直径决定。包括填充环和实体填充圆。在园林工程图中圆柱需要绘制实体填充圆。

启动圆环的方法有以下三种：
- 菜单栏："绘图｜圆环"。
- 绘图工具栏："圆环 ◎"。
- 命令行："donut（Do）"。

主要选项说明：

"内径"：指定圆环的内径。

"外径"：指定圆环的外径。

"圆环的中心点"：基于其中心点指定圆环的位置。

2.2.6　实例

绘制圆环：

① 启动圆环命令：命令行输入 donut（Do）或绘图工具栏圆环命令 ◎。

第 2 章　AutoCAD 2014 基本图形绘制

② DONUT 指定圆环的内径 <0.0000>: 提示下，输入"200↙"，也可以单击两个点，两点之间的距离将作为圆环的内径。

③ DONUT 指定圆环的外径 <300.0000>: 提示下，输入"300↙"。

④ DONUT 指定圆环的中心点或 <退出>: 此时，光标的位置显示如图 2-12 所示的圆环。

⑤ 在工作区内单击，即可创建两个同心圆组成的圆环，是一个填充的圆环，两圆之间填充为黑色，如图 2-13 所示。

⑥ 圆环命令是一个连续命令，如果继续移动十字光标并单击，可创建具有相同直径的多个圆环，右击或↙结束任务。

⑦ 启动"圆环"命令，命令行 DONUT 指定圆环的内径 <200.0000>: 提示下，输入"0↙"；当内径值指定为 0 时，可以创建实体填充圆。

⑧ 命令行提示 DONUT 指定圆环的外径 <300.0000>: 时，输入"300↙"或直接单击"↙"，使用括号内的值 300。

⑨ 在工作区内单击，即可创建实体的填充圆，如图 2-14 所示。

图 2-12　圆环（1）　　图 2-13　圆环（2）　　图 2-14　圆环（3）

2.2.7　绘制椭圆与椭圆弧

椭圆与圆的差别在于其圆周上的点到中心的距离是变化的。椭圆由长度不同的两条轴确定其形状。椭圆弧的绘制方法与椭圆的绘制方法类似，并且启动的英文方式也相同，都是 Ellipse，但有独立的启动按钮。

启动椭圆弧的方法有以下三种：
- 菜单栏：执行"绘图|椭圆|圆心"命令或"绘图|椭圆|轴、端点"或"绘图|椭圆|圆弧"。
- 绘图工具栏："椭圆 ⊙"。
- 命令行：Ellipse。

主要选项说明：

ELLIPSE 指定椭圆的轴端点或 [圆弧(A) 中心点(C)]:

"轴端点"：定义椭圆轴的端点。
"中心点"：定义椭圆轴的中心点。
"半轴长度"：定义椭圆轴的半轴长度。
"圆弧"：绘制椭圆弧。

2.2.8　实例

(1) 绘制如图椭圆

① 启动"椭圆"命令：命令行输 Ellipse↙。

② ELLIPSE 指定椭圆的轴端点或 [圆弧(A) 中心点(C)]: 提示下绘图区单击↙，鼠标拖向如图 2-15 所示方向。

③ ELLIPSE 指定轴的另一个端点: 提示下，输入"350↙"。

④ ELLIPSE 指定另一条半轴长度或 [旋转(R)]: 提示下，输入"100↙"，得到椭圆（图 2-16）。

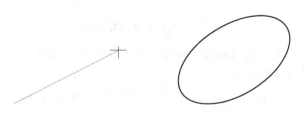

图 2-15　椭圆绘制（1）　　图 2-16　椭圆绘制（2）

(2) 绘制椭圆弧

① 启动绘图工具栏 ⊙，或命令行输入"Ellipse（El）↙"。

② ELLIPSE 指定椭圆的轴端点或 [圆弧(A) 中心点(C)]: 提示下输入"A↙"。

③ ELLIPSE 指定椭圆弧的轴端点或 [中心点(C)]: 提示下绘图区单击↙，鼠标拖向如图 2-17 方向。

④ ELLIPSE 指定轴的另一个端点: 提示下输入"350↙"。

⑤ 拉动橡皮筋，ELLIPSE 指定另一条半轴长度或 [旋转(R)]: 提示下，单击 A 点，再单击 B 点，结束绘制任务（图 2-18）。

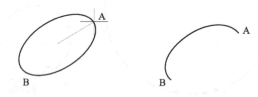

图 2-17　椭圆弧绘制（1）　　图 2-18　椭圆弧绘制（2）

2.2.9　绘制修订云线

用于创建连续圆弧组成的多段线以构成云线形对象。修订云线是原先用来设计师在检查图纸时圈阅所用，园林上常用来绘制树丛和灌木丛。

启动修订云线的方法有以下三种：
- 菜单栏：执行"绘图|修订云线"命令。
- 绘图工具栏："修订云线 ⊙"。
- 命令行："Revcloud (Rev)"。

主要选项说明：

REVCLOUD 指定起点或 [弧长(A) 对象(O) 样式(S)] <对象>:

"弧长（A）"：修订云线的弧长，最小和最大圆弧长度的默认值为 0.5000。

"对象（O）"：指定要转换为云线的对象。
"样式（S）"：指定修订云线的样式。

2.2.10 实例

绘制灌木丛。

操作步骤：

① 启动绘图工具栏，或命令行输入"Revcloud↙"。

② 在命令行 提示下，输入"A↙"。

③ 在命令行 提示下，输入"200↙"。

④ 在命令行 提示下，输入"500↙"。

⑤ 在命令行 提示下，在屏幕中绘图区域，重复单击、松开，直至画出一定区域后回到起点结束，如图 2-19 所示。

图 2-19 云线绘制（1）

⑥ 重复绘制云线命令，在此区域内绘制两个小的区域，如图 2-20 所示。

图 2-20 云线绘制（2）

⑦ 重复画修订云线命令，在命令行 提示下，输入"O↙"。

⑧ 选择刚刚绘制的小区域，在 提示下，输入"Y↙"（图 2-21），重复命令在另一个小的区域，得到如图 2-22 所示图形。

说明：最大值弧长值最最小弧长值之间的差距越大，刚绘制出的灌木丛边缘轮廓越丰富，但最大弧长的设置值，不得超过最小弧长的三倍。

图 2-21 云线绘制（3）

图 2-22 云线绘制（4）

2.3 多边形绘制

2.3.1 绘制矩形

虽然可以用直线绘制矩形，但 AutoCAD 提供了矩形命令，比用直线绘制方便快捷。矩形命令可创建矩形形状的闭合多段线。

启动圆环的方法有以下三种：

- 菜单栏：执行"绘图｜矩形"命令。
- 绘图工具栏："矩形 "。
- 命令行："Rectang（Rec）"。

主要选项说明：

"指定第一个角点，指定另一个角点"：通过两个角点来绘制矩形。

"倒角（C）"：可绘制出带倒角的矩形。其倒角的距离大小可以在相应的提示下设置。

"圆角（F）"：可绘制出带圆角的矩形。其圆角半径的大小可以在相应的提示下设置。

"宽度（W）"：定义矩形的线的宽度。大小可以在相应的提示下设置。

"标高（E）""厚度（T）"：一般用于三维绘图，不做介绍。

2.3.2 实例

绘制出矩形：

(1) 绘制如图 2-23(a) 所示的矩形

第 2 章 AutoCAD 2014 基本图形绘制

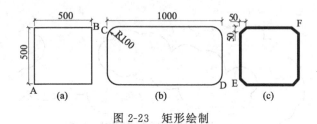

图 2-23 矩形绘制

① 启动矩形命令 或命令行输入快捷键 "rec"。

② 在 RECTANG 指定第一个角点或 [倒角(C) 标高(E) 圆角(F) 厚度(T) 宽度(W)]: 提示下单击 A 点或输入该点的坐标；

③ 在 RECTANG 指定另一个角点或 [面积(A) 尺寸(D) 旋转(R)]: 提示下输入 "@500, 500↙" 或单击 B 点（@500, 500 是 B 点相对于 A 点的直角坐标）。

(2) 绘制如图 2-23(b) 所示的矩形

① 启动矩形命令 或命令行输入 "Rec↙"。

② 在 RECTANG 指定第一个角点或 [倒角(C) 标高(E) 圆角(F) 厚度(T) 宽度(W)]: 提示下输入 "F↙"。

③ 在 RECTANG 指定矩形的圆角半径 <0.0000>: 提示下输入 "100↙"。

④ 在 RECTANG 指定第一个角点或 [倒角(C) 标高(E) 圆角(F) 厚度(T) 宽度(W)]: 提示下，单击 C 点或输入该点的坐标。

⑤ 在 RECTANG 指定另一个角点或 [面积(A) 尺寸(D) 旋转(R)]: 提示下输入 "@1000, -500↙"（也可在上面提示下，输入尺寸 "D"，在提示下输入矩形的长和宽）。

(3) 绘制如图 2-23(c) 所示的矩形

① 启动矩形命令 或命令行输入 "rec↙"。

② 在 RECTANG 指定第一个角点或 [倒角(C) 标高(E) 圆角(F) 厚度(T) 宽度(W)]: 提示下输入 "C↙"。

③ 在 RECTANG 指定矩形的第一个倒角距离 <0.0000>: 50 依次输入倒角的距离 "50↙" "50↙"。

④ 在 RECTANG 指定第一个角点或 [倒角(C) 标高(E) 圆角(F) 厚度(T) 宽度(W)]: 提示下输入 "W↙"。

⑤ 在 RECTANG 指定矩形的线宽 <0.0000>: 提示下输入 "30↙"。

⑥ 在 RECTANG 指定第一个角点或 [倒角(C) 标高(E) 圆角(F) 厚度(T) 宽度(W)]: 单击 E 点或输入该点的坐标。

⑦ 在 RECTANG 指定另一个角点或 [面积(A) 尺寸(D) 旋转(R)]: 提示下输入 "@500, 500↙"。

2.3.3 绘制正多边形

绘制的正多边形是具有 3~1024 条等长的闭合多段线，可绘制三角形、六边形、八边形等图形的快捷方式。虽然可以用直线绘制矩形，但 AutoCAD 提供了矩形命令，比用直线绘制方便快捷。矩形命令可创建矩形形状的闭合多段线。

启动正多边形的方法有以下三种：
- 菜单栏：执行 "绘图｜多边形" 命令。
- 绘图工具栏："矩形｜多边形 多边形"。
- 命令行："Polygon (Pol)"。

主要选项说明：

"输入侧面数"：输入正多边形的边数。

"中心点"：指定绘制的多边形的中心点的位置。

"边"：以指定多边形边长的方式来绘制多边形。

如果已知正多边形中心点到边的距离，即能够确定正多边形的内接圆半径，则在该提示信息下输入 "C"，用外切法绘制正多形。如果已知正多边形中心点到顶的距离，即能够确定正多边形的外接圆半径，则在提示信息下输入 "I"，用内接法绘制正多边形。

2.3.4 实例

① 绘制如图 2-24 所示内接圆和外切圆半径就 200 的五边形。

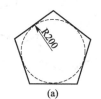

图 2-24 多边形绘制
(a) 内接圆半径 200 (b) 外切圆半径 200 (c) 边长 200

- 启动命令：绘图区单击 多边形 或输入快捷键 "Pol"。

- POLYGON _polygon 输入侧面数 <4>: 提示下输入 "5↙"。

- 在 POLYGON 指定正多边形的中心点或 [边(E)]: 提示下，在作图区域内单击。

- 在 POLYGON 输入选项 [内接于圆(I) 外切于圆(C)] <I>: 提示下输入 "I↙" 或直接 "C↙" 进入绘制内接圆或外切圆形式。

- 在 POLYGON 指定圆的半径: 提示下输入 "200↙"，得到如图 2-24 所示五边形。

注意：实际画出的五边形，无论内接圆还是外切圆，虚线的圆不会显示，仅是为了更好地区分外切圆和内接圆的概念。

② 绘制如图 2-24(c) 所示，边长为 200 的五边形。

- 启动命令：绘图工具栏单击 "多边形" 多边形 输入快捷键 "Pol"。

- 在 POLYGON _polygon 输入侧面数 <4>: 提示下输入 "5↙"。

- 在 POLYGON 指定正多边形的中心点或 [边(E)]: 提示

下，输入"E↵"。

- 在 `POLYGON 指定边的第一个端点:` 在绘图区单击。
- 在 `POLYGON 指定边的第一个端点: 指定边的第二个端点:` 提示下，右下方向拉动鼠标，输入"200↵"，得到如图 2-24(c) 所示图形。

2.4 多段线

2.4.1 绘制多段线

启动多段线的方法有以下三种：
- 菜单栏：执行"绘图｜多段线"命令。
- 绘图工具栏："多段线"。
- 命令行："Pline（Pl）"。

主要选项说明：

`PLINE 指定下一点或 [圆弧(A) 闭合(C) 半宽(H) 长度(L) 放弃(U) 宽度(W)]:`

"圆弧（A）"：采用此命令时，可用 Pline 命令绘制圆弧。默认使用 Pline 绘制直线。

"闭合（C）"：选择该选项，将多段线端点与起点相连接，形成闭合的图形。

"半宽（H）"：用于指定多段线的半宽值，AutoCAD 提示用户输入多段线的起点半宽值和终点半宽值。在绘制过程中，每一段都可以重新设置半宽值。

"长度（L）"：定义下一段多段线的长度，AutoCAD 将按照上一线段的方向绘制这一段多段线。若上一段是圆弧，将绘制出与此圆弧相切的线段。

"放弃（U）"：选择该选项，取消前一步操作所绘制的多段线。

"宽度（W）"：选择该选项，可设置多段线的宽度。

在命令行提示下输入"A"，可在提示下将弧线段添加到多段线中，其提示的信息各选项的命令如下：

`PLINE [角度(A) 圆心(CE) 闭合(CL) 方向(D) 半宽(H) 直线(L) 半径(R) 第二个点(S) 放弃(U) 宽度(W)]:`

"角度（A）"：根据圆弧对应的圆心角来绘制圆弧段。选择该选项后，命令行会提示指定圆弧的包含角。圆弧的方向与角度的正负相关，也与当前角度的测量方向有关。

"圆心（CE）"：根据圆弧的圆心位置来绘制圆弧段。命令行会提示指定圆弧的圆心，当确定了圆心的位置后，可以再根据圆弧的端点、包含角或对应弦长中的一个条件来绘制圆弧。

"闭合（C）"：以最后的点和多段线的起点为圆弧的两个端点，绘制一个圆弧来封闭多段线，同时结束多段线命令。

"方向（D）"：根据起始点的切线方向来绘制圆弧。可以通过输入起点方向和水平方向的夹角来确定圆弧的起点切线方向；或者指定一点，AutoCAD 将圆弧的起点与该点的连线作为圆弧起点的切线方向。当确定了起点切线方向后再确定圆弧的另外一个端点，可绘制弧线段。

"半宽（H）"：设置圆弧起点的半宽和终点的半宽。

"直线（L）"：将命令从绘制圆弧方式切换到绘制直线段方式。

"半径（R）"：根据指定的半径绘制圆弧。

"第二个点（S）"：以三点方式绘制圆弧。

"放弃（U）"：取消上次绘制圆弧。

"宽度（W）"：设置圆弧的起点宽度和终点宽度。

2.4.2 编辑多段线

多段线可以进行多项编辑，可以闭合一条非封闭的多段线；可以把任意多条相邻线段、弧和二维多段线连成一条二维多段线；可以设置多段线的线宽；还可以移动、增加、删除多段线的顶点。

启动多段线编辑的方法有以下三种：
- 菜单栏：执行"修改｜对象｜多段线"命令。
- 修改工具栏："编辑多段线"。
- 命令行："Pedit（Pe）"。

主要选项说明：

输入多段线编辑命令后，命令行提示

`PEDIT 选择多段线或 [多条(M)]:`，选择多段线后，命令行出现提示

`PEDIT 输入选项 [闭合(C) 合并(J) 宽度(W) 编辑顶点(E) 拟合(F) 样条曲线(S) 非曲线化(D) 线型生成(L) 反转(R) 放弃(U)]:`

"闭合（C）"：闭合开放的多段线。注意，即使多段线的起点和终点均位于同一点上，AutoCAD 软件仍认为它是打开的，必须选择该选项，才能闭合。跟其相反的命令是"打开"命令。

"合并（J）"：将直线、圆弧或多段线与其他端点重合的其他多段线合并成一个多段线。

"宽度（W）"：指定多段线的宽度。

"编辑顶点（E）"：对组成多段线的各个顶点进行编辑。

"拟合（F）"：在每两个相邻顶点之间增加两个顶点，由此生成一条光滑的曲线，该曲线由连接各对顶点的弧线组成。

"样条曲线（S）"：使用多段线的顶点做控制点来生成样条曲线。

"非曲线化（D）"：删除拟合曲线和样条曲线插入的多余顶点，并将多段线的所有线段恢复

第 2 章 AutoCAD 2014 基本图形绘制　37

为直线。

"线型生成（L）"：该选项设置为"开"的状态，则将多段线作为一个整体来生成线型；若设置为"关"，则将在每个顶点处以点画线开始和结束生成线型。该选项不适用于带变宽线段的多线段。

"反转（R）"：反转样条曲线的方向。

"放弃（U）"：取消上一编辑操作而不退出命令。

2.4.3 实例

① 绘制如图 2-25 所示自然式水池

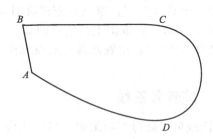

图 2-25 自然式水池

- 启动命令：单击绘图工具栏"多段线"或命令行输入快捷键"Pl"。
- 在 PLINE 指定起点：提示下，在绘图区域依次单击 A 点、B 点、C 点。
- 在 PLINE 指定下一点或 [圆弧(A) 闭合(C) 半宽(H) 长度(L) 放弃(U) 宽度(W)]：提示下，输入"A↵"，绘图区，单击 D 点。
- 在 PLINE [角度(A) 圆心(CE) 闭合(CL) 方向(D) 直线(L) 半径(R) 第二个点(S) 放弃(U) 宽度(W)]：提示下，输入"CL↵"完成绘制任务。

注意：最后也可以直接单击 A 点，完成图形绘制，但对于以后可能对水体进行填充，用闭合的命令更能保证正确的填充判断，以免无法填充的状况出现。

② 多段线绘制如图 2-26 所示园林拱门

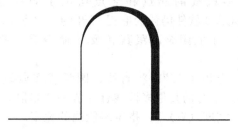

图 2-26 园林拱门

- 启动多段线命令：单击绘图工具栏"多段线"或命令行输入快捷键"Pl"。
- 在 PLINE 指定起点：提示下，单击绘图图任意一点，按"F8"，打开正交，鼠标向右。
- 在 PLINE 指定下一个点或 [圆弧(A) 半宽(H) 长度(L) 放弃(U) 宽度(W)]：提示下，输入"500↵"。
- 在 PLINE 指定下一点或 [圆弧(A) 闭合(C) 半宽(H) 长度(L) 放弃(U) 宽度(W)]：提示下，鼠标向上，输入"500↵"。
- 在 PLINE 指定下一点或 [圆弧(A) 闭合(C) 半宽(H) 长度(L) 放弃(U) 宽度(W)]：提示下，输入"A↵"。
- 在 PLINE [角度(A) 圆心(CE) 闭合(CL) 方向(D) 直线(L) 半径(R) 第二个点(S) 放弃(U) 宽度(W)]：提示下，输入"W↵"。
- 在 PLINE 指定起点宽度 <0.0000>：提示下，输入"↵"或"0↵"。
- 在 PLINE 指定端点宽度 <0.0000>：提示下，输入"50↵"。
- 在 PLINE [角度(A) 圆心(CE) 闭合(CL) 方向(D) 直线(L) 半径(R) 第二个点(S) 放弃(U) 宽度(W)]：提示下，鼠标水平向右，输入"500↵"。
- 在 PLINE [角度(A) 圆心(CE) 闭合(CL) 方向(D) 直线(L) 半径(R) 第二个点(S) 放弃(U) 宽度(W)]：提示下，输入"L↵"。
- 在 PLINE 指定下一点或 [圆弧(A) 闭合(C) 半宽(H) 长度(L) 放弃(U) 宽度(W)]：鼠标垂直向下，输入"500↵"。
- 在 PLINE 指定下一点或 [圆弧(A) 闭合(C) 半宽(H) 长度(L) 放弃(U) 宽度(W)]：提示下，输入"W↵"。
- 在 PLINE 指定起点宽度 <50.0000>：提示下，输入"0↵"。
- 在 PLINE 指定端点宽度 <0.0000>：提示下，输入"↵"或"0↵"。
- 在 PLINE 指定下一点或 [圆弧(A) 闭合(C) 半宽(H) 长度(L) 放弃(U) 宽度(W)]：提示下，鼠标向右，输入"500↵"，↵或右击确认，完成绘制。

将如图 2-27(a) 所示首尾相连的圆弧连接成一条多段线，并设置其线宽为 200，如图 2-27(b) 所示。

图 2-27 编辑多段线

打开光盘"第 2 章素材"文档：

- 启动命令：单击修改工具栏"编辑多段线"或命令行输入快捷键"Pe"。
- PEDIT 选择多段线或 [多条(M)]：提示下，输入"M↵"。
- PEDIT 选择对象：提示下，选中所有圆弧（图 2-28），↵，确认。

图 2-28 编辑多段线操作

- 在 [PEDIT 是否将直线、圆弧和样条曲线转换为多段线?] 提示下，输入"Y↙"。
- 在 [PEDIT 输入选项] 提示下，输入"J↙"。
- 在 [PEDIT 输入模糊距离或 [合并类型(J)] <0.0000>:] 提示下，如果所绘制的对象不是首尾相接的，输入模糊距离，否则直接按回车键即可，本题直接 ↙，确认。
- 命令行提示"多段线已增加 36 条线段"后，出现 [PEDIT 输入选项] 提示后，输入"W↙"。
- 在 [PEDIT 指定所有线段的新宽度:] 提示下，输入"200↙"，完成多段线的编辑任务。

2.5 样条曲线

2.5.1 启动样条曲线

启动样条曲线的方法有以下三种：
- 菜单栏：执行"绘图｜样条曲线"命令。
- 绘图工具栏："样条曲线"。
- 命令行："Spline（Sp）"。

主要选项说明：

[SPLINE 指定第一个点或 [方式(M) 节点(K) 对象(O)]:]

[SPLINE 输入下一个点或 [起点切向(T) 公差(L)]:]

[SPLINE 输入下一个点或 [端点相切(T) 公差(L) 放弃(U) 闭合(C)]:]

"第一个点"：定义样条曲线的起始点。
"下一点"：指定样条曲线的下一个点。
"起点（端点）切向（T）"：定义起点（终点）处的切线方向。
"放弃（U）"：可以在选取任何点后，按"U"键后，取消前一段样条曲线。
"对象（O）"：将已存在的拟合样条曲线的多段线转换为等价的样条曲线。
"闭合（C）"：样条曲线首尾连接成封闭曲线。
"公差（L）"：使用新的公差值将样条曲线重新拟合至现有的拟合点。

也可用样条曲线控制点 的方式来绘制样条曲线，方法类以，只不过它显示出控制点的直线轨迹。

两种方法绘制类似一条样条曲线，鼠标在绘图区所单击的位置区别，如图 2-29、图 2-30 所示。

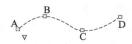

图 2-29 拟合点绘制样条曲线

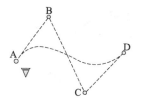

图 2-30 控制点绘制样条曲线

2.5.2 编辑样条曲线

用于修改样条曲线的形状。可以编辑定义样条曲线的拟合点数据，包括修改公差；将开放样条曲线修改为连续闭合的环；将拟合点移动到新位置；通过添加、权值控制点等来修改样条曲线的定义、方向等。

编辑样条曲线的方法有以下三种：
- 菜单栏：执行"修改｜对象｜样条曲线"命令。
- 修改工具栏："编辑样条曲线"。
- 命令行："Splinedit"。

2.5.3 实例

① 绘制如图 2-31 所示样条曲线。

图 2-31 样条曲线

- 启动多段线命令：单击绘图工具栏"样条曲线" 或命令行输入快捷键"Spl"。
- 在 [SPLINE 指定第一个点或 [方式(M) 节点(K) 对象(O)]:] 提示下，单击 A 点，在此过程中会出现一条橡皮筋曲线，指示样条曲线的形状。
- 在 [SPLINE 输入下一个点或 [起点切向(T) 公差(L)]:] 提示下，依次单击 B、C、D 三个点，在此过程中会出现一条橡皮筋曲线，指示样条曲线的形状（图 2-32），"↙"确认或右击选择"确认"。

图 2-32 样条曲线操作

注意：绘图时，用样条曲线绘制自然式园林要素基本准确即可。

② 通过样条曲线命令将上图样条曲线闭合，如图 2-33 所示；转变成多段线，如图 2-34 所示。

- 启动命令：单击修改工具栏"编辑样条曲

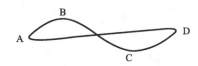

图 2-33 样条曲线闭合

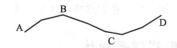

图 2-34 样条曲线转换成多段线

线"或命令行输入快捷键"Spe"。

- 在 SPLINEDIT 选择样条曲线: 提示下，在绘图区单击要编辑的样条曲线，如图 2-35 所示。

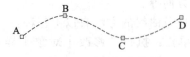

图 2-35 选择样条曲线

- 在 SPLINEDIT 输入选项 [闭合(C) 合并(J) 拟合数据(F) 提示下，输入"C↵"、"↵"，结束绘制任务，得到如图 2-33 闭合样条曲线。
- 按空格键重复编辑样条曲线命令。
- 在 SPLINEDIT 选择样条曲线: 提示下，在绘图区单击要编辑的样条曲线，如图 2-35 所示选择样条曲线。
- 在 编辑顶点(E) 转换为多段线(P) 反转(R) 放弃(U) 退出(X) <退出>: 提示下，输入"P↵"、"↵"，结束绘制任务。
- 在 SPLINEDIT 指定精度 <1>: 提示下，输入"2↵"，结束绘制任务，转换成多段线（图 2-34）。

2.6 多 线

2.6.1 绘制多线

启动多线的方法有以下两种：
- 菜单栏："绘图｜多线"。
- 命令行："MLine（Ml）"。

主要选项说明如下。

MLINE 指定起点或 [对正(J) 比例(S) 样式(ST)]:

"对正"：该参数用来控制多线相对光标或基线位置的偏移，在以上提示信息下输入"J"，命令行显示如下信息：

MLINE 输入对正类型 [上(T) 无(Z) 下(B)] <上>:

"上（T）"：光标对齐多线最上方的平行线。

"无（Z）"：光标对齐多线的 0 偏移位置。

"下（B）"：光标对齐多线最下方的平行线。

多线绘制对正方式如图 2-36 所示中（a）、(b)、(c) 图，表示"上""无""下"三种类型时，所绘制的多线相对于光标的偏移。

图 2-36 多线对齐方式

其他选项说明：

"比例（S）"：指定多线的绘制比例，此比例控制平等线间距大小。

"样式（ST）"：可以提前创建多个样式后，选择该选项，调用要使用的多线样式，缺省值为 STANDARD。

"指定下一点"：指定多线的下一点。

"放弃（U）"：取消最后绘制的一段多线。

"闭合（C）"：选择该选项，将闭合多线的起点与端点。

2.6.2 定义多线样式

用缺省样式绘制出的多线是双线，还可以绘制三条或三条以上平行线组成的多线，这需要对多线进行样式设置。

定义多线样式的方法有以下两种：
- 菜单栏：执行"格式｜多线样式"命令。
- 命令行：Mlstyle。

弹出"多线样式"对话框，如图 2-37 所示。

图 2-37 "多线样式"对话框

在该对话框中，位于下部的图像框内显示出当前多线的实际形状。下面介绍其他各主要选项的功能。

(1)"样式"列表框

列表框中列出了当前已有多线样式的名称。上图中只有一种样式，即 AutoCAD 2014 提供的样式 STANDARD。

(2)"新建"按钮

新建多线样式。单击该按钮，AutoCAD 2014 弹出"创建新的多线样式"对话框，如图 2-38 所示。

图 2-38 "创建新的多线样式"对话框

在对话框的"新样式名"文本框中输入新样式的名称（样式1），并通过"基础样式"下拉列表框选择基础样式，如图 2-39 所示。单击继续，可在基础样式的基础上，进行新样式的设立，如图 2-40 所示。

图 2-39 新样式命名

图 2-40 新建多线样式（样式1）对话框

该对话框用于定义新多线的具体样式，下面介绍对话框中主要项的功能。

① "说明"文本框。输入对所定义多线的说明（如果有的话）。

② "封口"选项组。"封口"选项组用于控制多线在起点和终点处的样式。其中，与"直线"行对应的两个复选框用于确定是否在多线的起点和终点处绘横线。

2.6.3 编辑多线

编辑多线的方法有以下两种：
- 菜单栏："修改｜对象｜多线"。
- 命令行："Mledit"。

打开如图 2-41 所示的"多线编辑工具"对话框，选择其中的相交样式后，再选择相交的两条多线进行编辑。

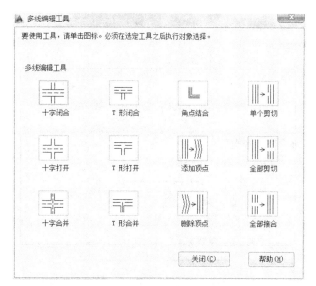

图 2-41 "多线编辑工具"对话框

2.6.4 实例

在 150m×50m 范围内的中心绘制 2m 宽的十字路口。

(1) 新建文件

执行"格式｜单位"命令，出现"图形单位"对话框，以"mm"为单位，精度改为"0"，单击"确定"按钮，如图 2-42 所示。

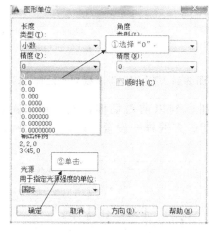

图 2-42 "图形单位"对话框

(2) 设置多线样式

单击菜单栏"格式｜多线样式｜新建"，出现新的多线样式对话框，在"新样式名（N）"栏输入"十字路"，单击"继续"按钮，如图 2-43 所示。

在出现的"新建多线样式：十字路"对话框中，单击"添加"按钮，设置颜色为"红色"（图2-44），再单击"线型"按钮，出现"选择线型"对话框，单击"加载"按钮，出现"加载或重载线型"对话框，选择"ACADISO2W100"线型后单击"确定"按钮，回到"选择线性对话框"，选择"ACAD-ISO2W100"线型后再单击"确

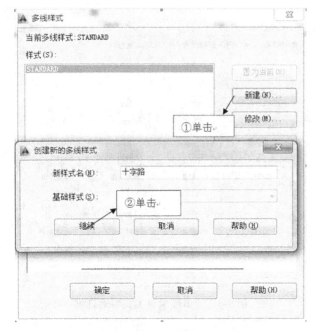

图 2-43 创建"十字路"多线样式

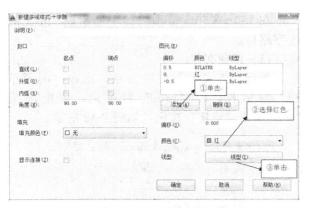

图 2-44 "十字路"多线样式设置（1）

定"按钮回到以前对话框，连续单击两次"确定"按钮，多线样式设置完毕，如图 2-45 所示。

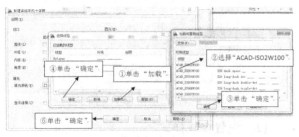

图 2-45 "十字路"多线样式设置（2）

(3) 输入矩形命令（快捷键：Rec）

在屏幕上任意一点单击，根据提示输入矩形的长 150000，宽 50000，完成矩形的绘制，并在屏幕范围内拖动滚轮，使矩形位于绘图区域合适位置。

(4) 绘制多线

① 启动命令：菜单栏"绘图|多线"命令 多线(U)或命令行输入"Ml↙"。

② 在 MLINE 指定起点或 [对正(J) 比例(S) 样式(ST)]: 提示下，输入"ST↙"。

③ 在 MLINE 输入多线样式名或 [?]: 提示下，输入"十字路↙"。

④ 在 MLINE 指定起点或 [对正(J) 比例(S) 样式(ST)]: 提示下，输入"J↙"。

⑤ 在 MLINE 输入对正类型 [上(T) 无(Z) 下(B)] <上>: 提示下，输入"Z↙"。

⑥ 在 MLINE 指定起点或 [对正(J) 比例(S) 样式(ST)]: 提示下，输入"S↙"。

⑦ 在 MLINE 输入多线比例 <20.00>: 提示下，输入"2000↙"。

⑧ 在 MLINE 指定起点或 [对正(J) 比例(S) 样式(ST)]: 用鼠标捕捉矩形左边的中点。

⑨ 在 MLINE 指定下一点: 提示下用鼠标捕捉矩形右边的中点，↙，结束。

同样方法绘制矩形中点上下方向的路。

(5) 设置线型

单击"格式|线型"按钮，在"线型管理器"对话框中"全局比例因子栏"，输入"500"，单击"确定"按钮，如图 2-46 所示。

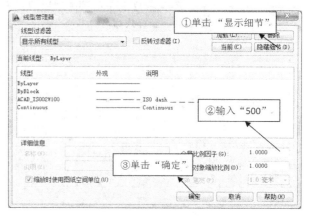

图 2-46 "十字路"线型设置

(6) 修改多线

执行"修改|对象|多线"命令 多线(M)...

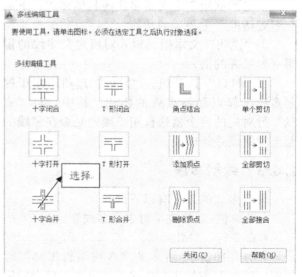

图 2-47 "十字路"多线编辑

或输入"Mledit✓",弹出"多线编辑工具"对话框(图2-47),选择"十字合并"选项,分别点击十字路的横竖两条线,✓。结果如图2-48所示,保存,命名为"十字路"。

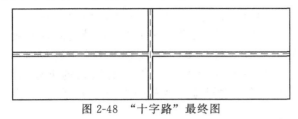

图2-48 "十字路"最终图

2.7 图案填充

2.7.1 图案填充

启动图案填充的方法有以下三种:
- 菜单栏:"绘图 | 图案填充"。
- 绘图工具栏:"图案填充 图案填充"。
- 命令行:"Hatch(H)✓"。

启动命令后,菜单栏会出现"图案填充创建"选项卡(图2-49),可对当前图案填充的内容进行设置。

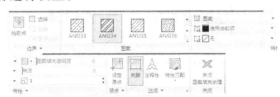

图2-49 "图案填充创建"选项卡

在 提示下,输入"T"的方式进行设置。得到"图案填充编辑"对话框,如图2-50所示。

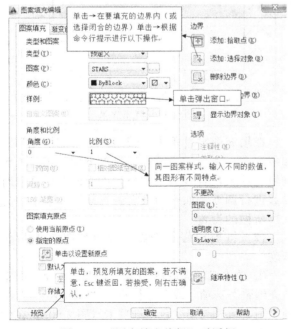

图2-50 "图案填充编辑"对话框

注意:比例值越大,所显示的填充越大(越稀)比例值越小,所显示的填充越小(越密)。通俗点说,就是你想看着大点,填的数字就大一点。

在"填充图案"选项卡中可以填充图案,各选项功能如下。

"图案":显示当前选用的图案的名称。单击"图案"右侧的"…"按钮或选择"样例"中的图案样式,可以打开"填充图案选项板"对话框,(图2-51),在该对话框中选择图案。

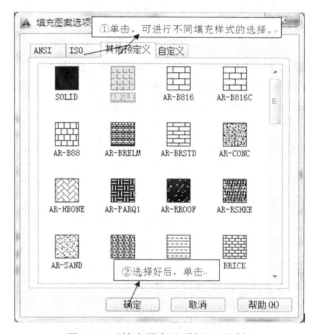

图2-51 "填充图案选项板"对话框

"样例":显示选择图案样例。

"比例":放大或缩小图案。值越大,填充的图案越稀疏,反之越密,如图2-52所示。过疏或太密均无法完成图案填充,值太大时则命令行会提示:"无法对边界进行图案填充";过小时提示:"图案填充间距太密,或短划尺寸太小"。

"角度":图案旋转角度。

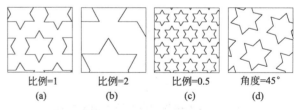

比例=1　　比例=2　　比例=0.5　　角度=45°
(a)　　　(b)　　　(c)　　　(d)

图2-52 填充图案比例示意

"拾取点":通过点取点的方式来自动产生一条围绕该点的边界。使用这种方式指定填充区域,要求拾取点的周围边界无缺口,否则将不能产生正确边界。

"选择对象":通过选择对象的方式来产生一条封闭的填充边界。如果边界有缺口则缺口部分填充的图案会出现线段丢失。

2.7.2 图案填充编辑

图案填充后，若对其效果不满意，还可以对填充图案进行修改；另外，当绘制的图形较大且填充图案面积较多时，会影响查看效果，可以将填充图案进行隐藏。

在完成了图案填充后，有时会对图案填充进行修改，这需要启动填充编辑命令，启动图案填充编辑的方法有以下四种：

● 菜单栏：“修改｜编辑图案填充”。

● 绘图工具栏，或命令行输入“Hatch（H）↙”，后，在命令行

HATCH 拾取内部点或 [选择对象(S) 设置(T)]:

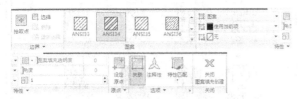

提示下，输入“S↙”，选择已填充的图案，菜单栏会出现“图案填充创建”选项卡，可对当前图案填充的内容进行设置，如图 2-53 所示。

图 2-53 菜单栏“图案填充创建”选项卡

也可在 HATCH 选择对象或 [拾取内部点(K) 设置(T)]: 提示下，输入“T↙”，出现图案填充选项卡，将刚刚填充好的图案进行修改。

● 命令行：“Hatchedit↙”。

● 单击要修改的图案填充，右击选择“图案填充编辑”选项板，如图 2-54 所示。

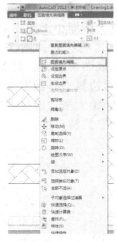

图 2-54 右击选择“图案填充编辑”选项

执行以上命令后，系统弹出“图案填充与渐变色对话框”。该对话框与“图案填充”命令中“设置”对话框相同，仅其中某些选项被禁止使用，其内容不再赘述。

2.7.3 实例

(1) 将图 2-55 两个矩形之间的区域进行填充

操作步骤：

打开“第 2 章素材—填充的命令”文件。

① 启动绘图工具栏，或命令行输入“Hatch（H）↙”。

② 在 HATCH 拾取内部点或 [选择对象(S) 设置(T)]: 提示下，输入“T↙”，得到“图案填充和渐变色”的选项卡（图 2-58），在此选项卡上进行设置。

③ 在作图区域内，单击要填充的部位（图 2-56），右击选择确认，得到如图 2-57 所示填充效果。

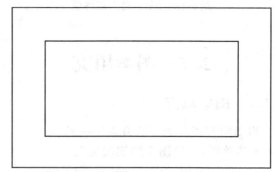

图 2-55 填充实例原图

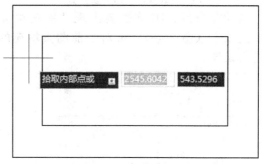

图 2-56 填充实例操作

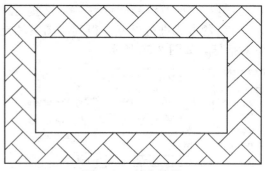

图 2-57 填充效果

在填充图案过程中，若用户不确定填充间距和角度多少为合适，可以通过单击预览按钮来预览填充效果，若效果不理想，可返回对话框来对参数进行调整。如开始没有进行设置，直接填充上次所做的设置。

(2) 将填充好的图案，进行如图 2-59 所示修改

① 单击已填充好的图案，右击，选择“图案填充编辑”选项，或命令行输入“Hatchedit”，得到“图案填充与渐变色”选项卡（图 2-60），在此选项卡上进行如下设置：

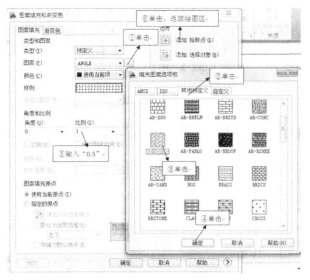

图 2-58 图案填充实例"图案填充"设置

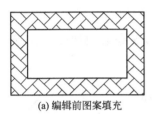
(a) 编辑前图案填充

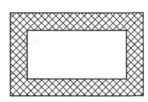
(b) 编辑后图案填充

图 2-59 编辑图案填充

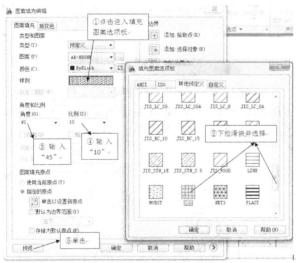

图 2-60 "图案填充编辑"设置

② 在 HATCHEDIT 拾取或按 Esc 键返回到对话框或 <单击右键接受图案填充>：根据提示，填充效果不满意，单击"Esc"返回"图案填充"对话框，进行调整，直至效果满意，并单击右键接受。

(3) 将图（图填充实例操作）中间矩形进行双色渐变色填充

① 启动绘图工具栏，或命令行输入 Hatch（H）。

② 在 HATCH 拾取内部点或 [选择对象(S) 设置(T)]：提示下，输入"T"，得到如图 2-61 所示的填充和渐变色的选项卡，在此选项卡上进行设置。

③ 在 HATCH 选择对象或 [拾取内部点(K) 设置(T)]：提

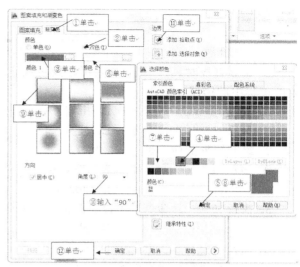

图 2-61 渐变色填充实例"渐变色"设置

示下，输入"K"。

④ 在作图区域内，单击要填充的部位，右击选择确认，得到如图 2-62 所示填充。

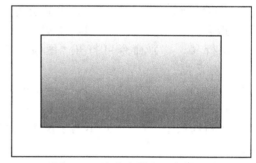

图 2-62 渐变色填充实例结果

本章小结

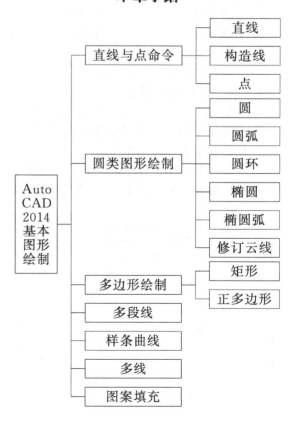

思考与练习

一、选择题

1. 绘制直线时，（ ）选项可以及时纠正绘图过程中的错误。
   A. 指定第一点　　　　B. 指定下一点
   C. 闭合　　　　　　　D. 放弃

2. 绘制矩形的命令是（ ）。
   A. rectang　　　　　　B. Ploygon
   C. mline　　　　　　　D. donut

3. 执行（ ）命令，可以绘制正多边形
   A. circle　　　　　　　B. pline
   C. rectang　　　　　　D. polygon

4. 绘制圆环需要设置的参数有（ ）。
   A. 圆角半径　　　　　B. 内径与外径
   C. 边数　　　　　　　D. 长度

5. 在绘制多线、多段线、样条曲线时，最后一步若输入"C"，其含义是（ ）。
   A. 闭合图形　　　　　B. 取消绘制
   C. 拟合　　　　　　　D. 线宽

6. 执行（ ）命令可打开"图案填充和渐变色"对话框。
   A. bhatch　　　　　　B. hatchedit
   C. edittext　　　　　　D. subtract

7. 下列选项中，（ ）不属于图案填充的类型。
   A. 用户定义　　　　　B. 预定义
   C. 图形定义　　　　　D. 自定义

8. 下列哪些图形不能直接填充？（ ）
   A. 正多边形　　　　　B. 圆形
   C. 多线　　　　　　　D. 矩形

二、简答题

1. 直线与多段线有何方法？
2. 绘制圆的方法有哪些？
3. 绘制 20×30 矩形，可采用哪些方法？
4. 简述矩形命令与正多边形命令的区别？
5. 简述如何为图形填充图案？
6. 点在园林绘图工作中的主要作用是什么？绘制的点在视图中无法看清，怎么解决？

三、操作题

1. 在无尺寸长方形正中央画圆，如图 2-63 所示。

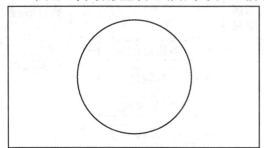

图 2-63　操作题（1）

2. 绘制如图 2-64 所示电视机外壳平面，其中外边框长为 800mm，宽 600mm；内边框 1 长为 640mm，宽 440mm；；内边框 2 长为 600mm，宽 400mm；矩形的圆角半径为 40mm。

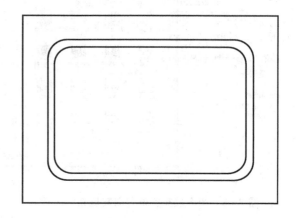

图 2-64　操作题（2）

3. 用正多边形和矩形命令绘制如图 2-65 所示哑铃（不需要标注）。

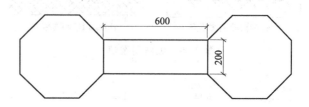

图 2-65　操作题（3）

4. 使用本章知识，绘制如图 2-66 所示的多边形网，多边形半径内接于圆，圆半径为 200（运用多边形和直线命令）。

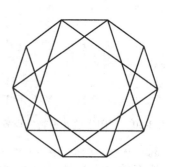

图 2-66　操作题（4）

5. 采用定数等分命令，将图 2-67 所示样条曲线，分成八份（点样式设置成⊠）。

图 2-67　操作题（5）

6. 绘制如图 2-68 所示箭头（多段线）。

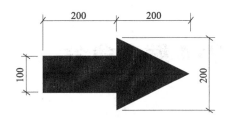

图 2-68 操作题（6）

7. 绘制如图 2-69 所示图形，并填充。（虚线部分表示不存在）

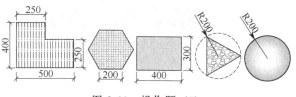

图 2-69 操作题（7）

第 3 章 AutoCAD 2014 编辑命令

3.1 选择对象

AutoCAD 2014 中选择对象时，被选中的对象呈虚线显示。

当输入 AutoCAD 的大部分编辑命令或在绘图过程中执行某些命令操作时，AutoCAD 通常会提示"选择对象："，这个提示就是要求绘图人员选择将要进行编辑操作的图形对象，同时绘图窗口中的十字光标会改变成一个小方框，这个小方框称为拾取框。可以在提示"选择对象："后键入"?"查看选择方式。选择该选项后，系统会出现如下提示：需要点或窗口(W)/上一个(L)/窗交(C)/框(BOX)/全部(ALL)/栏选(F)/圈围(WP)/圈交(CP)/编组(G)/添加(A)/删除(R)/多个(M)/前一个(P)/放弃(U)/自动(AU)/单个(SI)/子对象(SU)/对象(O)。

AutoCAD 2014 提供了多种选择对象及操作的方法，现逐一介绍如下。

(1) 点

该选项表示直接通过点取的方式选择对象。是较常用的也是系统默认的一种对象选择方法。将选择框直接移到对象上，单击鼠标左键即可选择对象。

(2) 窗口（W）

窗口方式。用由两个对角顶点确定的矩形窗口选取位于矩形范围内部的所有图形，与边框相交的对象不会被选中。指定对角顶点时要按照从左向右的顺序。

使用窗口选择，将选中完全包含在蓝色区域内的任何对象。

(3) 上一个（L）

在"选择对象"提示下输入 L 后按回车键，系统会自动选取最后绘制出的那个对象。

(4) 窗交（C）

与"窗口"方式类似，区别在于：不仅可以选择矩形窗口内部的对象，还可选中与矩形窗口边界相交的对象。

在"选择对象："提示下输入 C 按回车键，系统提示：

指定第一个角点：（输入矩形窗口的第一个对角点的位置）

指定对角点：（输入矩形窗口的另一个对角点的位置）

使用窗交选择，可选中绿色区域内的或接触该绿色区域的任何对象。

(5) 框（BOX）

这种方式没有命令缩写。使用时，系统会根据用户在屏幕上给出的两个对角点的位置而自动引用"窗口"或"窗交"选择方式。如从左向右指定对角点，为"窗口"方式；如从右向左指定对角点，为"窗交"方式。

(6) 全部（ALL）

选取图中所有对象。在"选择对象:"提示下输入 ALL 按回车键。绘图区域内的所有对象都被选中。

(7) 栏选（F）

临时绘制一些直线，这些直线不用构成封闭图形，凡是与这些直线相交的对象均可被选中。这种方式对选择相距较远的对象比较有效。在"选择对象:"提示下输入 F 按回车键，系统提示：

指定第一个栏选点：（指定交线的第一点）

指定下一个栏选点或 [放弃(U)]：（指定交线的第二点）

指定下一个栏选点或 [放弃(U)]：（指定下一条交线的端点）

……

指定下一个栏选点或 [放弃(U)]：（回车结束操作）

(8) 圈围（WP）

使用一个不规则的封闭多边形来选择对象。在圈内的所有对象均被选中。在"选择对象:"提示下输入 WP 按回车键，系统提示：

第一圈围点：（输入不规则多边形的第一个顶点坐标）

指定直线的端点或 [放弃(U)]：（输入不规则多边形的第二个顶点坐标）

指定直线的端点或 [放弃(U)]：（输入不规则多边形的第三个顶点坐标）

……

指定直线的端点或 [放弃(U)]：（回车结束

操作）

(9) 圈交（CP）

类似于"圈围"方式。区别在于：使用"圈交"方式选择对象时，与多边形边界相交的对象也会被选中。

(10) 多个（M）

可以多次直接拾取对象，按回车键结束操作。

其他几种选择方式与上述方式类似，可自行练习。

(11) 快速选择

有时需要选择具有某些共同属性的对象，如选择具有相同颜色、线型或线宽的对象，可以用上述方法进行选择，但如果要选择的对象数量较多并且分布在比较复杂的图形中，会导致很大的工作量。AutoCAD 2014 提供了 QSELECT 命令来解决这个问题。使用 QSELECT 命令后，打开"快速选择"对话框（图 3-1），利用该对话框可以根据指定的标准快速选择对象。

其执行方式如下。

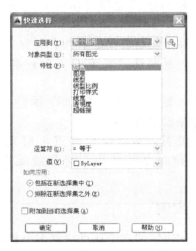

图 3-1 "快速选择"对话框

- 命令行：QSELECT。
- 菜单：工具→快速选择。
- 右键快捷菜单：快速选择（图 3-2）。

图 3-2 "快速选择"右键快捷菜单

系统执行上述命令之后，打开如图 3-1 所示的"快速选择"对话框，在对话框中可以选择符合条件的对象或对象组。

3.2 删除及恢复类命令

3.2.1 删除

(1) 命令

命令行：ERASE（缩写：E）。

菜单：编辑→删除。

图标："修改"工具栏 。

(2) 功能

可以从图形中删除选定的对象。如果处理的是三维对象，还可以删除面、网格和顶点等子对象。

(3) 操作

命令：ERASE↙

选择对象：（选择所要删除的对象）

选择对象：↙

3.2.2 恢复

(1) 命令

命令行：OOPS。

(2) 功能

恢复上一次用 ERASE 命令所删除的对象。

(3) 操作

命令：OOPS（按回车键或空格键即可恢复删除的对象）。

(4) 说明

① OOPS 命令只针对上一次 ERASE 命令有效，如果在绘图过程中使用命令 ERASE→LINE→ARC 操作顺序后，用 OOPS 命令，则可恢复 ERASE 命令删除的对象，不影响使用 LINE、ARC 命令绘制的图形。

② OOPS 命令也可用于 BLOCK（块）命令之后，用于恢复建块后所消失的图形。

3.2.3 清理

(1) 命令

命令行：PURGE。

菜单：文件→图形实用工具→清理 。

(2) 功能

对图形中不用的块、层、线型、文字样式、标注样式、多线样式等对象，可以通过 PURGE 命令进行清理，以减少图形占用空间。

(3) 操作

命令：PURGE↙

系统打开"清理"对话框（图 3-3），根据需要进行选择，最后确定。

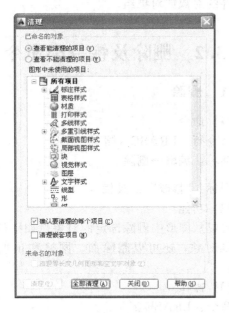

图 3-3 "清理"对话框

3.3 复制类命令

3.3.1 复制

(1) 命令

命令行：COPY（缩写：CO、CP）。

菜单：修改→复制。

图标："修改"工具栏 。

(2) 功能

将选定的对象复制到指定的位置上，而原对象保持不变，并且复制的对象与原对象在方向上、大小上均相同。如果需要，还可以进行多重复制，并且每个复制的对象均与原对象各自独立，可以分别被编辑和使用。

(3) 操作

命令：COPY✓

选择对象：（选择需要复制的对象）✓

当前设置：复制模式=多个

指定基点或［位移(D)/模式(O)］〈位移〉：（指定基点或位移）

各选项的说明如下。

① 指定基点：指定一个坐标点后，AutoCAD 2014 即把该点作为复制对象的基点，并提示：

指定第二个点或［阵列(A)］〈使用第一个点作为位移〉：

指定第二个点后，系统将根据这两个点确定的位移矢量把选择的对象复制到第二点处。如果此时直接回车，即选择默认的"使用第一个点作为位移"，则第一个点被当作相对于 X、Y、Z 的位移。如果在指定基点时输入 20, 30 并在下一个提示下按 Enter 键，则该对象从它当前的位置向 X 方向上移动 20 个单位，在 Y 方向上移动 30 个单位。

复制完成后，系统会继续提示：

指定第二个点或［阵列(A)/退出(E)/放弃(U)］〈退出〉：

这时可以不断指定新的第二点，就可以进行多重复制。

② 位移：使用坐标指定相对距离和方向。

直接输入位移值，表示以选择对象时的拾取点为基准，以拾取点坐标为移动方向纵横比移动指定位移后确定的点为基点。例如，选择对象时拾取点坐标为（20，30），输入位移为 10，则表示以点（20，30）为基准，沿纵横比为 3：2 的方向移动 10 个单位所确定的点为基点。

③ 模式：控制命令是否自动重复（COPY-MODE 系统变量）。选择该项后，系统会提示：

输入复制模式选项［单个(S)/多个(M)］〈多个〉：

可以设置复制模式是单个或多个。

单个：复制选定对象的单个副本，并结束命令。

多个：默认模式。在命令执行期间，将 COPY 命令设定为自动重复。

(4) 说明：基点与位移点可用光标定位，坐标值定位，也可利用"对象捕捉"来精确定位。

3.3.2 实例

在正六边形的六个顶点绘制大小相等的圆。

操作步骤：

① 绘制如图 3-4 所示的图形（正六边形 $ABCDEF$ 和圆 A）。

② 选择复制命令。

命令：COPY✓

选择对象：找到 1 个（选择圆 A）✓

当前设置：复制模式=多个

指定基点或［位移(D)/模式(O)］〈位移〉：（利用目标捕捉功能捕捉圆 A 的圆心作为复制操作的基点）

指定第二个点或［阵列(A)］〈使用第一个点作为位移〉：（捕捉交点 B）

指定第二个点或［阵列(A)/退出(E)/放弃(U)］〈退出〉：（捕捉交点 C）

指定第二个点或［阵列(A)/退出(E)/放弃(U)］〈退出〉：（捕捉交点 D）

指定第二个点或［阵列(A)/退出(E)/放弃(U)］〈退出〉：（捕捉交点 E）

指定第二个点或［阵列(A)/退出(E)/放弃(U)］〈退出〉：(捕捉交点 F)
指定第二个点或［阵列(A)/退出(E)/放弃(U)］〈退出〉：✓
绘图结果如图 3-5 所示。

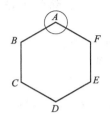

图 3-4　复制前的图形　　图 3-5　复制后的图形

3.3.3　镜像

(1) 命令

命令行：MIRROR（缩写：MI）。

菜单：修改→镜像。

图标："修改"工具栏 。

(2) 功能

镜像对象是指把选择的对象围绕一条镜像线做对称复制。镜像操作完成之后，原对象可以保留也可以删除。

(3) 操作

命令：MIRROR ✓

选择对象：(选择要镜像的对象)

选择对象：✓ (回车表示选择对象结束)

指定镜像线的第一点：(指定镜像线的第一个点)

指定镜像线的第二点：(指定镜像线的第二个点)

要删除源对象吗？［是(Y)/否(N)］〈N〉：(确认是否删除原对象) ✓

(4) 说明

① 在镜像时，镜像线是一条临时的参照线，可以根据绘图需要画一条线作为镜像线，镜像后可以删除不保留。

② 文本做完全镜像时，镜像后文本变为反写和倒排，使文本不便阅读（图 3-6）。如果在使用镜像命令之前，把系统变量 MIRRTEXT 的值设置为 0（off），则镜像时文本只做文本框的镜像，而文本仍显示可读（图 3-6）。

变量 MIRRTEXT 值的设置方式操作：

命令：SETVAR ✓

输入变量名或［?］：MIRRTEXT ✓

输入 MIRRTEXT 的新值〈默认值〉：(输入要改变的数值)

图 3-6 上边镜像的 MIRRTEXT 值为 0，下边镜像的 MIRRTEXT 值为 1。

图 3-6　使用镜像命令镜像文字

3.3.4　实例

利用镜像命令镜像图形。

操作步骤：

① 绘制如图 3-7 所示图形。

② 对变量 MIRRTEXT 值进行设置。

命令：SETVAR ✓

输入变量名或［?］：MIRRTEXT ✓

输入 MIRRTEXT 的新值〈默认值〉：0 ✓

③ 使用镜像命令进行镜像图形。

命令：MIRROR ✓

选择对象：(选择需要镜像的图形) ✓

选择对象：✓

指定镜像线的第一点：(捕捉 A 点)

指定镜像线的第二点：(捕捉 B 点)

要删除源对象吗？［是(Y)/否(N)］〈N〉：✓

通过上述操作，绘出如图 3-8 所示图形。

 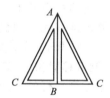

图 3-7　镜像前的图形　　图 3-8　镜像后的图形

3.3.5　偏移

(1) 命令

命令行：OFFSET（缩写：O）。

菜单：修改→偏移。

图标："修改"工具栏 。

(2) 功能

偏移对象是指保持选择对象的形状，然后在不同的位置复制新建一个不同尺寸或相同尺寸大小的对象。

(3) 操作

命令：OFFSET ✓

当前设置：删除源＝否　图层＝源　OFFSETGAPTYPE＝0

指定偏移距离或［通过(T)/删除(E)/图层(L)］〈通过〉：(指定距离值)

第 3 章　AutoCAD 2014 编辑命令　51

选择要偏移的对象，或［退出（E）/放弃（U）］〈退出〉：（选择要偏移的对象。回车结束命令操作）

指定通过点或［退出（E）/多个（M）/放弃（U）］〈退出〉：（指定偏移的方向）

各选项的说明如下。

① 指定偏移距离：可以输入一个距离值，或者按回车键使用当前的距离值，系统把该距离值作为偏移距离。

② 通过（T）：指定偏移对象要通过的点。选择该项后系统提示：

选择要偏移的对象，或［退出（E）/放弃（U）］〈退出〉：（选择要偏移的对象）

指定通过点或［退出（E）/多个（M）/放弃（U）］〈退出〉：（指定偏移对象的一个通过点）

命令操作完成后系统会根据指定的通过点绘制出偏移对象。

③ 图层（L）：确定将偏移对象建立在当前图层还是建在源对象所在的图层上。选择该项后系统提示：

输入偏移对象的图层选项［当前（C）/源（S）］〈源〉：

命令操作完成后系统会根据指定的图层绘制出偏移对象。系统默认的偏移对象是建立在源对象所在的图层。

(4) 说明

偏移命令并不是对所有的对象都有效，有效对象包括直线、圆弧、圆、样条曲线以及二维多段线，如果选择了其他无效对象，系统会提示"不能偏移对象"。选择要偏移的对象必须在与当前坐标系平行的平面上，否则系统会提示所选对象不与 UCS 平行。

偏移命令对单个对象以及由多段线组成的同样对象的影响是不一样的，操作只能视不同情况而定。

3.3.6 实例——喷泉池顶视图

绘制一个半径为 5m，池沿为 40cm 的圆形喷泉池的顶视图，如图 3-9 所示。

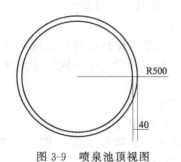

图 3-9 喷泉池顶视图

操作步骤：

① 使用圆命令绘制半径为 5m 的圆。（绘图单位设置为厘米单位）

② 使用偏移命令绘制出池沿。

命令：offset↙

当前设置：删除源＝否　图层＝源　OFFSETGAPTYPE＝0

指定偏移距离或［通过（T）/删除（E)/图层（L）］〈通过〉：40↙

选择要偏移的对象，或［退出（E）/放弃（U）］〈退出〉：（选择绘制的圆）

指定要偏移的那一侧上的点，或［退出（E）/多个（M）/放弃（U）］〈退出〉：（选择圆的外围方向）

选择要偏移的对象，或［退出（E）/放弃（U）］〈退出〉：↙（结束命令）

通过上述操作，绘出如图 3-9 所示图形。

3.3.7 阵列

(1) 命令

命令行：ARRAY（缩写：AR）。

菜单：修改→阵列。

图标："修改"工具栏（默认状态下为矩形阵列）。

(2) 功能

阵列是将所选定的对象按照矩形、指定的路径或极轴的图案方式进行多重复制。

阵列有三种类型：

① 矩形阵列命令 ARRAYRECT 是将选定对象的副本分布到行数、列数和层数的任意组合。

② 路径阵列命令 ARRAYPATH 是沿路径或部分路径均匀分布选定对象的副本。

③ 极轴阵列命令 ARRAYPOLAR 是在绕中心点或旋转轴的环形阵列中均匀分布对象副本。

(3) 操作

命令：ARRAY

选择对象：（选择需要阵列的对象）

选择对象：↙

输入阵列类型［矩形（R）/路径（PA）/极轴（PO）］〈矩形〉：

各选项的说明如下。

① 矩形（R）：

输入阵列类型［矩形（R）/路径（PA）/极轴（PO）］〈矩形〉：（系统默认状况是矩形阵列）↙

类型＝矩形　关联＝是

选择夹点以编辑阵列或［关联（AS）/基点（B）/计数（COU）/间距（S）/列数（COL）/行数（R）/层数（L）/退出（X）］〈退出〉：

还可以直接输入矩形阵列命令 ARRAYRECT。

根据提示选择需要修改的项目。

- 关联（AS）：关联性可以允许用户通过项目之间的关系快速在整个阵列中传递更改。阵列可以为关联或非关联。

关联：项目包含在单个阵列对象中，类似于块。编辑项目的源对象以更改参照这些源对象的所有项目。

非关联：阵列中的项目将创建为独立的对象。更改一个项目不影响其他项目。

- 打开"阵列"对话框。

命令：ARRAYCLASSIC↙（使用传统对话框创建阵列）

可以打开"阵列"对话框，选择"矩形阵列"标签，如图3-10所示。

注意：这种传统对话框不支持阵列关联性或路径阵列。要使用这些功能，可使用ARRAY命令。

"矩形阵列"标签的选项说明如下。

行数：指定阵列中的行数。如果只指定了一行，则必须指定多列。

列数：指定阵列中的列数。如果只指定了一列，则必须指定多行。

偏移距离和方向：可以在此指定阵列偏移的距离和方向。

行偏移：指定行间距（按单位）。要向下添加行，请指定负值。要使用定点设备指定行间距，请用"拾取两者偏移"按钮或"拾取行偏移"按钮。

列偏移：指定列间距（按单位）。要向左边添加列，请指定负值。要使用定点设备指定列间距，请用"拾取两者偏移"按钮或"拾取列偏移"按钮。

阵列角度：指定旋转角度。此角度通常为0（零），因此行和列与当前UCS的X和Y图形坐标轴正交。使用UNITS可以更改角度的测量约定。阵列角度受ANGBASE和ANGDIR系统变量影响。

拾取两个偏移：临时关闭"阵列"对话框，这样可以使用定点设备指定矩形的两个斜角，从而设置行间距和列间距。

拾取行偏移：临时关闭"阵列"对话框，这样可以使用定点设备来指定行间距。将提示用户指定两个点，程序将使用这两个点之间的距离和方向来指定"行偏移"中的值。

拾取列偏移：临时关闭"阵列"对话框，这样可以使用定点设备来指定列间距。将提示用户指定两个点，程序将使用这两个点之间的距离和方向来指定"列偏移"中的值。

拾取阵列的角度：临时关闭"阵列"对话框，这样可以输入值或使用定点设备指定两个点，从而指定旋转角度。使用UNITS可以更改角度的测量约定。阵列角度受ANGBASE和ANGDIR系统变量影响。

② 路径（PA）：

命令：ARRAYPATH↙

选择对象：（选择需要阵列的对象）

选择对象：↙

类型＝路径　关联＝是

选择路径曲线：（指定用于阵列路径的对象。可以选择直线、多段线、三维多段线、样条曲线、圆弧、圆或椭圆等作为路径曲线）

选择夹点以编辑阵列或［关联（AS）/方法(M)/基点(B)/切向(T)/项目(I)/行(R)/层(L)/对齐项目(A)/Z方向(Z)/退出(X)]〈退出〉：

根据提示选择需要修改的项目。

③ 极轴（PO）：

命令：ARRAYPOLARH↙

选择对象：（选择需要阵列的对象）

选择对象：↙

类型＝极轴　关联＝是

指定阵列的中心点或［基点(B)/旋转轴(A)]：（拾取阵列的中心点）

需要点或选项关键字。

选择夹点以编辑阵列或［关联（AS）/基点(B)/项目(I)/项目间角度(A)/填充角度(F)/行(ROW)/层(L)/旋转项目(ROT)/退出(X)]〈退出〉：

根据提示选择需要修改的项目。

还可使用传统对话框的方式打开"阵列"对

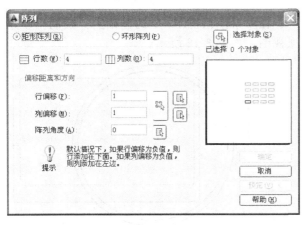

图3-10　"阵列"对话框"矩形阵列"标签

话框。

命令：ARRAYCLASSIC↙（使用传统对话框创建阵列）

可以打开"阵列"对话框，选择"环形阵列"标签，如图 3-11 所示。

"环形阵列"标签的选项说明如下。

环形阵列是通过围绕指定的圆心复制选定对象来创建阵列。

圆心：指定环形阵列的圆心。输入 X 和 Y 坐标值，或选择"拾取圆心"以使用定点设备指定圆心。

拾取圆心：将临时关闭"阵列"对话框，以便用户使用定点设备在绘图区域中指定圆心。

方法和值：指定用于定位环形阵列中的对象的方法和值。

方法：设定定位对象所用的方法。此设置控制哪些"方法和值"字段可用于指定值。例如，如果方法为"要填充的项目和角度总数"，则可以使用相关字段来指定值；"项目间的角度"字段不可用。

项目总数：设定在结果阵列中显示的对象数目。默认值为 4。

填充角度：通过定义阵列中第一个和最后一个元素的基点之间的包含角来设定阵列大小。正值指定逆时针旋转，负值指定顺时针旋转。默认值为 360。不允许值为 0。

项目间角度：设置基于阵列对象的基点和阵列中心的项目之间的包含角。输入一个正值。默认方向值为 90。

注意可以选择拾取键并使用定点设备来为"填充角度"和"项目间角度"指定值。

拾取要填充的角度：临时关闭"阵列"对话框，这样可以定义阵列中第一个元素和最后一个元素的基点之间的包含角度。将提示用户在绘图区域中参照一个点选择另一个点。

拾取项目间角度：临时关闭"阵列"对话框，这样可以定义阵列对象的基点和阵列中心之间的包含角。将提示用户在绘图区域中参照一个点选择另一个点。

复制时旋转项目：如预览区域所示旋转阵列中的项目。

详细/简略：打开和关闭"阵列"对话框中的附加选项的显示。选择"详细"时，将显示附加选项，此按钮名称变为"简略"。

对象基点：相对于选定对象指定新的参照（基准）点，对对象指定阵列操作时，这些选定对象将与阵列圆心保持不变的距离。基于从阵列中心点到最后选定对象上的参照点（基点）之间的距离构造环形阵列。所使用的点取决于对象类型，如表 3-1 所示。

表 3-1 对象基点设置

对象类型	默认基点
圆弧、圆、椭圆	圆心
多边形、矩形	第一角点
圆环、直线、多段线、三维多段线、射线、样条曲线	起点
块、多行文字、单行文字	插入点
构造线	中点
面域	栅格点

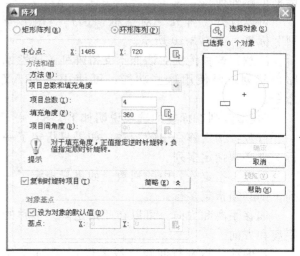

图 3-11 "阵列"对话框"环形阵列"标签

设定为对象的默认值：使用对象的默认基点定位阵列对象。

基点：设定新的 X 和 Y 基点坐标。选择"拾取基点"临时关闭对话框，并指定一个点。指定了一个点后，"阵列"对话框将重新显示。

(4) 说明

在创建环形阵列时旋转角度是以逆时针为正值，并且阵列的项目数含有源对象本身。

3.3.8 实例——喷泉顶视图

在喷泉池顶视图 3-9 的基础上，绘制出喷泉顶视图，如图 3-12 所示。

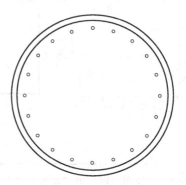

图 3-12 喷泉顶视图

操作步骤：

① 按照喷泉池顶视图的要求绘制出喷泉池的顶视图（图3-9）。

② 在图上合适的位置用圆命令绘制一个圆半径为10的小圆，为喷泉的喷头。

③ 使用环形阵列。（下面介绍其中一种方法）

命令：ARRAYCLASSIC↙

打开传统的阵列对话框，如图3-13所示。

图3-13　喷泉顶视图的"阵列"对话框

- 在"阵列"对话框中选择"环形阵列"。
- 单击 按钮选择对象，选取半径为10的小圆，按回车键。
- 单击 按钮拾取喷泉池的圆心为中心点。
- "项目总数"栏填写：20。最后单击 确定 按钮。

通过上述操作，即可绘制出如图3-12所示图形。

3.4 改变位置类命令

3.4.1 移动

(1) 命令

命令行：MOVE（缩写：M）。

菜单：修改→移动。

图标："修改"工具栏 。

(2) 功能

移动对象就是将一个或多个对象从原来的位置移到新的位置，而对象的大小和方向保持不变。

(3) 操作

命令：MOVE↙

选择对象：（选择要移动的对象）

选择对象：↙

指定基点或［位移(D)］〈位移〉：（输入基点或者位移）

指定第二个点或〈使用第一个点作为位移〉：（输入第二点）

(4) 说明

移动的基点并不一定要选择在被移动的对象上，可根据不同的需要将基点选在对象的上面或外面。一般情况下对象为圆可以选择圆心，对象为矩形可以选择矩形的一个角等，这样便于保证对象移动的精确定位。

3.4.2 旋转

(1) 命令

命令行：ROTATE（缩写：RO）。

菜单：修改→旋转。

图标："修改"工具栏 。

(2) 功能

旋转对象是将对象绕基点旋转，从而改变对象的方向，在默认状态下，旋转角度为正值，所选对象沿逆时针方向旋转；旋转角度为负值，则按顺时针方向旋转。

(3) 操作

命令：ROTATE↙

UCS当前的正角方向：　ANGDIR＝逆时针　ANGBASE＝0

选择对象：（选择要旋转的对象）

选择对象：↙

指定基点：（制定旋转的基点）

指定旋转角度，或［复制(C)/参照(R)］〈0〉：（指定旋转角度或其他选项）

各选项的说明如下。

① 复制（C）：选择该项，旋转对象的同时，保留原对象。

② 参照（R）：采用参考方式选择对象时，系统会提示：

指定参照角〈0〉：（指定要参考的角度，默认值为0）

指定新角度或［点(P)］〈0〉：（输入旋转后的角度值）

操作完毕后，对象会被旋转至指定的角度位置。

(4) 说明

可以使用拖动鼠标的方式旋转对象。

操作方法：选择对象并指定基点后，基点到当前光标会出现一条连线，移动鼠标选择的对象会动态地随着连线与水平方向的夹角的变化而旋转，单击或者按回车键确认旋转操作。

3.4.3 实例——指北针

使用旋转命令绘制如图3-14所示指北针。

图 3-14 指北针

操作步骤：

① 使用圆命令绘制指北针外的圆形。

② 使用直线命令绘制指北针的辅助线，如图 3-15（a）所示。

③ 使用旋转命令旋转辅助线绘制指北针。

命令：ROTATE✓

UCS 当前的正角方向：ANGDIR＝逆时针 ANGBASE＝0

选择对象：（选择绘制的辅助线）

选择对象：✓

指定基点：（以辅助线最上面的一端端点为基点）

指定旋转角度，或 ［复制（C）/参照（R）］〈0〉：c✓

旋转一组选定对象。

指定旋转角度，或 ［复制（C）/参照（R）］〈0〉：15✓

绘制结果如图 3-15（b）所示，以相同的方法绘制另一边图形。

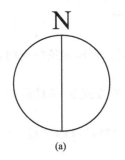 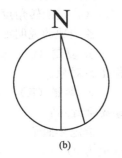

图 3-15 指北针的绘制

④ 使用直线命令绘制指北针其他部分，并做相应的处理。

通过上述操作，绘出如图 3-14 所示图形。

3.4.4 缩放

(1) 命令

命令行：SCALE（缩写：SC）。

菜单：修改→缩放。

图标："修改"工具栏 。

(2) 功能

缩放对象是指将选定的对象相对于指定的基点按比例放大或缩小。

(3) 操作

命令：SCALE✓

选择对象：（选择要缩放的对象）

选择对象：✓

指定基点：（指定缩放参照的基点）

指定比例因子或 ［复制（C）/参照（R）］：

各选项的说明如下。

① 指定比例因子：确定缩放比例因子，系统默认项。直接输入比例因子按回车键即可。AutoCAD 将选择的对象按该比例相对于选定的基点缩放，比例因子数值要大于 0。当 0＜比例因子＜1 时为缩小对象，当比例因子＞1 时为放大对象。

② 复制（C）：以复制的形式进行缩放，创建出缩放对象后仍保留原对象。

③ 参照（R）：将对象以参考方式进行缩放。选择该项后，系统会提示：

指定参照长度〈1.0000〉：（输入参考长度的值）

指定新的长度或 ［点（P）］〈1.0000〉：［输入新的长度值或利用"点（P）"选项确定新值］

AutoCAD 根据参考长度与新长度的值自动计算比例因子（比例因子＝新长度值÷参考长度值），然后按照该比例因子缩放对应的对象。

(4) 说明

可以使用拖动鼠标的方法缩放对象。

操作方法：选择对象并指定基点后，基点到当前光标位置会出现一条连线，线段长度即为比例大小。移动鼠标选择的对象就会动态地随着该连线长度的变化而进行缩放，单击或按回车键确认缩放操作。

3.4.5 实例

将如图 3-16 所示的三角形利用缩放命令放大三倍。

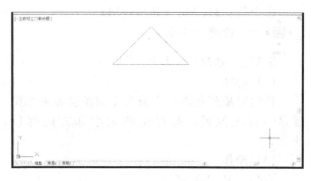

图 3-16 将要缩放的三角形

操作步骤：

命令：SCALE✓

选择对象：（选择要缩放的三角形）
选择对象：✓
指定基点：（以三角形的顶点为基点）
指定比例因子或［复制(C)/参照(R)］：r✓
指定参照长度〈1.0000〉：1✓
指定新的长度或［点(P)］〈1.0000〉：3✓

即可将图3-16的三角形放大三倍，如图3-17所示。

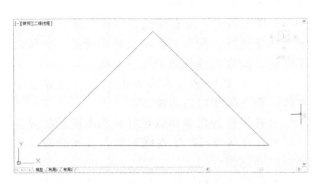

图3-17 使用缩放命令缩放后的三角形

3.5 改变几何特性类命令

3.5.1 打断

(1) 命令

命令行：BREAK（缩写：BR）。

菜单：修改→打断。

图标："修改"工具栏。

(2) 功能

打断对象是指将所选的对象分成两部分或删除对象上指定两点之间的部分。可以删除对象的一部分，也可以将一个对象分成两部分或更多部分。

(3) 操作

命令：BREAK✓

选择对象：（选择要打断的对象）

指定第二个打断点 或［第一点(F)］：（指定第二个断开点或输入F重新定义打断的两点）

各选项的说明如下。

① 指定第二个打断点：确定第二个断开点的操作方法有：

● 直接在同一对象上单击选取另一点，AutoCAD将把对象上位于指定两点之间的那部分对象直接删除。

● 输入@后按Enter键，AutoCAD会以第一个指定点的位置将对象一分为二。

● 在对象的一端之外确定一点，AutoCAD将位于所确定两点之间的那一段对象删除。

② 第一点（F）：如果选择"第一点（F）"，AutoCAD 2014将丢弃前面的第一个选择点，重新提示绘图人员指定两个断开点。

(4) 说明

① 对圆形执行BREAK命令后，AutoCAD沿逆时针方向将圆形上位于两点之间的那段圆弧删除掉。

② 打断命令可以作用于直线、射线、圆弧、椭圆弧、二维或三维多段线、构造线等对象。

3.5.2 打断于点

(1) 命令

图标："修改"工具栏。

(2) 功能

打断于点命令是指在对象上指定一点从而把对象从此点处拆分成两部分。与打断命令类似。

(3) 操作

输入此命令之后，系统提示：

选择对象：（选择要打断的对象）

指定第二个打断点 或［第一点(F)］：_f
［系统自动执行"第一点(F)"选项］

指定第一个打断点：（选择打断点）

指定第二个打断点：@（系统自动忽略，结束命令）

3.5.3 分解

(1) 命令

命令行：EXPLODE（缩写：X）。

菜单：修改→分解。

图标："修改"工具栏。

(2) 功能

分解命令用于把复杂对象分解为其组成成员。

(3) 操作

命令：EXPLODE✓

选择对象：（选择要分解的对象）✓

选择一个对象后，按回车键该对象会被分解，并结束命令；若不结束命令，系统将继续提示该行信息，允许分解多个对象。

(4) 说明

对于不同的对象，具有不同的分解后的效果。

① 块：对具有相同X、Y、Z比例的插入块，分解为其组成成员；对带属性的块，分解后块将丢失属性值，显示其相应的属性标志。

系统变量EXPLMODE控制对不等比插入块的分解，其默认值为1，允许分解，分解后的块中的圆、圆弧将保持不等比插入所引起的变化，转化为椭圆、椭圆弧。如其取值为0，则不允许分解。

② 二维多段线：分解后拆开为直线段或圆弧段，丢失相应的宽度和切线方法信息；对于宽多线段，分解后的直线段或圆弧段位于其宽度方向的中间位置。

③ 尺寸标注：分解为段落文本、直线、区域填充和点。

④ 多线：分解为直线和圆弧。

⑤ 图案填充：分解为组成图案的一条条直线。

3.5.4 合并

(1) 命令

命令行：JION。

菜单：修改→合并。

图标："修改"工具栏 ++ 。

(2) 功能

合并命令可以将直线、圆、椭圆弧和样条曲线等独立的线段合并为一个对象。

(3) 操作

命令：JOIN✓

选择源对象或要一次合并的多个对象：（选择一个对象）

选择要合并的对象：找到 1 个，总计 2 个（选择另一个对象）

选择要合并的对象：找到 1 个，总计 3 个（选择另一个对象）

选择要合并的对象：找到 1 个，总计 4 个（选择另一个对象）

选择要合并的对象：✓（结束命令）

可以将选择的四个对象转换为一个合并对象。

各选项的说明如下。

① 源对象：指定可以合并其他对象的单个源对象。按 Enter 键选择源对象以开始选择要合并的对象。以下规则适用于每种类型的源对象：

● 直线：仅直线对象可以合并到源线。直线对象必须都是共线，但它们之间可以有间隙。

● 多段线：直线、多段线和圆弧可以合并到源多段线。所有对象必须连续且共面。生成的对象是单条多段线。

● 三维多段线：所有线性或弯曲对象可以合并到源三维多段线。所有对象必须是连续的，但可以不共面。产生的对象是单条三维多段线或单条样条曲线，分别取决于用户连接到线性对象还是弯曲的对象。

● 圆弧：只有圆弧可以合并到源圆弧。所有的圆弧对象必须具有相同半径和中心点，但是它们之间可以有间隙。从源圆弧按逆时针方向合并圆弧。

"闭合"选项可将源圆弧转换成圆。

● 椭圆弧：仅椭圆弧可以合并到源椭圆弧。椭圆弧必须共面且具有相同的主轴和次轴，但是它们之间可以有间隙。从源椭圆弧按逆时针方向合并椭圆弧。

"闭合"选项可将源椭圆弧转换为椭圆。

● 螺旋：所有线性或弯曲对象可以合并到源螺旋。所有对象必须是连续的，但可以不共面。结果对象是单个样条曲线。

● 样条曲线：所有线性或弯曲对象可以合并到源样条曲线。所有对象必须是连续的，但可以不共面。结果对象是单个样条曲线。

② 一次选择多个要合并的对象：合并多个对象，而无须指定源对象。

合并操作的结果因选定对象的不同而相异。

● 合并共线可产生直线对象。直线的端点之间可以有间隙。

● 合并具有相同圆心和半径的共面圆弧可产生圆弧或圆对象。圆弧的端点之间可以有间隙。以逆时针方向进行加长。如果合并的圆弧形成完整的圆，会产生圆对象。

● 将样条曲线、椭圆圆弧或螺旋合并在一起或合并到其他对象可产生样条曲线对象。这些对象可以不共面。

● 合并共面直线、圆弧、多段线或三维多段线可产生多段线对象。

● 合并不是弯曲对象的非共面对象可产生三维多段线。

(4) 说明

可以使用 PEDIT 命令的"合并"选项来将一系列直线、圆弧和多段线合并为单个多段线。

3.5.5 修剪

(1) 命令

命令行：TRIM（缩写：TR）。

菜单：修改→修剪。

图标："修改"工具栏 /--- 。

(2) 功能

修剪对象是指用作为剪切边的对象修剪其他对象（称为被修剪对象），即将被修剪对象沿剪切边断开，并删除位于剪切边一侧或位于两条剪切边之间的部分。

(3) 操作

命令：TRIM✓

当前设置：投影＝UCS，边＝无

选择剪切边…

选择对象或〈全部选择〉：✓（选择一个或多个对象并按 Enter 键，或者按 Enter 键选择所有显示的对象）

选择要修剪的对象，或按住 Shift 键选择要延伸的对象，或［栏选(F)/窗交(C)/投影(P)/边(E)/删除(R)/放弃(U)］：（选择要修剪的对象）↙

各选项的说明如下。

① 在选择对象的时候，按住 Shift 键，系统就自动将"修剪"命令转换成"延伸"命令。

② 栏选（F）：系统以栏选的方式选择被修剪对象。

③ 窗交（C）：系统以窗交的方式选择被修剪对象。

④ 投影（P）：确定执行修剪操作时的操作空间。

⑤ 边（E）：选择此项后，系统会提示：

输入隐含边延伸模式［延伸(E)/不延伸(N)］〈不延伸〉：

延伸（E）：延伸边界进行修剪。在选择这一项时，如果剪切边没有与要修剪的对象相交，系统会延伸修剪边直至与对象相交，然后再修剪。

不延伸（N）：不延伸边界修剪对象。只修剪与剪切边相交的对象。一般系统默认为"不延伸"选项。

(4) 说明

① 剪切边可选择多段线、直线、圆、圆弧、椭圆、构造线、射线、样条曲线和文本等，被修剪对象可选择多段线、直线、圆、圆弧、椭圆、射线、样条曲线等。

② 同一对象既可选为剪切边，也可同时被选为被剪切对象。

3.5.6 实例

利用修剪命令将图 3-18 修剪成如图 3-19 所示图形。

图 3-18 修剪前的图形　　图 3-19 修剪后的图形

操作步骤：

命令：TRIM↙

当前设置：投影=UCS，边=无

选择剪切边…

选择对象或〈全部选择〉：（选择四条直线和大圆为修剪边，或全部选择）

选择要修剪的对象，或按住 Shift 键选择要延伸的对象，或［栏选(F)/窗交(C)/投影(P)/边(E)/删除(R)/放弃(U)］：（选择需要修剪的对象，可选择多个）

选择要修剪的对象，或按住 Shift 键选择要延伸的对象，或［栏选(F)/窗交(C)/投影(P)/边(E)/删除(R)/放弃(U)］：↙（回车结束命令）

根据上述操作，可以得如图 3-19 所示图形。

3.5.7 延伸

(1) 命令

命令行：EXTEBD（缩写：EX）。

菜单：修改→延伸。

图标："修改"工具栏 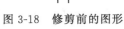。

(2) 功能

在指定边界后，可连续选择延伸对象，将对象延伸到与边界边相交。延伸命令是修剪命令的一个对应命令。

(3) 操作

命令：EXTEND↙

当前设置：投影=UCS，边=无

选择边界的边…

选择对象或〈全部选择〉：（选定边界边，可以连续选取，回车结束命令）

选择对象：↙

选择要延伸的对象，或按住 Shift 键选择要修剪的对象，或［栏选(F)/窗交(C)/投影(P)/边(E)/放弃(U)］：（选择需要延伸的对象，回车结束命令）↙

各选项的说明如下。

① 选择要延伸的对象，或按住 Shift 键选择要修剪的对象。

选择对象进行延伸或修剪，为系统默认项。选择要延伸的对象，AutoCAD 把该对象延长到指定的边界；如果在该提示下，按 Shift 键后选择对象，AutoCAD 会以边界边为剪切边，将选择对象时所选择的一侧对象修剪掉。

② 栏选（F）：以栏选方式确定被延伸对象并实现延伸操作。

③ 窗交（C）：使与选择窗口边界相交的对象作为被延伸对象并实现延伸操作。

④ 投影（P）：确定执行延伸操作的空间。

⑤ 边（E）：选择此项后，系统会提示：

输入隐含边延伸模式［延伸(E)/不延伸(N)］〈不延伸〉：

延伸（E）：如果边界边太短、延伸对象延伸后不能与边界相交，AutoCAD 会假设将边界边延长，使延伸对象伸长到与其相交的位置。

不延伸（N）：表示按边的实际位置进行延

伸,不对边界边进行延长假设。一般系统默认为此项。

(4) 说明

① AutoCAD 2014 允许用直线段、构造线、射线、圆、圆弧、椭圆或椭圆弧、多段线、样条曲线、云形线以及文字等对象作为边界边。

② 可延伸的对象必须是有端点的对象,如直线段、射线、多线等,而不能是无端点的对象,如圆、参照线等。

3.5.8 实例

将图 3-20 使用延伸命令绘制成如图 3-21 所示图形。

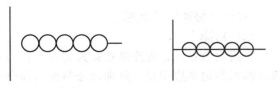

图 3-20 要延伸的图形　　图 3-21 延伸后的图形

操作步骤：
命令：EXTEND✓
当前设置：投影＝UCS,边＝无
选择边界的边…
选择对象或〈全部选择〉：找到 1 个（选择左边的细直线为延伸边界）
选择对象：✓
选择要延伸的对象,或按住 Shift 键选择要修剪的对象,或［栏选(F)/窗交(C)/投影(P)/边(E)/放弃(U)］：（选择水平线作为要延伸的对象）
选择要延伸的对象,或按住 Shift 键选择要修剪的对象,或［栏选(F)/窗交(C)/投影(P)/边(E)/放弃(U)］：✓
根据上述操作,可绘制如图 3-21 所示图形。

3.5.9 拉伸

(1) 命令

命令行：STRETCH（缩写：S）。
菜单：修改→拉伸。
图标："修改"工具栏。

(2) 功能

拉伸命令可以通过对对象被选定的部分进行拉伸,而不改变没有选定的部分。使用拉伸命令可以将正方形拉伸为长方形,而不改变图形的宽度。在使用拉伸命令时图形选择窗口外的部分不会有改变,图形选择窗口内的部分随着图形选择窗口的移动而移动,但不会有形状的改变,只有与选择窗口相交的部分被拉伸。

(3) 操作

命令：STRETCH✓
以交叉窗口或交叉多边形选择要拉伸的对象…
选择对象：（用交叉窗口方式选择对象,可进行多次选择）
选择对象：✓（回车结束对象选择）
指定基点或［位移(D)］〈位移〉：（指定基点）
指定第二个点或〈使用第一个点作为位移〉：（输入位移点）

(4) 说明

① 如果将对象全部选进窗口内,则相当于移动命令。

② 对于直线段的拉伸,在指定拉伸区域窗口时,应使得直线的一个端点在窗口之外,另一个端点在窗口内。拉伸时,窗口外的端点不动,窗口内的端点移动,使直线做拉伸变动。

③ 对于圆弧的拉伸,在指定拉伸区域窗口时,应使得圆弧的一个端点在窗口之外,另一个端点在窗口内。拉伸时,窗口外的端点不动,窗口内的端点移动,使圆弧做拉伸变动,同时圆弧的弦高保持不变。

④ 对于多段线的拉伸,按组成多段线的各分段直线和圆弧的拉伸规则进行。在变形过程中,多段线的宽度、切线和曲线拟合等有关信息保持不变。

⑤ 对于圆或文本的拉伸,若圆心或文本基准点在拉伸区域窗口之外,则拉伸后圆或文本仍保持原位不动；若圆心或文本基准点在窗口之内,则拉伸后圆或文本将移动。

3.5.10 拉长

(1) 命令

命令行：LENGTHEN（缩写：LEN）。
菜单：修改→拉长。

(2) 功能

拉长命令可以用于延长或缩短直线对象以及圆弧对象的长度。对于圆弧对象使用拉长命令相当于改变圆弧的包含夹角。

(3) 操作

命令：LENGTHEN✓
选择对象或［增量(DE)/百分数(P)/全部(T)/动态(DY)］：
各选项的说明如下。

① 选择对象：选直线或圆弧后,分别显示直线的长度或圆弧的弧长和包含角。

② 增量（DE）：用指定增加量的方法改变所选对象的长度或角度。增量为正值,则长度增加；增量为负值,则长度减少。

③ 百分数（P）：用指定占总长度的百分比

的方法改变直线或圆弧的长度。百分数大于100，则长度增加；百分数小于100，则长度减少。

④ 全部（T）：用指定新的总长度或总角度值的方法改变所选对象的长度或角度。

⑤ 动态（DY）：打开动态拖拉模式。可以使用拖拉鼠标的方法来动态地改变所选对象的长度和角度。

3.5.11 倒角

(1) 命令

命令行：CHAMFER（缩写：CHA）。

菜单：修改→倒角。

图标："修改"工具栏 ⌐。

(2) 功能

倒角是指用斜线连接连个不平行的线型对象。可以用斜线链接直线段、双向无线长线、射线和多义线。

AutoCAD 2014 采用两种方式确定连接两个线型对象的斜线：指定斜线距离和指定斜线角度。

(3) 操作

命令：CHAMFER↙

（"修剪"模式）当前倒角距离 1＝0.0000，距离 2＝0.0000

选择第一条直线或［放弃（U）/多段线（P）/距离（D）/角度（A）/修剪（T）/方式（E）/多个（M）］：

选择第二条直线，或按住 Shift 键选择直线以应用角点或［距离(D)/角度(A)/方法(M)］：

① 多段线（P）：对多段线的各个交叉点倒斜角。为了得到较好的连接效果，一般设置斜线是相等的值。系统根据指定的斜线距离把多义线的每个交叉点都作斜线连接，连接的斜线成为多段线新添加的构成部分。

② 距离（D）：选择倒角的两个斜线距离。两个斜线距离可以相同或不相同，若两者均为0，则系统不绘制连接斜线，而是把两个对象延伸至相交并修剪超出部分。

③ 角度（A）：选择第一条直线的斜线距离和第一条直线的倒角角度。

④ 修剪（T）：决定连接对象后是否修剪原对象。

⑤ 方式（E）：决定采用"距离"方式还是"角度"方式来倒斜角。

指定斜线距离：是指从被连接的对象与斜线的教导到被连接的两个对象的可能的交点之间的距离。

指定斜线角度和一个斜线距离连接选择的对象：选择此项，需要输入两个参数，斜线与一个对象的斜线距离和斜线与该对象的夹角。

⑥ 多个（M）：同时对多个对象进行倒斜角编辑。

(4) 说明

如果倒角的距离大于短边较远的顶点到交点的距离，则会出现"距离太大"的错误提示，而无法形成倒角。

3.5.12 实例

将一矩形使用倒角命令绘制成如图 3-22 所示的倒角图形。要求使用两种方式：第一种"距离"方式，距离 1 为 100，距离 2 为 200；第二种"角度"方式，倒角距离为 100，角度为 45°。

操作步骤：

命令：CHAMFER↙

（"修剪"模式）当前倒角距离 1＝0.0000，距离 2＝0.0000

选择第一条直线或［放弃（U）/多段线（P）/距离（D）/角度（A）/修剪（T）/方式（E）/多个（M）］：d

指定 第一个 倒角距离 〈0.0000〉：100↙

指定 第二个 倒角距离 〈100.0000〉：200↙

选择第一条直线或［放弃（U）/多段线（P）/距离（D）/角度（A）/修剪（T）/方式（E）/多个（M）］：（选择矩形最左边的直线）

选择第二条直线，或按住 Shift 键选择直线以应用角点或［距离(D)/角度(A)/方法(M)］：（选择矩形最上面的直线）

即可完成左上角的倒角，使用同样的操作绘制右上角的倒角。

命令：CHAMFER↙

（"修剪"模式）当前倒角距离 1＝100.0000，距离 2＝200.0000

选择第一条直线或［放弃（U）/多段线（P）/距离（D）/角度（A）/修剪（T）/方式（E）/多个（M）］：a

指定第一条直线的倒角长度 〈0.0000〉：100↙

指定第一条直线的倒角角度 〈0〉：45↙

选择第一条直线或［放弃（U）/多段线（P）/距离（D）/角度（A）/修剪（T）/方式（E）/多个（M）］：（选择矩形最左边的直线）

选择第二条直线，或按住"Shift"键选择直线以应用角点或［距离（D）/角度（A）/方法（M）］：（选择矩形最下面的直线）

即可完成左下角的倒角，使用同样的操作绘制右下角的倒角。

根据上述操作，即可绘制出如图 3-22 所示图形。

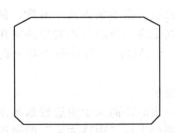

图 3-22 使用倒角命令倒角后的图形

3.5.13 圆角

(1) 命令

命令行：FILLET（缩写：F）。

菜单：修改→圆角。

图标："修改"工具栏 ⬜ 。

(2) 功能

圆角是指用指定的半径决定的一段平滑的圆弧连接两个对象。

AutoCAD 2014 规定可以圆滑连接一对直线段、非圆弧的多线段、样条曲线、双向无限长线、射线、圆、圆弧和椭圆。

(3) 操作

命令：FILLET✓

当前设置：模式=修剪，半径=0.0000

选择第一个对象或［放弃(U)/多段线(P)/半径(R)/修剪(T)/多个(M)］：（选择第一条直线或其他选项）

选择第二个对象，或按住 Shift 键选择对象以应用角点或［半径(R)］：（选择第二条直线）

各选项的说明如下。

① 多段线（P）：在一条二维多段线的两段直线段的节点处插入圆滑的弧。选择多段线后系统会根据指定的圆弧的半径把多段线各顶点用圆滑的弧连接起来。

② 半径（R）：设置圆角半径。

③ 修剪（T）：决定在圆角连接两条边时，是否修剪这两条边。

④ 多个（M）：同时对多个对象进行圆角编辑，不必重新使用命令。

(4) 说明

① 在圆角半径为 0 时，圆角命令将使两边相交。

② 圆角命令也可对三维实体的棱边进行倒圆角。

③ 对圆不修剪。

④ 对平行的直线、射线或构造线，忽略当前设置的圆角半径，自动计算两平行线的距离来确定圆角半径（圆角半径为两平行线之间距离的一半），并从第一线段的端点绘制圆角（半圆），注意不能把构造线选为第一线段。

⑤ 当倒圆角的两个对象，具有相同的图层、线型和颜色时，创建的圆角对象也具有相同属性，否则，创建的圆角对象采用当前图层、线型和颜色。

3.5.14 实例

将一矩形使用圆角命令绘制成如图 3-23 所示的圆角图形。要求第一个圆角半径为 100，修剪方式，第二个圆角半径为 200，不修剪。

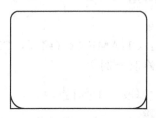

图 3-23 使用圆角命令圆角后的图形

操作步骤：

命令：FILLET✓

当前设置：模式=修剪，半径=0.0000

选择第一个对象或［放弃(U)/多段线(P)/半径(R)/修剪(T)/多个(M)］：r✓

指定圆角半径〈0.0000〉：100✓

选择第一个对象或［放弃(U)/多段线(P)/半径(R)/修剪(T)/多个(M)］：（选择矩形最左边的直线）

选择第二个对象，或按住 Shift 键选择对象以应用角点或［半径(R)］：（选择矩形最上面的直线）

即可完成左上角的圆角，使用同样的操作绘制右上角的圆角。

命令：FILLET✓

当前设置：模式=修剪，半径=100.0000

选择第一个对象或［放弃(U)/多段线(P)/半径(R)/修剪(T)/多个(M)］：r✓

指定圆角半径〈100.0000〉：200✓

选择第一个对象或［放弃(U)/多段线(P)/半径(R)/修剪(T)/多个(M)］：t✓

输入修剪模式选项［修剪(T)/不修剪(N)］〈修剪〉：n

选择第一个对象或［放弃(U)/多段线(P)/半径(R)/修剪(T)/多个(M)］：（选择矩形最左边的直线）

选择第二个对象，或按住 Shift 键选择对象以应用角点或［半径(R)］：（选择矩形最下面的直线）

即可完成左下角的圆角，使用同样的操作绘制右下角的圆角。

根据上述操作，即可绘制出如图 3-23 所示图形。

3.5.15 光顺曲线

(1) 命令

命令行：BLEND。

菜单：修改→光顺曲线。

图标："修改"工具栏

(2) 功能

在两条选定直线或曲线之间的间隙中创建样条曲线。

有效对象包括直线、圆弧、椭圆弧、螺旋、开放的多段线和开放的样条曲线。

(3) 操作

命令：BLEND↙

连续性＝相切

选择第一个对象或 [连续性(CON)]：（选择样条曲线起点附近的直线或开放曲线）

选择第二个点：（选择样条曲线端点附近的另一条直线或开放的曲线）

(4) 说明

① 生成的样条曲线的形状取决于指定的连续性。

② 选定对象的长度保持不变。

3.6 对象编辑

3.6.1 钳夹功能

利用钳夹功能可以快速方便地编辑对象。AutoCAD 在图形对象上定义了一些特殊的点，称为夹点，利用夹点可以灵活地控制对象。

(1) 对象夹点

对象夹点是对象本身的一些特殊点。

直线段和圆弧段的夹点是其两个端点和中点，圆的夹点是圆心和圆上的最上、最下、最左、最右四个点（象限点），椭圆的夹点是椭圆心和椭圆长、短轴的端点，多段线的夹点是构成多段线的直线段的端点、圆弧的端点和中点等。

对象夹点提供了另一种图形编辑方法的基础，不需要启动 AutoCAD 命令，只要用光标拾取对象，该对象就被选择，并显示该对象的夹点。当对象的夹点显示之后，将光标移动到夹点附近，系统自动吸引到夹点的位置，因此，可以实现某些对象捕捉的功能，如端点捕捉、中点捕捉等。

(2) 夹点的控制

命令行：DDGRIPS（可透明使用）。

菜单：工具→选项→选择。

快捷方式：在绘图区右击，在弹出的菜单中选择"选项"。

(3) 对话框操作

命令：DDGRIPS↙。

系统启动"选项"对话框"选择集"标签，如图 3-24 所示。

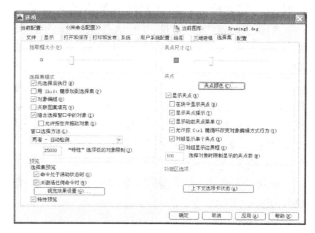

图 3-24 "选项"对话框的"选择集"标签

各选项的说明如下。

① 夹点尺寸：以像素为单位设置夹点框的大小。

② 夹点：

● 夹点颜色：单击 夹点颜色(C)... 按钮，显示"夹点颜色"对话框（图 3-25），可以在其中指定不同夹点状态和元素的颜色。

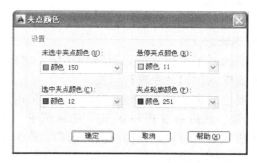

图 3-25 "夹点颜色"对话框

● 显示夹点：控制夹点在选定对象上的显示。在图形中显示夹点会降低性能。清除此选项可优化性能。

● 在块中显示夹点：控制块中夹点的显示。

● 显示夹点提示：当光标悬停在支持夹点提示的自定义对象的夹点上时，显示夹点的特定提示。此选项对标准对象上无效。

● 显示动态夹点菜单：控制在将鼠标悬停在多功能夹点上时动态菜单的显示。

● 选择对象时限制显示的夹点数：选择集包括的对象多于指定数量时，不显示夹点。默认设置是 100。

(4) 夹点编辑操作

① 操作步骤：

● 拾取对象，对象会醒目显示，表示已进入当前选择集，同时显示对象夹点，在当前选择集中的对象夹点称为温点。

- 如对当前选择集中的对象，按住 Shift 键再拾取一次，就把该对象从当前选择集中撤除，该对象不再醒目显示，但该对象的夹点仍显示，这种夹点称为冷点，仍能发挥对象捕捉的效应。
- 按 Esc 键可以清除当前选择集，使所有对象的温点变为冷点，再按一次 Esc 键则清除冷点。
- 在一个对象上拾取一个温点，则此点变为热点，即当前选择集进入夹点编辑状态。可以完成拉伸、移动、旋转、比例缩放、镜像五种编辑模式操作，相应的提示按顺序为：

** 拉伸 **

指定拉伸点或 [基点(B)/复制(C)/放弃(U)/退出(X)]：

** 移动 **

指定移动点 或 [基点(B)/复制(C)/放弃(U)/退出(X)]：

** 旋转 **

指定旋转角度或 [基点(B)/复制(C)/放弃(U)/参照(R)/退出(X)]：

** 比例缩放 **

指定比例因子或 [基点(B)/复制(C)/放弃(U)/参照(R)/退出(X)]：

** 镜像 **

指定第二点或 [基点(B)/复制(C)/放弃(U)/退出(X)]：

在选择编辑模式时，可按回车键、空格键，右击或输入编辑命令进行切换。

要生成多个热点，则在拾取温点时同时按住 Shift 键。然后再放开 Shift 键，拾取其中一个热点来进入编辑模式，选择相应的选项完成编辑。

② 操作说明：

- 选中的热点，在默认状态下，系统认为是拉伸点、移动的基准点、旋转的中心点、比例缩放的中心点或镜像线的第一点。可在拖动中快速完成相应的编辑操作。
- 对多段线的圆弧拟合曲线、样条线和多段线，其夹点为其控制框架顶点，用交点编辑变动控制顶点位置，将直接改变曲线形状，比使用 PEDIT 命令修改更加方便。

3.6.2 修改对象属性

(1) 命令

命令行：DDMODIFY 或 PROPERTIES。

菜单：修改→特性。

(2) 功能

AutoCAD 2014 提供的"特性"工具板，可以进行浏览、修改已有对象的特性。

(3) 操作

命令：DDMODIFY 或 PROPERTIES↵

执行 PROPERTIES 命令，AutoCAD 2014 弹出"特性"工具板，如图 3-26 所示。

图 3-26 "特性"工具板

不同的对象属性种类和值不同，修改属性值，对象改变为新的属性。

3.6.3 特性匹配

(1) 命令

命令行：MATCHPROP。

菜单：修改→特性匹配。

(2) 功能

特性匹配可将目标对象属性与源对象的属性进行匹配，使目标对象的属性变为与源对象相同。可以方便快捷地修改对象属性，并保持不同对象的属性相同，类似格式刷的功能。

(3) 操作

命令：MATCHPROP↵

选择源对象：(选择源对象)

选择目标对象或 [设置(S)]：(选择目标对象)

3.6.4 实例

将图 3-27 中的两个不同属性的对象，以左边的圆为源对象，对右边的矩形进行特性匹配，结果可得到如图 3-28 所示图形。

图 3-27 特性匹配的原图　　图 3-28 特性匹配后的结果

操作步骤：
命令：MATCHPROP↙
选择源对象：（选择圆为源对象）
当前活动设置：颜色 图层 线形 线形比例 线宽 透明度 厚度 打印样式 标注 文字 图案填充 多段线 视口 表格 材质 阴影显示 多重引线
选择目标对象或［设置(S)］：（选择矩形为目标对象）
选择目标对象或［设置(S)］：↙
根据上述操作，即可得到图3-28所示图形。

3.7　上机操作

① 植物平面图例的绘制（图3-29）。
② 绘制紫荆花图案（图3-30）。
③ 绘制餐桌布置图（图3-31）。

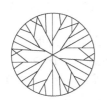

图3-29　植物平面图例的绘制

图3-30　紫荆花图案　　图3-31　餐桌布置图

本章小结

在这一章里详细介绍了目标对象的选择方法，一些常用的编辑命令和一些高级编辑技巧。大多数的命令是针对二维图形的操作命令，对于使用AutoCAD 2014绘制图形的绘图人员来讲，熟练地应用这些编辑命令是提高绘图效率的基础。本章命令很多，功能也很复杂，需要反复使用这些编辑命令进行实际操作，才能牢记这些命令，从而熟练使用这些命令绘制图形。

思考与练习

1. 能够将物体的某部分进行大小不变的复制的命令有（　　）。
　　A. COPY　　　　B. ROTATE
　　C. MIRROR　　　D. ARRAY
2. 能够改变一条线段的长度的命令有（　　）。
　　A. SCALE　　　　B. BREAK
　　C. EXTEND　　　D. TRIM
　　E. MOVE　　　　F. STRETCH
　　G. DDMODIFY　　H. LENTHEN
3. 下面命令中哪些可以用来去掉图形中不需要的部分？（　　）
　　A. 删除　　　　　B. 清除
　　C. 剪切　　　　　D. 恢复
4. 下面命令中哪个命令在选择对象时必须采用交叉窗口或交叉多边形窗口进行选择？（　　）
　　A. LENTHEN　　B. STRETCH
　　C. MIRROR　　　D. ARRAY
5. 在利用修剪命令对图形进行修剪时，有时无法实现修剪，试分析可能的原因。
6. 在选择对象时，从左向右移动光标与从右向左移动光标有什么区别？
7. 使用复制命令和镜像命令复制对象有什么区别？
8. 怎样使用阵列命令设计具有一定株行距的平面树？
9. 用直线命令绘制一矩形，怎样把它变成多段线？
10. 怎样修改用多线命令绘制的道路交叉口，再怎样进行圆角处理？

第4章 文本、表格和尺寸标注

4.1 绘制辅助工具

要快速顺利地完成图形绘制工作，有时要借助一些辅助工具，如用于准确确定绘制位置的精确定位工具和对象捕捉工具等。下面简要介绍两种非常重要的辅助绘图工具。

4.1.1 精确定位工具

在绘制图形时，可以使用直角坐标和极坐标精确定位点，但是有些点（如端点、中心点等）的坐标我们是不知道的，如果想精确地指定这些点是很困难的，有时甚至是不可能的。AutoCAD 中提供了精确定位工具，使用这类工具，可以很容易地在屏幕中捕捉到这些点，进行精确绘图。

4.1.1.1 推断约束

可以在创建和编辑几何对象时自动应用几何约束。

启用"推断约束"模式会自动在正在创建或编辑的对象与对象捕捉的关联对象或点之间应用约束。

与 AUTOCONSTRAIN 命令相似，约束也只在对象符合约束条件时才会应用。推断约束后不会重新定位对象。

打开"推断约束"时，用户在创建几何图形时指定的对象捕捉将用于推断几何约束。但是，不支持下列对象捕捉：交点、外观交点、延长线和象限点。

无法推断下列约束：固定、平滑、对称、同心、等于、共线。

4.1.1.2 捕捉模式

捕捉是指 AutoCAD 可以生成一个隐含分布于屏幕上的栅格，这种栅格能够捕捉光标，使光标只能落到其中的某一个栅格点上。捕捉可分为矩形捕捉和等轴测捕捉两种类型，默认设置为矩形捕捉，即捕捉点的阵列类似于栅格，如图 4-1 所示。用于可以指定捕捉模式在 X 轴和 Y 轴方向上的间距，也可改变捕捉模式与图形界限的相对位置。与栅格不同之处在于，捕捉间距的值必须为正实数，且捕捉模式不受图形界限的约束。等轴测捕捉表示捕捉模式为等轴测模式，此模式是绘制正等轴测图时的工作环境，如图 4-2 所示。在等轴测捕捉模式下，栅格和光标十字线成绘制等轴测图时的特定角度。

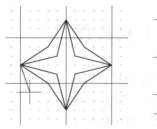

图 4-1 矩形捕捉　　图 4-2 等轴测捕捉

在绘制图 4-1 和图 4-2 所示的图形时，输入参数点时光标只能落在栅格点上。选择菜单栏中的"工具"→"草图设置"命令，弹出"草图设置"对话框，在"捕捉和栅格"选项卡的"捕捉类型"选项组中，通过选中"矩形捕捉"或"等轴测捕捉"单选按钮，即可切换两种模式。

4.1.1.3 栅格显示

AutoCAD 中的栅格由有规则的点的矩阵组成，延伸到指定为图形界限的整个区域。使用栅格绘图与在坐标纸上绘图是十分相似的，利用栅格可以对齐对象并直观显示对象之间的距离。如果放大或缩小图形，可能需要调整栅格间距，使其适合新的比例。虽然栅格在屏幕上是可见的，但它并不是图形对象，因此不会被打印成图形中的一部分，也不会影响在何处绘制。

可以单击状态栏中的"栅格显示"按钮或按 F7 键打开或关闭栅格。启用栅格并设置栅格在 X 轴方向和 Y 轴方向上的间距的方法如下。

（1）执行方式

命令行：DSETTINGS（快捷命令为 DS、SE 或 DDRMODES）。

菜单栏："工具"→"绘图设置"。

快捷菜单：在"栅格显示"按钮上右击，在弹出的快捷菜单中选择"设置"命令。

（2）操作步骤

执行上述操作之一后，系统弹出"草图设置"对话框，如图 4-3 所示。

如果要显示栅格，选中"启用栅格"复选框。在"栅格 X 轴间距"文本框中输入栅格点之间的水平距离，单位为"毫米"。如果使用相同的间距设置垂直和水平分布的栅格点，则按

Tab 键；否则，在"栅格 Y 轴间距"文本框中输入栅格点之间的垂直距离。

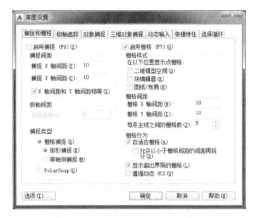

图 4-3 "草图设置"对话框

用户可改变栅格与图形界限的相对位置。默认情况下，栅格以图形界限的左下角为起点，沿着与坐标轴平行的方向填充整个由图形界限所确定的区域。

说明：如果栅格的间距设置得太小，当进行打开栅格操作时，AutoCAD 将在命令行中显示"栅格太密，无法显示"提示信息，而不在屏幕上显示栅格点。使用缩放功能时，将图形缩放得很小，也会出现同样的提示，不显示栅格。

使用捕捉功能可以使用户直接使用鼠标快速地定位目标点。捕捉模式有几种不同的形式，即栅格捕捉、对象捕捉、极轴捕捉和自动捕捉，在下文中将详细讲解。

另外，还可以使用 GRID 命令行方式设置栅格，功能与"草图设置"对话框类似。

4.1.1.4 正交绘图

正交绘图模式，即在命令的执行过程中，光标只能沿 X 轴或者 Y 轴移动。所有绘制的线段和构造线都将平行于 X 轴或 Y 轴，因此它们相互垂直成 90°相交，即正交。使用正交绘图模式，对于绘制水平线和垂直线非常有用，特别是绘制构造线时经常使用。而且当捕捉模式为等轴测模式时，它还迫使直线平行于三个坐标轴中的一个。

设置正交绘图模式，可以直接单击状态栏中的"正交模式"按钮，或近 F8 键，相应地会在文本窗口中显示开/关提示信息。也可以在命令行中输入"ORTHO"，执行开启或关闭正交绘图模式的操作。

4.1.1.5 极轴捕捉

极轴捕捉是在创建或修改对象时，按事先给定的角度增量和距离增量来追踪特征点，即捕捉相对于初始点且满足指定极轴距离和极轴角的目标点。

极轴追踪设置主要是设置追踪的距离增量和角度增量，以及与之相关联的捕捉模式。这些设置可以通过"草图设置"对话框中的"捕捉和栅格"选项卡与"极轴追踪"选项卡来实现。

（1）设置极轴距离

如图 4-3 所示，在"草图设置"对话框的"捕捉和栅格"选项卡中，可以设置极轴距离增量，单位为毫米。绘图时，光标将按指定的极轴距离增量进行移动。

（2）设置极轴角度

在"草图设置"对话框的"极轴追踪"选项卡中，可以设置极轴角增量角度，如图 4-4（a）所示。设置时，可以使用"增量角"下拉列表框中预设的角度，也可以直接输入其他任意角度。光标移动时，如果接近极轴角，将显示对齐路径和工具栏提示。例如，图 4-4（b）和图 4-4（c）所示分别为当极轴角增量设置为 30°，光标移动时显示的对齐路径。

(a)

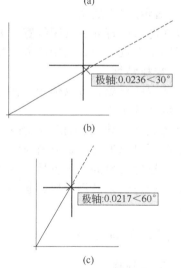

(b)

(c)

图 4-4 极轴捕捉
(a)"极轴追踪"选项卡 (b) 极轴捕捉 30°
(c) 极轴捕捉 60°

"附加角"用于设置极轴追踪时是否采用附加角度追踪。选中"附加角"复选框，通过单击"增加"或者"删除"按钮来增加或删除附加角度值。

（3）对象捕捉追踪设置

用于设置对象捕捉追踪的模式。如果在"极轴追踪"选项卡的"对象捕捉追踪设置"选项组中选中"仅正交追踪"单选按钮，则当采用追踪功能时，系统仅在水平和垂直方向上显示追踪数据；如果选中"用所有极轴角设置追踪"单选按钮，则当采用追踪功能时，系统不仅可以在水平和垂直方向显示追踪数据，而且还可以在设置的极轴追踪角度与附加角度所确定的一系列方向上显示追踪数据。

(4) 极轴角测量

用于设置极轴角的角度测量采用的参考基准。"绝对"则是相对水平方向逆时针测量，"相对上一段"则是以上一段对象为基准进行测量。

4.1.1.6 允许/禁止动态 UCS

使用动态 UCS 功能，可以在创建对象时使 UCS 的 XOY 平面自动与实体模型上的平面临时对齐。

使用绘图命令时，可以通过在面的一条边上移动指针对齐 UCS，而无须 UCS 无须命令。结束该命令后，UCS 将恢复到其上一个位置和方向。

4.1.1.7 动态输入

"动态输入"在光标附近提供了一个命令界面，以帮助用户专注于绘图区域。

打开动态输入时，工具提示将在光标旁边信息，该信息会随光标移动动态更新。当某命令处于活动状态时，工具提示将为用户提供输入的位置。

4.1.1.8 显示/隐藏线宽

可以在图形中打开和关闭线宽，并在模型空间中以不同于图纸空间布局中的方式显示。

4.1.1.9 快捷特性

对于选定的对象，可以使用"快捷特性"选项板访问特性的子集。

可以自定义"快捷特性"选项板上的特性。选定对象后所显示的特性是所有对象类型的共通特性，也是选定对象的专用特性。可用特性与特性选项板上的特性以及用于鼠标悬停工具提示的特性相同。

4.1.2 对象捕捉工具

4.1.2.1 对象捕捉

AutoCAD 给所有的图形对象都定义了特征点，对象捕捉则是指在绘图过程中，通过捕捉这些特征点，迅速准确地将新的图形对象定位在现有对象的确切位置上，如圆的圆心、线段中点或两个对象的交点等。在 AutoCAD 2014 中，可以通过单击状态栏中的"对象捕捉追踪"按钮，或在"草图设置"对话框的"对象捕捉"选项卡中选中"启用对象捕捉"复选框架，来启用对象捕捉功能（图 4-5）。在绘图过程中，对象捕捉功能的调用可以通过以下方式完成。

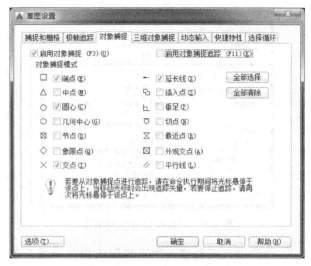

图 4-5 启用对象捕捉

(1) 使用"对象捕捉"工具栏

在绘图过程中，当系统提示需要指定点的位置时，可以单击"对象捕捉"工具栏中相应的特征点按钮（图 4-6），再把光标移动到要捕捉对象的特征点附近，AutoCAD 会自动提示并捕捉到这些特征点。例如，如果需要用直线连接一系列圆的圆心，可以将圆心设置为捕捉对象。如果有多个可能的捕捉点落在选择区域内，AutoCAD 将捕捉离光标中心最近的符合条件的点。在指定位置有多个符合捕捉条件的对象时，需要检查哪一个对象捕捉有效，在捕捉点之前，按 Tab 键可以遍历所有可能的点。

图 4-6 "对象捕捉"工具栏

(2) 使用"对象捕捉"快捷菜单

在需要指定点的位置时，还可以按住 Ctrl 键或 Shift 键并右击，弹出"对象捕捉"快捷菜单，如图 4-7 所示。在该菜单上同样可以选择某一种特征点执行对象捕捉，把光标移动到要捕捉对象的特征点附近，即可捕捉到这些特征点。

图 4-7 "对象捕捉"快捷菜单

(3) 使用命令行

当需要指定点的位置时，在命令行中输入相应特征点的关键字，然后把光标移动到要捕捉对象的特征点附近，即可捕捉到特征点。对象捕捉特征点的关键字如表 4-1 所示。

表 4-1 对象捕捉特征点的关键字

特征点	关键字	特征点	关键字
端点	END	延长线	EXT
中点	MID	连续正交偏移	TK
交点	INT	平行	PAR
圆心	CEN	临近追踪点	TT
象限点	QUA	捕捉自	FRO
切点	TAN	外观交点	APP
最近点	NEA	无捕捉	NON
节点	NOD	草图设置	DS
垂足	PER	正交偏移	FRO

说明：

① 对象捕捉不可单独使用，必须配合其他绘图命令一起使用。仅当 AutoCAD 提示输入点时，对象捕捉才生效。如果试图在命令提示下使用对象捕捉，AutoCAD 将显示错误信息。

② 对象捕捉只影响屏幕上可见的对象，包括锁定图层上的对象、布局视口边界和多段线上的对象，不能捕捉不可见的对象，如未显示的对象、关闭或冻结图层上的对象或虚线的空白部分。

4.1.2.2 三维镜像捕捉

控制三维对象的执行对象捕捉设置。使用执行对象捕捉设置（也称为对象捕捉），可以在对象上的精确位置指定捕捉点。选择多个选项后，将应用选定的捕捉模式，以返回距离靶框中心最近的点。

当对象捕捉打开时，在三维对象捕捉模式下选定的三维对象捕捉处于活动状态。

4.1.2.3 对象捕捉追踪

在绘制图形的过程中，使用对象捕捉的频率非常高，如果每次在捕捉时都要先选择捕捉模式，将使工作效率大大降低。出于此种考虑，AutoCAD 提供了自动对象捕捉模式。如果启用了自动捕捉功能，当光标距指定的捕捉点较近时，系统会自动精确地捕捉这些特征点，并显示出相应的标记以及该捕捉的提示。在"草图设置"对话框的"对象捕捉"选项卡中选中"启用对象捕捉追踪"复选择框，可以调用自动捕捉功能，如图 4-8 所示。

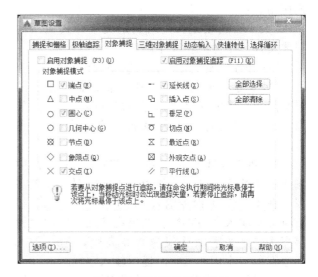

图 4-8 启用对象捕捉追踪

4.2 文 字

在工程制图中，文字标是必不可少的环节。AutoCAD 2014 提供了文字相关命令来进行文字的输入与标注。

4.2.1 文字样式

AutoCAD 2014 提供了"文字样式"对话框，通过该对话框可方便直观地设置需要的文字样式，或对已有的样式进行修改。

4.2.1.1 执行方式

命令行：STYLE。

菜单栏："格式"→"文字样式"。

工具栏："文字"→"文字样式"。

4.2.1.2 操作步骤

执行上述操作之一后，系统弹出"文字样式"对话框，如图4-9所示。

图4-9 "文字样式"对话框

4.2.1.3 选项说明

"字体"选项组：确定字体式样。在AutoCAD中，除了它固有的SHX字体外，还可以TrueType字体（如宋体、楷体、italic等）。一种字体可以设置不同的效果，从而被多种文字样式使用。

"大小"选项组：用来确定文字样式使用的字体文件、字体风格及字高等。

"注释性"复选框：指定文字为注释性文字。

"使文字方向与布局匹配"复选框：指定图纸空间视口中的文字方向与布局方向匹配。如果取消选中"注释性"复选框，则该复选框不可用。

"高度"文本框：如果在"高度"文本框中输入一个数值，则它将作为添加文字时的固定字高，在用TEXT命令输入文字时，AutoCAD将不再提示输入字高参数。如果在该文本框中设置字高为0，文字默认值为0.2高度，AutoCAD则会在每一次创建文字时提示输入字高。

"效果"选项组：用于设置字体的特殊效果。

"颠倒"复选框：选中该复选框，表示将文本文字倒置标注，如图4-10所示。

图4-10 "文字样式"倒置标注

"反向"复选框：确定是否将文本文字反向标注。图4-11给出了标注效果。

"垂直"复选框：确定文本是水平标注还是

图4-11 "文字样式"反向标注

垂直标注。选中该复选框为垂直标注，否则为水平标注，如图4-12所示。

图4-12 "文字样式"反向标注效果

"宽度因子"文本框：用于设置宽度系数，确定文本字符的宽高比。当宽度因子为1时，表示将按字体文件中定义的宽高比标注文字；小于1时文字会变窄，反之变宽。

"倾斜角度"文本框：用于确定文字的倾斜角度。角度为0时不倾斜，为正时向右倾斜，为负时向左倾斜。

4.2.2 单行文本标注

4.2.2.1 执行方式

命令行：TEXT 或 DTEXT。

菜单栏："绘图"→"文字"→"单行文字"。

工具栏："文字"→"单行文字"。

4.2.2.2 操作步骤

执行上述操作之一后，选择相应的菜单项或在命令行中输入"TEXT"，命令行中的提示如下：

当前文字样式：Standard 当前文字高度：0.2000 注释性：否

指定文字的起点或 [对正(J)/样式(S)]：

4.2.2.3 选项说明

指定文字的起点：在此提示下直接在绘图区拾取一点作为文本的起始点。利用TEXT命令也可创建多行文本，只是这种多行文本每一行都是一个对象，因此不能对多行文本同时进行操作，但可以单独修改每一单行文字的样式、字高、旋转角度和对齐方式等。

对正（J）：在命令行中输入"J"，用来确定文本的对齐方式。对齐方式决定文本的哪一部分与所选的插入点对齐。

样式（S）：指定文字样式，文字样式决定文字字符的外观。创建的文字使用当前文字样式。

实际绘图时，有时需要标注一些特殊字符，如直径符号、上划线或下划线、温度符号等，由于这些符号不能直接从键盘上输入，AutoCAD提供了一些控制码，用来实现这些要求。控制码用两个百分号（％％）加一个字符构成。AutoCAD常用的控制码如表4-2所示。

表4-2 AutoCAD常用的控制码

符号	功能	符号	功能
％％O	上划线	\U+0278	电相角
％％U	下划线	\U+E101	流线
％％D	"度数"符号	\U+2261	恒等于
％％P	"正/负"符号	\U+E102	界碑线
％％C	"直径"符号	\U+2260	不相等
％％％	百分号(％)	\U+2126	欧姆
\U+2248	几乎相等	\U+03A9	欧米伽
\U+2220	角度	\U+214A	地界线
\U+E100	边界线	\U+2082	下标2
\U+2014	中心线	\U+00B2	平方
\U+0394	差值		

其中，％％O和％％U分别是上划线和下划线的开关，第一次出现此符号时开始画上划线和下划线，第二次出现此符号时上划线和下划线终止。例如，在"输入文字:"提示后输入"I want to ％％U go to Beijing％％U"，则得到如图4-13所示的文本行；输入"50％％D+％％C75％％P12"，则得到如图4-13所示的文本行。

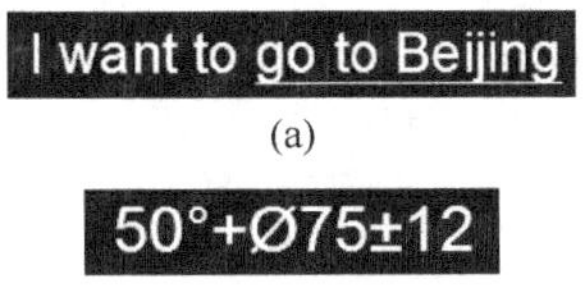

I want to go to Beijing

(a)

50°+Ø75±12

(b)

图4-13 文本行

用TEXT命令可以创建一个或若干个单行文本，也就是说用此命令可以标注多行文本。在"输入文字:"提示下输入一行文本后按Enter键，用户可输入第二行文本，依此类推，直到文本全部输完，再在此提示下按Enter键，结束文本输入命令。每按一次Enter键就结束一个单行文本的输入。

用TEXT命令创建文本时，在命令行中输入的文字同时显示在屏幕上，而且在创建过程中可以随时改变文本的位置，如果将光标移到新的位置单击，则当前行结束，随后输入的文本出现在新的位置上。用这种方法可以把多行文本标注到屏幕的任何地方。

4.2.3 多行文本标注

4.2.3.1 执行方式

命令行：MTEXT。

菜单栏："绘图"→"文字"→"多行文字"。

工具栏："绘图"→"多行文字"A或"文字"→"多行文字"A。

4.2.3.2 操作步骤

执行上述操作之一后，命令行中的提示如下：

当前文字样式：Standard 当前文字高度：1.9122 注释性：否

指定第一角点：（指定矩形框的第一个角点）

指定对角点或［高度（H）/对正（J）/行距（L）/旋转（R）/样式（S）/宽度（W）/栏（C）］：

4.2.3.3 选项说明

指定对角点：直接在屏幕上拾取一个点作为矩形框的第二个角点，AutoCAD以这两个点为对角点形成一个矩形区域，其宽度作为将来要标注的多行文本的宽度，而且第一个点作为第一行文本顶线的起点。响应后系统弹出如图4-14所示的多行文字编辑器，可利用此编辑器输入多行文本并对其格式进行设置。关于对话框中各选项的含义与编辑器功能，稍后再详细介绍。

图4-14 多行文字编辑器

对正（J）：确定所标注文本的对齐方式。

这些对齐方式与TEXT命令中的各对齐方式相同，在此不再重复。选择一种对齐方式后按Enter键，AutoCAD回到上一级提示。

行距（L）：确定多行文本的行间距，这里所说的行间距是指相邻两文本行的基线之间的垂直距离。选择此选项，命令行中的提示如下。

输入行距类型［至少（A）/精确（E）］〈至少（A）〉：

在此提示下有两种方式确定行间距，即"至少"方式和"精确"方式。"至少"方式下AutoCAD根据每行文本中最大的字符自动调整行间距。"精确"方式下AutoCAD给多行文本赋予一个固定的行间距。可以直接输入一个确切的间距值，也可以输入"nx"，其中n是一个具体数，表示行间距设置为单行文本高度的n倍，而单行文本高度是本行文本字符高度的1.66倍。

旋转（R）：确定文本行的倾斜角度。选择此选项，命令行中提示如下。

指定旋转角度〈0〉：（输入倾斜角度）

输入角度值后按Enter键，返回到"指定对角点或[高度(H)/对正(J)/行距(L)/旋转(R)/样式(S)/宽度(W)/栏(C)]:"提示。

样式(S):确定当前的文字样式。

宽度(W):指定多行文本的宽度,可在屏幕上拾取一点,将其与前面确定的第一个角点组成的矩形框的宽度作为多行文本的宽度,也可以输入一个数值,精确设置多行文本的宽度。

在创建多行文本时,只要给定了文本行的起始点和宽度后,AutoCAD就会打开如图4-12所示的多行文字编辑器,该编辑器包括一个"文字格式"工具栏和一个右键快捷菜单。用户可以在编辑器中输入和编辑多行文本,包括设置字高、文字样式以及倾斜角度等。

该编辑器与Microsoft的Word编辑器界面类似,事实上该编辑器与Word编辑器在某些功能上趋于一致。

栏(C):可以将多行文字对象的格式设置为多栏。可以指定栏和栏之间的宽度、高度及栏数,以及使用夹点编辑栏宽和栏高。其中提供了三个选项,即"不分栏""静态栏"和"动态栏"。

4.2.3.4 "文字格式"工具栏

"文字格式"工具栏用来控制文本的显示特性。可以在输入文本之前设置文本的特性,也可以改变已输入文本的特性。要改变已有文本的特性,首先应选中要修改的文本,选择文本有以下三种方法:

① 将光标定位到文本开始处,按住鼠标左键,将光标拖到文本末尾。

② 双击某一个字,则该字被选中。

③ 三击鼠标,则选中全部内容。

下面介绍"文字格式"工具栏中部分选项的功能。

"文字高度"下拉列表框:用于确定文本的字符高度,可在其中直接输入新的字符高度,也可在下拉列表中选择已设定的高度。

"粗体"按钮和"斜体"按钮:用于设置粗体和斜体效果。这两个按钮只对TrueType字体有效。

"下划线"按钮和"上划线"按钮:用于设置或取消上(下)划线。

"堆叠"按钮:该按钮为层叠/非层叠文本按钮,用于层叠所选的文本,也就是创建分数形式。当文本某处出现"/""^"或"#"这三种层叠符号之一时可层叠文本,方法是选中需层叠的文字,然后单击该按钮,则符号左边的文字作为分子,右边的文字作为分母进行层叠。

"倾斜角度"数值框:用于设置文本的倾斜角度。

"符号"按钮:用于输入各种符号。单击该按钮,系统弹出符号列表,如图4-15所示。用户可以从中选择符号输入到文本中。

图4-15 符号列表

"插入字段"按钮:用于插入一些常用或预设字段。单击该按钮,系统弹出"字段"对话框(图4-16),用户可以从中选择字段插入到标注文本中。

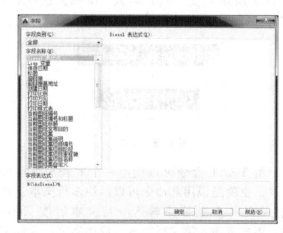

图4-16 "字段"对话框

"追踪"数值框:用于增大或减小选定字符之间的距离。1.0是常规间距,设置为大于1.0可增大间距,设置为小于1.0可减小间距。

"宽度比例"数值框:用于扩展或选定字符。1.0代表此字体中字母的常规宽度。可以增大该宽度或减小该宽度。

"栏"按钮:显示栏菜单,该菜单中提供4个选项,即"不分栏""静态栏"和"动态栏"

以及"插入分栏符"。

"多行文字对齐"按钮：显示"多行文字对齐"菜单，并且有9个对齐选项可用。"左上"为默认。

4.2.3.5 "选项"菜单

单击"文字格式"工具栏中的"选项"按钮，系统弹出"选项"菜单，如图4-17所示。其中许多选项与Word中的相关选项类似，这里只对其中比较特殊的选项进行简单介绍。

图4-17 "文字格式"工具栏

"选项"菜单符号：在光标位置插入列出的符号或不间断空格，也可以手动插入符号。

输入文字：选择该选项，弹出"选择文件"对话框，如图4-18所示。选择任意ASCH或RTF格式的文件，输入的文字保留原始字符格式和样式特性，可以在多行文字编辑器中编辑或格式化输入的文字。选择要输入的文本文件后，可以在文本编辑框中替换选定的文字或全部文字，或在文字边界内将插入的文字附加到选定的文字中。输入文字的文件必须小于32KB。

图4-18 "选择文件"对话框

删除格式：清除选定文字的粗体、斜体或下划线格式。

背景遮罩：用设定的背景对标注的文字进行遮罩。选择该命令，系统打开"背景遮罩"对话框，如图4-19所示。

4.2.4 文本编辑

4.2.4.1 执行方式

命令行：DDEDIT。

图4-19 "背景遮罩"对话框

菜单栏："修改"→"对象"→"文字"→"编辑"。

工具栏："文字"→"编辑"。

4.2.4.2 操作步骤

执行上述操作之一后，命令行中的提示如下：

命令：DDEDIT

选择注释对象或［放弃(U)］：

要求选择想要修改的文本，同时光标变为拾取框。单击选择对象，如果选择的文本是用TEXT命令创建的单行文本，则亮显该文本，此时可对其进行修改；如果选择的文本是用MTEXT命令创建的多行文本，选择后则打开多行文字编辑器，可根据前面的介绍对各项设置或内容进行修改。

4.3 表 格

4.3.1 定义表格样式

表格样式是用来控制表格基本形状和间距的一组设置。和文字样式一样，所有AutoCAD图形中的表格都有和其相对应的表格样式。当插入表格对象时，AutoCAD使用当前设置的表格样式。模板文件acad.det和acadiso.dwt中定义了名为Standard的默认表格样式。

4.3.1.1 执行方式

命令行：TABLESTYLE。

菜单栏："格式"→"表格样式"。

工具栏："样式"→"表格样式管理器"。

4.3.1.2 操作步骤

执行上述操作之一后，弹出"表格样式"对话框，如图4-20所示。

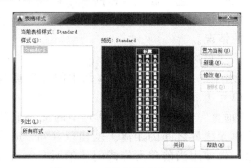

图4-20 "表格样式"对话框

第4章 文本、表格和尺寸标注

单击"新建"按钮，弹出"创建新的表格样式"对话框，如图4-21所示。

图4-21 "创建新的表格样式"对话框

输入新的表格样式名后，单击"继续"按钮，弹出"新建表格样式"对话框，如图4-22所示，从中可以定义新的不合格样式。

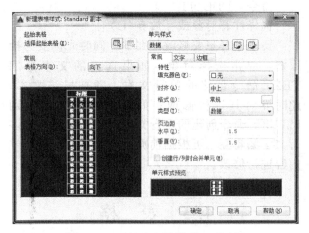

图4-22 "新建表格样式"对话框

"新建表格样式"对话框中有三个选项卡，即"常规""文字"和"边框"，用于控制表格中数据、表头和标题的有关参数，如图4-23所示。

4.3.1.3 选项说明

(1) "常规"选项卡

① "特性"选项组。

"填充颜色"下拉列表框：用于指定填充颜色。

"对齐"下拉列表框：用于为单元内容指定一种对齐方式。

"格式"选项框：用于设置表格中各行的数据类型和格式。

"类型"下拉列表框：将单元样式指定为标签或数据，在包含起始表格的表格样式中插入默认文字时使用，也用于在工具选项板上创建表格工具的情况。

② "页边距"选项组。

"水平"文本框：设置单元中的文字或块与左右单元边界之间的距离。

"垂直"文本框：设置单元中的文字或块与上下单元边界之间的距离。创建行（列）时合并单元，将使用当前单元样式创建的所有新行或列合并到一个单元中。

(a)

(b)

(c)

图4-23 "新建表格样式"对话框
(a) "新建表格样式"对话框中"常规"选项卡
(b) "新建表格样式"对话框中"文字"选项卡
(c) "新建表格样式"对话框中"边框"选项卡

(2) "文字"选项卡

"文字样式"下拉列表框：用于指定文字样式。

"文字高度"文本框：用于指定文字高度。

"文字颜色"下拉列表框：用于指定文字颜色。

"文字角度"文本框：用于设置文字角度。

(3) "边框"选项卡

"线宽"下拉列表框：用于设置要用于显示边界的线宽。

"线型"下拉列表框：通过单击边框按钮，设置线型以应用于指定的边框。

"颜色"下拉列表框：用于指定颜色以应用于显示的边界。

"双线"复选框：选中该复选框，指定选定的边框为双线。

4.3.2 创建表格

设置好表格样式后，用户可以利用TABLE命令创建表格。

4.3.2.1 执行方式

命令行：TABLE。

菜单栏："绘图"→"表格"。
工具栏："绘图"→"表格"。

4.3.2.2 操作步骤

执行上述操作之一后，弹出"插入表格"对话框，如图 4-24 所示。

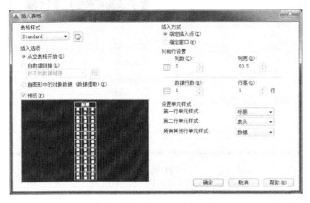

图 4-24 "插入表格"对话框

4.3.2.3 选项说明

(1)"表格样式"选项组

可以在下拉列表框中选择一种表格样式，也可以单击右侧的"启动'表格样式'启动对话框"按钮，新建或修改表格样式。

(2)"插入方式"选项组

"指定插入点"单选按钮：用于指定表格左上角的位置。可以使用定点设备，也可以在命令行中输入坐标值。如是表样式将表的方向设置为由下而上读取，则插入点位于表的左下角。

"指定窗口"单选按钮：用于指定表格的大小和位置。可以使用定点设备，也可以在命令行中输入坐标值。选中该单选按钮时，行数、列数、列宽和行高取决于窗口的大小以及列和行的设置。

(3)"列和行设置"选项组

指定列和行的数目以及列宽与行高。

在"插入表格"对话框中进行相应的设置后，单击"确定"按钮，系统在指定的插入点处自动插入一个空表格，并显示多行文字编辑器，用户可以逐行逐列输入相应的文字或数据，如图 4-25 所示。

图 4-25 插入一个空表格

4.3.3 表格文字编辑

4.3.3.1 执行方式

命令行：TABLEDIT。

快捷菜单：选定表的一个或多个单元格后右击，在弹出的快捷菜单中选择"编辑文字"命令。

定点设备：在表的单元格内双击。

4.3.3.2 操作步骤

执行上述操作之一后，弹出多行文字编辑器，用户可以对指定单元格中的文字进行编辑。

在 AutoCAD 2014 中，可以在表格中插入简单的公式，用于求和、计数和计算平均值，以及定义简单的算术表达式。要在选定的单元格中插入公式，需在单元格中右击，在弹出的快捷菜单中选择"插入点"→"公式"命令。也可以使用多行文字编辑器输入公式。选择一个公式项后，命令行中的提示如下：

选择表单元范围的第一个角点：（在表格内指定一点）

选择表单元范围的第二个角点：（在表格内指定另一点）

4.4 尺寸标注

组成尺寸标注的尺寸界线、尺寸线、尺寸文本及箭头等可以采用多种多样的形式，实际标注一个几何对象的尺寸时，它的尺寸标注以什么形态出现，取决于当前所采用的尺寸标注样式。标注样式决定尺寸标注的形式，包括尺寸线、尺寸界线、箭头和中心标记的形式，以及尺寸文本的位置、特性等。

在 AutoCAD 2014 中用户可以利用"标注样式管理器"对话框方便地设置自己需要的尺寸标注样式。

下面介绍如何定制尺寸标注样式。

4.4.1 尺寸样式

在进行尺寸标注之前，要建立尺寸标注的样式。如果用户不建立尺寸样式而直接进行标注，系统使用默认的名称为 Standard 的样式。用户如果认为使用的标注样式有某些设置不合适，也可以修改标注样式。

4.4.1.1 执行方式

命令行：DIMSTYLE。

菜单栏："格式"→"标注样式"或"标注"→"标注样式"。

工具栏："标注"→"标注样式"。

4.4.1.2 操作步骤

执行上述操作之一后，弹出"标注样式管理器"对话框，如图 4-26 所示。利用此对话框可方便直观地设置和浏览尺寸标注样式，包括建立新的标注样式、修改已存在的样式、设置当前尺寸标注样式、重命名样式以及删除一个已存在的样式等。

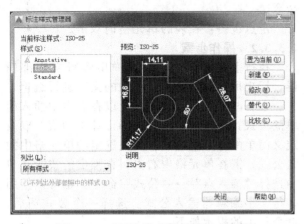

图 4-26　"标注样式管理器"对话框

4.4.1.3　选项说明

"置为当前"按钮：单击该按钮，把在"样式"列表框中选中的样式设置为当前样式。

"新建"按钮：定义一个新的尺寸标注样式，单击该按钮，弹出"创建新标注样式"对话框（图 4-27），利用该对话框可创建一个新的尺寸标注样式。

图 4-27　"创建新标注样式"对话框

"修改"按钮：修改一个已存在的尺寸标注样式。单击该按钮，弹出"修改标注样式"对话框，该对话框中的各项与"创建新标注样式"对话中完全相同用户可以对已有标注样式进行修改。

"替代"按钮：设置临时覆盖尺寸标注样式。单击该按钮，弹出"替代当前样式"对话框，如图 4-28 所示。用户可改变各项的设置覆盖原来的设置，但这种修改只对指定的尺寸标注起作用，而不影响当前尺寸变量的设置。

"比较"按钮：比较两个尺寸标注样式在参数上的区别，或浏览一个尺寸标注样式设置。单击该按钮，弹出"比较标注样式"对话框，如图 4-29 所示。可以把比较结果复制到剪贴板上，然后再粘贴到其他的 Windows 应用软件上。

下面的图 4-30 所示的是"新建标注样式"，现在对话框中的主要选项卡进行简要说明。

(1) "线"选项卡

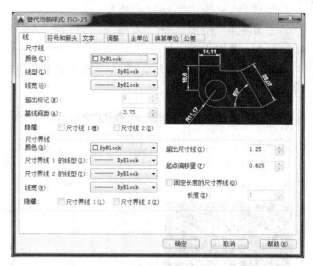

图 4-28　"替代当前样式"对话框

图 4-29　"比较标注样式"对话框

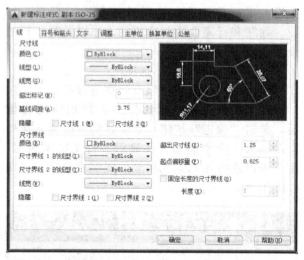

图 4-30　"新建标注样式"对话框

"新建标注样式"对话框中的"线"选项卡用于设置尺寸线、尺寸界线的形式和特性，如图 4-30 所示。现分别进行说明。

"尺寸线"选项组：用于设置尺寸线的特性。

"尺寸界线"选项组：用于确定延伸线的形式。

尺寸样式显示框：在"新建标注样式"对话框的右上方，是一个尺寸样式显示框，该显示框以样例的形式显示用户设置的尺寸样式。

"箭头"选项组：用于设置尺寸箭头的形式。系统提供了多种箭头形状，列在"第一个"和"第二个"下拉列表框中。另外，还允许采用用户自定义箭头形状。两个尺寸箭头可以采用相同的形式，也可以采用不同的形式。一般建筑制图中的箭头采用建筑标记样式。

"圆心标记"选项组：用于设置半径标注、直径标注和中心标注中的中心标记和中心线的形式。相应的尺寸变量是 DIMCEN。

"弧长符号"选项组：用于控制弧长标注中圆弧符号的显示。

"折断标注"选项组：控制折断标注的间隙宽度。

"半径折弯标注"选项组：控制折弯（Z字型）半径标注的显示。

"线性折弯标注"选项组：控制线性标注折弯的显示。

(2)"文字"选项卡

"新建标注样式"对话框中的"文字"选项卡如图 4-31 所示，该选项卡用于设置尺寸文本的形式、位置和对齐方式等。

图 4-31　"文字"选项卡

"文字外观"选项组：用于设置文字的样式、颜色、填充颜色、高度、分数高度比例以及文字是否带边框。

"文字位置"选项组：用于设置文字的位置是垂直还是水平，以及从尺寸线偏移的距离。

"文字对齐"选项组：用于控制尺寸文本排列的方向。当尺寸文本在尺寸界线之内时，与其对应的尺寸变量是 DIMTIH；当尺寸文本在尺寸界线之外时，与其对应的尺寸变量是 DIMTOH。

4.4.2　尺寸标注

4.4.2.1　线性标注

(1) 执行方式

命令行：DIMLINEAR（快捷命令为 DIMLIN）。

菜单栏："标注"→"线性"。

工具栏："标注"→"线性"。

(2) 操作步骤

执行上述操作之一后，命令行中的提示如下：指定一个尺寸界线原点或〈选择对象〉：

(3) 选项说明

在此提示下有两种选择，直接按 Enter 键选择要标注的对象或确定尺寸界线的起始点。直接按 Enter 键：光标变为拾取框，命令行中的提示如下。

用拾取框拾取要标注尺寸的线段，命令行中的提示如下：

指定尺寸线位置或 [多行文字(M)/文字(T)/角度(A)/水平(H)/垂直(V)/旋转(R)]：

指定第一条尺寸界线原点：指定第一条与第二条尺寸界线的起始点。

4.4.2.2　对齐方式

(1) 执行方式

命令行：DIMALIGNED。

菜单栏："标注"→"对齐"。

工具栏："标注"→"对齐"。

(2) 操作步骤

执行上述操作之一后，命令行中的提示如下：

指定第一个尺寸界线原点或〈选择对象〉：

使用"对齐"命令标注的尺寸线与所标注的轮廓线平行，标注的是起始点到终点之间的距离尺寸。

(3) 基线标注

基线标注用于产生一系列基于同一条尺寸界线的尺寸标注，适用于长度尺寸标注、角度标注和坐标标注等。在使用基线标注方式之前，应该先标注出一个相关的尺寸。

① 执行方式。

命令行：DIMBASELINE。

菜单栏："标注"→"基线"。

工具栏："标注"→"基线"。

② 操作步骤。执行上述操作之一后，命令行中的提示如下：指定第二条尺寸界线原点或 [放弃(U)/选择(S)]〈选择〉：

③ 选项说明。指定第二条尺寸界线原点：直接确定第二条尺寸界线的起点，以上次标注的尺寸为基准标注出相应的尺寸。

选择(S)：在上述提示下直接按 Enter 键，

命令行提示与操作如下。

选择基准标注：选择作为基准的尺寸标注。

4.4.2.3 连续标注

连续标注又叫尺寸链标注，用于产生一系列连续的尺寸标注，后一个尺寸标注均把前一个标注的第二条尺寸界线作为它的第一条尺寸界线。适用于长度尺寸标注、角度标注和坐标标注等。在使用连续标注方式之前，应该先标注出一个相关的尺寸。

(1) 执行方式

命令行：DIMCONTINUE。

菜单栏："标注"→"连续"。

工具栏："标注"→"连续"。

(2) 操作步骤

执行上述操作之一后，命令行中的提示如下：

指定第二条尺寸界线原点或 [放弃(U)/选择(S)]〈选择〉：

此提示下的各选项与基线标注中的选项完全相同，在此不再赘述。

4.4.2.4 引线标注

AutoCAD 提供了引线标注的功能，利用该功能不仅可以标注特定的尺寸，如圆角、倒角等，还可以在图中添加多行旁注、说明。在引线标注中，指引线可以是折线，也可以是曲线；指引线端部可以有箭头，也可以没有箭头。

利用 QLEADER 命令可快速生成指引线及注释，而且可以通过命令行优化对话框进行用户自定义，由此可以清除不必要的命令行提示，取得最高的工作效率。

(1) 执行方式

命令行：QLEADER。

(2) 操作步骤

执行上述操作后，命令行中的提示如下：

指定第一个引线点或 [设置(S)]〈设置〉：

(3) 选项说明 ① 指定第一个引线点。根据命令行中的提示确定一点作为指引线的第一点，命令行中的提示如下：

指定下一点：(输入指引线的第二点)

指定下一点：(输入指引线的第三点)

AutoCAD 提示用户输入的点的数目由"引线设置"对话框确定（如图 4-32 所示）。输入完指引线的点后，命令行中的提示如下：

指定文字宽度〈0.0000〉：(输入多行文本的宽度)

输入注释文字的第一行〈多行文字(M)〉：

此时，有以下两种方式进行输入选择。

输入注释文字的第一行：在命令行中输入第一行文本。此时，命令行中的提示如下。

输入注释文字的下一行：(输入另一行文本

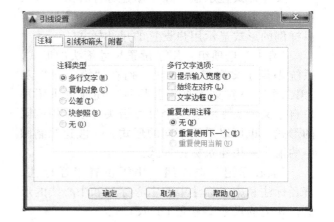

图 4-32 "引线设置"对话框

输入注释文字的下一行：(输入另一行文本或按 Enter 键)

多行文字（M）：打开多行文字编辑器，输入、编辑多行文字。输入全部注释文本后直接按 Enter 键，系统结束 QLEADER 命令，并把多行文本标注在指引线的末端附近。

② 设置（S）。在上面的命令行提示下直接按 Enter 键或输入"S"，弹出"引线设置"对话框如图 4-32 所示，允许对引线标注进行设置。该对话框中包含"注释"、"引线和箭头"和"附着"3 个选项卡，下面分别进行介绍。

"注释"选项卡：用于设置引线标注中注释文本的类型、多行文本的格式并确定注释文本是否多次使用。

"引线和箭头"选项卡：用于设置引线标注中引线和箭头的形式，如图 4-33 所示。其中，"点数"选项组用于设置执行 QLEADER 命令时提示用户输入的点的数目。例如，设置点数为 3，执行 QLEADER 命令时当用户在提示下三个点后，AutoCAD 自动提示用户输入注释文本。

图 4-33 "引线和箭头"选项卡

需要注意的是，设置的点数要比用户希望的指引线段数多 1。如果选中"无限制"复选框，

AutoCAD 会一直提示用户输入点直到连续按 Enter 键两次为止。"角度约束"选项组用于设置第一段和第二段指引线的角度约束。

"附着"选项卡：用于设置注释文本和指引线的相对位置，如图 4-34 所示。如果最后一段指引线指向右边，系统自动把注释文本放在右侧；如果最后一段指引线指向左边，系统自动把注释文本放在左侧。利用该选项卡中左侧和右侧的单选按钮，可以分别设置位于左侧和右侧的注释文本与最后一段指引线的相对位置，两者可相同也可不同。

图 4-34 "附着"选项卡

本章小结

本章主要介绍了文字输入、表格、尺寸标注，以及如何使用"文字样式""标注样式"对话框新建或者修改其样式。本章还介绍了线性、半径、直径、角度等尺寸标志的操作方法，以及编辑修改尺寸标注的方法和对象匹配的功能。

思考与练习

一、选择题

1. 一个完整的尺寸由几部分组成（　　）。
   A. 尺寸线、文本、箭头
   B. 尺寸线、尺寸界线、文本、标记
   C. 基线、尺寸界线、文本、箭头
   D. 尺寸线、尺寸界线、文本、箭头

2. 能真实反映倾斜对象的实际尺寸的标注命令是（　　）。
   A. 对齐标注　　　　B. 线性标注
   C. 引线　　　　　　D. 连续标注

3. 下列哪项不属于线性尺寸（　　）。
   A. 水平尺寸　　　　B. 垂直尺寸
   C. 对齐尺寸　　　　D. 引线标注尺寸

4. 下列选项中，不属于尺寸标注的选项（　　）。
   A. 长度　　　　　　B. 尺寸界线
   C. 文本　　　　　　D. 尺寸箭头

5. 如果要在一个圆的圆心写一个"A"字，应使用以下哪种对正方式（　　）。
   A. 中间　　　　　　B. 对齐
   C. 中心　　　　　　D. 调整

6. 如何在图中输入"直径"符号（　　）。
   A. %%P　　　　　　B. %%C
   C. %%D　　　　　　D. %%U

7. 当需要标注两条直线或 3 个点之间的夹角，可以采用（　　）标注。
   A. 线性尺寸　　　　B. 角度尺寸
   C. 直径尺寸　　　　D. 半径尺寸

8. 当用户需要输入正负公差符号时，可以从键盘上输入（　　）控制码。
   A. %%C　　　　　　B. %%D
   C. %%O　　　　　　D. %%P

9. 创建单行文字时，系统默认的文字对正方式是（　　）对正。
   A. 左　　　　　　　B. 右
   C. 左上　　　　　　D. 以上均不是

10. 可以创建文字的命令有（　　）。
    A. Text　　　　　　B. DText
    C. MText　　　　　D. 以上命令均可以

二、操作题

1. 绘制如图 4-35 所示图形，并添加尺寸标注。

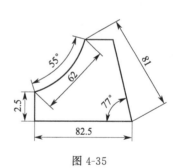

图 4-35

2. 绘制如图 4-36 所示台阶侧立面投影图，并添加标注尺寸。

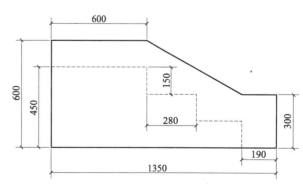

图 4-36 台阶侧立面

3. 利用表4-2所示命令绘制公园设计植物明细表。

表 4-2 乔木配置表

编号	图例	苗木名称	规格			单位	数量	备注
			胸径/cm	高度/cm	冠幅/cm			
1		香樟	12	600以上	250~300	株	10	全冠,株型优美
2		金桂	10	400以上	350	株	7	全冠,株型优美
3		桢楠	10	650以上	200~250	株	12	全冠,株型优美
4		乐昌含笑	8	550以上	250~300	株	6	全冠,株型优美
5		广玉兰	12	550以上	250~300	株	3	全冠,株型优美
6		柚子	8	400以上	250~300	株	3	全冠,株型优美
7		南洋杉	地茎4	200以上	150~200	株	3	全冠,株型优美
8		银杏	20~22	900以上	350~400	株	3	全冠,宝塔形

第 5 章 图块的应用及插入外部文件

5.1 图块的应用

图块是一个或多个对象组成的对象集合，常用于绘制复杂、重复的图形。一旦对象组合成块，就可以根据绘制需要将这组对象插入到图中任意指定位置，同时可在插入过程中对其进行缩放和旋转。这样可以避免重复绘制图形，节省绘图时间，提高工作效率。

5.1.1 创建图块

创建图块就是将已有的图形对象定义为图块的过程，可将一个或多个图形对象定义为一个图块。

在 AutoCAD 2014 中，图块主要分为内部图块和外部图块两种，下面分别介绍这两种图块的创建方法。

5.1.1.1 创建内部图块

所谓内部图块是指使用"创建"命令创建的图块。内部图块是跟随定义它的图形文件一起保存的，存储在图形文件内部，因此该图块只能在当前图形中使用，不能被其他图形文件调用。在 AutoCAD 2014 软件中，可通过三种操作方法进行创建。

方法一：使用"块定义"功能面板进行创建。

在"插入"选项卡的"块定义"面板中，单击"创建块"按钮，在打开的"块定义"对话框中根据需要进行设置，如图 5-1 和图 5-2 所示。

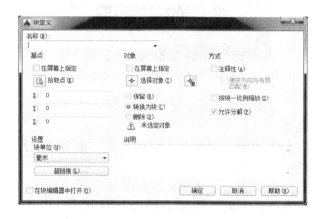

图 5-2 "块定义"对话框

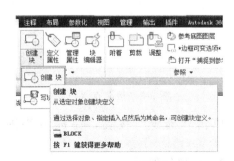

图 5-1 打开"块定义"面板

操作提示：建筑设计中的家具、建筑符号等图形都需要重复绘制很多遍，如果先将这些复杂的图形创建成块，然后在需要的地方进行插入，这样绘图的速度会大大提高。

方法二：使用菜单栏中的"创建块"命令进行创建。

选择菜单栏中的"绘图"→"块"→"创建"命令，打开"块定义"对话框，如图 5-3 所示。

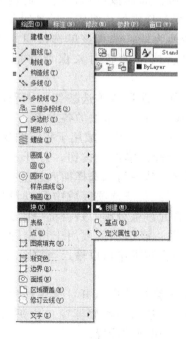

图 5-3 "块定义"对话框菜单

方法三：通过在命令行中输入快捷命令进行创建。

用户可在命令行中输入"B"命令，按 Enter 键即可打开"块定义"对话框，如图 5-4

所示。

图 5-4 输入"块定义"命令

下面将对"块定义"对话框中的各选项进行说明。

① 名称：用于输入块的名称，最多可使用 255 个字符。

② 基点：该选项区域用于指定图块的插入基点。系统默认图块的插入基点值为 (0, 0, 0)，用户可直接在 X、Y 和 Z 数值框中输入坐标相对应的数值，也可以单击"拾取点"按钮，切换到绘图区中指定基点。

③ 对象：用于设置组成块的对象。单击"选择对象"按钮，可以切换到绘图窗口中选择组成块的各对象；也可单击"快速选择"按钮，在打开的"快速选择"对话框中设置所选择对象的过滤条件。

④ 保留：选择该单选按钮，则表示创建块后仍在绘图窗口中保留组成块的各对象。

⑤ 转换为块：选择该单选按钮，则表示创建块后将组成块的各对象保留并把它们转换成块。

⑥ 删除：选择该单选按钮，则表示创建块后删除绘图窗口中组成块的各对象。

⑦ 设置：该选项区域用于指定图块的设置。

⑧ 超链接：单击该按钮，打开"插入超链接"对话框，从中可以选择插入超链接的文档。

⑨ 方式：在该选项区域中可以设置插入后的图块是否允许被分解、是否统一比例缩放等。

⑩ 说明：该选项区域用于指定图块的文字说明，在该文本框中可以输入当前图块说明部分的内容。

⑪ 在块编辑器中打开：选中该复选框，当创建图块后，进入块编辑器窗口中进行"参数""参数集"等选项的设置。

在 AutoCAD 2014 中，创建内部图块的操作方法如下。

● 打开"雪松"素材文件，选择"插入"→"块定义"→"创建块"命令，打开"块定义"对话框，如图 5-5 所示。

图 5-5 "块定义"对话框

● 在该对话框中，单击"选择对象"按钮，选雪松图形，如图 5-6 所示；输入所选定义块的名称"雪松"，按 Enter 键确认，返回对话框，如图 5-7 所示。

图 5-6 选择对象

图 5-7 命名块

● 单击"拾取点"按钮，切换到绘图区，捕捉雪松中心点作为基点，返回"块定义"对话框，如图 5-8 和图 5-9 所示。

图 5-8 拾取点（1）

● 单击"确定"按钮，完成雪松图块的创建。

5.1.1.2 创建外部图块

在 AutoCAD 2014 中，不仅可以使用内部图块，还可以使用外部图块。外部图块是指利用 Wblock 命令定义的图块，它可以将选择对象保

图 5-9 拾取点（2）

存为 DWG 格式的外部图块。外部图块相当于一个普通的 AutoCAD 图形，它不仅可以作为图块插入到当前图形中，还可以被打开和编辑。实际上，任何一个在 AutoCAD 中绘制的图形都可以作为一个外部图块插入到当前图形中。

用户可在命令行中输入"Wblock"命令，按 Enter 键，打开"写块"对话框，在该对话框中可根据需求进行创建，如图 5-10 和图 5-11 所示。

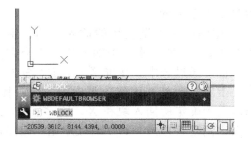

图 5-10 输入"写块"命令

图 5-11 "写块"对话框

"写块"对话框中各选项说明如下。

① 块：如果当前图形中含有内部图块，选择此单选按钮，可以在右侧的下拉列表框中选择一个内部图块，系统可以将此内部图块保存为外部图块。

② 整个图形：选择此单选按钮，可以将当前图形作为一个外部图块进行保存。

③ 对象：选择此单选按钮，可以在当前图形中任意选择若干个图形，并将选择的图形保存为外部图块。

④ 基点：用于指定外部图块的插入基点。

⑤ 对象：用于选择保存为外部图块的图形，并决定图形被保存为外部图块后是否删除图形。

⑥ 目标：主要用于指定生成外部图块的名称、保存路径和插入单位。

⑦ 插入单位：用于指定外部图块插入到新图形中时所使用的单位。

在 AutoCAD 2014 软件中，创建"雪松"外部图块的操作步骤如下。

● 在命令行中输入"Wblock"，按 Enter 键，打开"写块"对话框。

● 单击"选择对象"按钮，切换到绘图区，选取图形。

● 按 Enter 键，返回"写块"对话框，单击"拾取点"按钮，切换到绘图区，捕捉图形中心点作为图块基点。

● 选择完成后，返回对话框，单击"文件名和路径"按钮，如图 5-12 所示。

图 5-12 指定保存位置和文件名

● 在打开的"浏览图形文件"对话框中，指定保存位置与名称，如图 5-13 所示。

● 单击"保存"按钮，返回对话框（图 5-13），单击"确定"按钮，完成外部图块的创建。

图 5-13 "保存"对话框

5.1.2 插入图块

插入图块是指将定义的内部或外部图块插入

到当前图形中。在绘图过程中,并非插入的所有图块都完全符合用户的需求,此时,就需要对插入的图块进行编辑。

在 AutoCAD 中,用户可以使用"移动""旋转""复制""镜像""阵列"等命令来编辑。

在 AutoCAD 2014 中,插入图块的方法有三种。

方法一:使用"块"功能面板进行创建。

在"插入"选项卡的"块"面板中单击"插入"按钮,在打开的"插入"对话框中根据需要进行插入,如图 5-14 和图 5-15 所示。

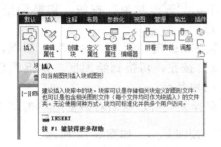

图 5-14 "插入块"面板

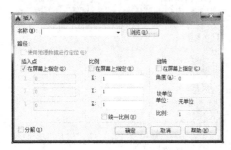

图 5-15 "插入"对话框

方法二:通过在命令行中输入快捷命令进行创建。

用户可在命令行中输入"i"命令,按 Enter 键,即可打开"块定义"对话框,如图 5-16 所示。

图 5-16 输入"插入"命令

方法三:使用菜单栏中的"插入"命令进行创建。

执行菜单栏中的"插入"→"块"命令,打开"插入"对话框,如图 5-17 所示。

"插入"对话框中各选项说明如下。

① 名称:用于选择块或图形的名称。也可

图 5-17 "插入"对话框菜单

以单击"浏览"按钮,在打开"选择图形文件"对话框中,选择保存的块和外部图形。

② 插入点:用于设置块的插入点位置。用户可直接在 X、Y、Z 文本框中输入点的坐标,也可以通过选择"在屏幕上指定"复选框在屏幕上指定插入点位置。

③ 比例:用于设置块的插入比例,用户可直接在 X、Y、Z 文本框中输入块在三个方向的比例,也可通过选中"在屏幕上指定"复选框在屏幕上指定。此外,该选项区中的"统一比例"复选框用于确定所插入块在 X、Y、Z 三个方向的插入比例是否相同,选中时表示比例相同,此时用户只需要在 X 文本框中输入比例值即可。

④ 旋转:用于设置块插入时的旋转角度。用户可直接在"角度"文本框中输入角度值,也可以选中"在屏幕上指定"复选框,在屏幕上指定旋转角度。

⑤ 分解:选中该复选框,可以将插入的块分解成多个基本对象。

5.1.3 修改图块

若插入的图块不符合用户需要时,可对该图块进行修改。通常在插入图块后,须对该图块进行分解操作。因为在图形中使用的图块是作为单个的对象处理的,如果要进行修改,只能对整个块进行修改,所以必须用"分解"命令,将图块分解后,再进行编辑和修改。

在 AutoCAD 2014 中,若想将图块进行分解,可通过两种方法进行操作。

方法一:在"插入"对话框中进行操作。

用户可在"插入"对话框中选择"分解"复选框,单击"确定"按钮,此时所插入的块仍保持原来的形式,但可对其中某个对象进行修改。

方法二:使用"分解"命令。

选择"修改"→"分解"命令,或在命令行中输入"X"命令按 Enter 键,即可将块分解为多个对象，并进行修改编辑。

5.2 编辑图块属性

除了可以创建普通的图块外，还可以创建带有附加信息的块，这些信息被称为属性。用户利用属性来跟踪类似于零件数量和价格等信息的数据，属性值既可以是可变的，也可以是不可变的。在插入一个带有属性的块时，AutoCAD 把固定的属性值随块添加到图形中，并提示输入哪些可变的属性值。

5.2.1 创建与附着属性

块的属性属于块的非图形信息，是块的组成部分，是特定的可包含在块定义中的文字对象。在定义一个块时必须预先定义属性然后才能被选定。

在 AutoCAD 2014 软件中，选择"插入"选项卡，在"块定义"面板中单击"定义属性"按钮打开"属性定义"对话框，在该对话框中可根据需要创建属性块，如图 5-18 和图 5-19 所示。

图 5-18　"属性定义"面板

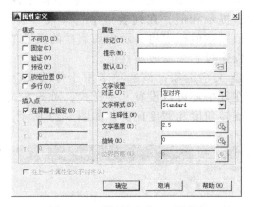

图 5-19　"属性定义"对话框

"属性定义"对话框中的各选项说明如下。

① 模式：该选项区域用于设置属性的模式。其中"不可见"复选框用于确定插入块后是否显示其属性值；"固定"复选框用于验证所输入阻抗的属性是否正确；"预置"复选框用于确定是否将属性值直接预置成它的默认值。

② 属性：该选项区域用于定义块的属性。其中"标记"文本框用于输入属性的标记；"提示"文本框用于输入插入块时系统显示的提示信息；"值"文本框用于输入属性的默认值。

③ 插入点：该选项区域用于设置属性值的插入点，即属性文字排列的参照点。用户可以直接在 X、Y、Z 数值框中输入点的坐标，也可以单击"拾取点"按钮，在绘图窗口拾取一点作为插入点。

④ 文字设置：该选项区域用于定义块的文字格式。其中"对正"选项用于设置文字的对齐方式；"文字样式"选项用于选择文字的样式；"文字高度"文本框用于输入文字的高度值；"旋转"文本框用于输入文字旋转角度值。

创建属性块的具体操作方法如下。

● 打开"植物"文件，如图 5-20 所示。

图 5-20　植物

● 执行"插入"→"块定义"→"定义属性"命令，打开"属性定义"对话框，并设置该图块的各属性，如图 5-21 所示。

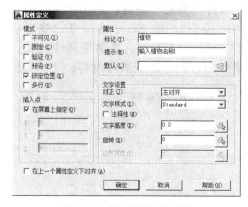

图 5-21　设置图块的属性

● 完成后，单击"确定"按钮关闭该对话框，将文字调整至图形中的合适位置，如图 5-22 所示。

图 5-22　植物图与植物名称

● 执行"创建块"命令，打开"块定义"对话框，单击"选择对象"按钮，选中图 5-23 中的图形和文字，单击"确定"按钮完成创建，块名为"带属性的植物块"。

图 5-23　带属性的植物块

- 然后输入"i"命令打开"插入"对话框，插入"带属性的植物块"，如图 5-24 所示。

图 5-24　插入带属性的植物块

- 单击"确定"按钮，并在命令行中输入植物名称"银杏"，按 Enter 键即可创建成功，如图 5-25 和图 5-26 所示。复制带属性的块，然后双击属性内容也可改变属性内容。

图 5-25　输入植物名称

图 5-26　银杏树块

5.2.2　编辑块的属性

在属性被定义到图块当中，甚至图块被插入到图形当中之后，用户还可以对图块属性进行编辑。

在 AutoCAD 2014 软件中，用户可双击创建好的属性图块，或在"插入"选项卡的"块"面板中单击"编辑属性"下拉按钮（图 5-27），选择"单个"或"多个"选项，选中属性图块，打开"增强属性编辑器"对话框，在该对话框中可根据需要对其属性进行编辑，如编辑属性标记、提示等，如图 5-28 所示。

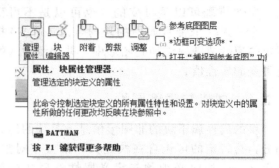

图 5-27　"编辑属性"面板

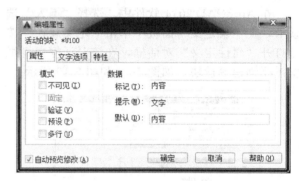

图 5-28　"编辑属性"对话框

该对话框中的各选项卡说明如下。

① 属性：该选项卡显示了块中每个属性的标识、提示和值。在列表框中选择某一属性后，在"值"数值框中将显示出该属性的属性值，用户可以通过它来修改属性值。

② 文字选项：该选项卡用于修改文字的格式。在其中还可以设置文字样式、对齐方式、高度、旋转角度和宽度比例，如图 5-29 所示。

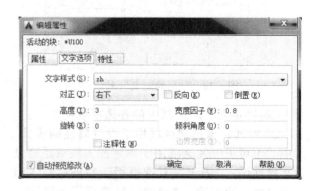

图 5-29　"编辑属性"对话框"文字选项"

③ 特性：该项选项卡用于修改性属性文字的图层，以及其线宽、线型、颜色及打印样式

等,该选项卡如图 5-30 所示。

图 5-30 "编辑属性"对话框"特性"

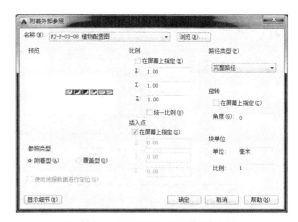

图 5-32 "附着外部参照"对话框

5.3 外部参照的使用

外部参照是指在绘制图形的过程中,将其他图形以块的形式插入,并且可以作为当前图形的一部分。和块定义不同,外部参照并非将文件真正插入,而是将已有文件链接到当前图形中,因此不会占用太大的磁盘空间,有助于提高运行速度。

5.3.1 附着外部参照

在绘图过程中要使用外部参照图形,先要附着外部参照文件。

在 AutoCAD 2014 软件中,执行"插入"→"参照"→"附着"命令,打开"选择参照文件"对话框,在该对话框中选择参照文件后,在打开"外部参照"对话框可将图形文件以外部参照的形式插入到当前图形中,如图 5-31 和图 5-32 所示。

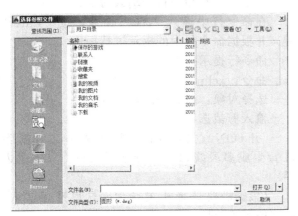

图 5-31 "选择参照文件"对话框

"附着外部参照"对话框主要用于显示外部参照的位置、保存路径和附着的相关设置,各选项说明如下。

① 名称:当选择一个外部参照文件之后,该下拉列表框显示源文件名;若同时选择多个参照文件,将显示为"多种"。若单击右侧的"浏览"按钮,可以弹出"选择参照文件"对话框,用于重新选择外部参照文件。

② 预览:在该方框中,可显示当前图块。

③ 参照类型:用于指定外部参照是"附着型"还是"覆盖型",默认设置为"附着型"。

④ 比例:用于指定所选外部参照的比例因子。

⑤ 插入点:用于指定所选外部参照的插入点。

⑥ 路径类型:用于指定外部参照的路径类型,包括完整路径、相对路径或无路径。若将外部参照指定为"相对路径",必须先保存当前文件。

⑦ 旋转:为外部参照引用指定旋转角度。

⑧ 块单位:显示图块的尺寸单位。

⑨ 显示细节:单击该按钮可显示"位置"和"保存路径"两个选项区域,"位置"用于显示附着的外部参照的保存位置;"保存路径"用于显示定位外部参照的保存路径,该路径可以是绝对路径(完整路径)、相对路径或无路径。

5.3.2 管理外部参照

外部可使用"外部参照"选项板对外部参照进行编辑和管理。

在 AutoCAD 2014 软件中,可通过两种方法进行操作。

方法一:通过"参照"功能面板进行操作。

通过单击"插入"选项卡中"参照"面板右侧的小箭头,打开"外部参照"对话框,在该对话框中根据需要进行相关操作,如图 5-33 和图 5-34 所示。

方法二:通过菜单栏命令进行操作。

选择菜单栏中的"插入"→"外部参照"命令,即可打开相应的对话框。

"外部参照"选项板中各选项说明如下。

① 附着 DWG:单击该按钮,可添加不同格

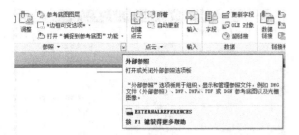

图 5-33 "外部参照"面板

图 5-34 "外部参照"对话框

式的外部参照文件。

② 文件参照：该列表框用于显示当前图形中各外部参照文件的名称。

③ 详细信息：该选项区域用于显示选择的外部参照文件的参照名称、文件大小、加载状态、参照类型等信息。

④ 列表图：单击该按钮，将设置列表框以列表的形式显示。

⑤ 树状图：单击该按钮，将设置列表框以树形的形式显示。

5.3.2.1 删除外部参照

要从图形中完全删除外部参照，就需要拆散它们。使用"拆离"命令即可删除外部参照和所有关联信息，其操作步骤如下。

● 执行"插入"→"参照"命令，打开"外部参照"选项板，如图 5-35 所示。

● 在该选项板中，右击所需删除的对照，在打开的快捷菜单中选择"拆离"命令即可。

5.3.2.2 更新外部参照

如果外部参照的原始图块已进行了修改，则

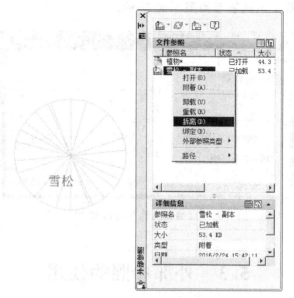

图 5-35 "拆离"外部参照

会在状态栏中自动弹出"外部参照文件已修改"提示框，提醒用户外部参照文件已经被修改，询问用户是否重新加载外部参照，若单击"重载"超链接，则可重新加载外部参照，若单击"关闭"按钮，则会忽略提示信息。

5.3.3 剪裁外部参照

在 AutoCAD 中，用户可根据自己的需要定义外部参照或图块的剪裁边界。

在 AutoCAD 2014 中，可通过两种方法进行操作。

方法一：通过菜单栏命令进行操作。

选择菜单栏中的"修改"→"剪裁"→"外部参照"命令，根据命令行中的提示进行相关操作，如图 5-36 所示。

方法二：在命令行中输入命令。

在命令行中输入"XC"命令，按"Enter"键，并根据命令行中的提示进行操作。

命令行提示如下。

命令：xclip

选择对象：（选中外部参照图块）

输入剪裁选项

[开(ON)/关(OFF)/剪裁深度(C)/删除(D)/生成多段线(P)/新建边界(N)]〈新建边界〉

（根据需要选择相关选项，这里选择默认，按"Enter"键）

外部模式-边界外的对象将被隐藏。

指定剪裁边界或选择反向选项：

[选择多段线(S)/多边形(P)/矩形(R)/反向剪裁(I)]〈矩形〉；（默认选项，按"Enter"键）

指定第一个角点；指定对角点；

在命令行中各选项说明如下。

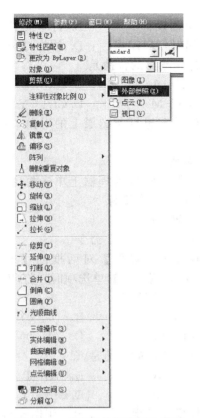

图 5-36 "剪裁外部参照"菜单

① 开（ON）：用于打开外部参照剪裁功能。为参照图形定义剪裁边界及前后剪裁面，在主图形中仅显示位于剪裁边界、剪裁面内的参照图形部分。

② 关（OFF）：用于关闭外部参照剪裁功能，选择该选项可显示全部参照图形，不受边界的限制。

③ 剪裁深度（C）：用于为参照的图形设置前后剪裁面。

④ 删除（D）：用于删除指定外部参照的剪裁边界，重新显示全部参照图形。

⑤ 生成多段线（P）：用于自动生成一条与剪裁边界相一致的多段线。若使用"删除（D）"选项，则会多一个与剪裁边界相一致的多段线。

⑥ 新建边界（N）：用于设置新的剪裁边界。

⑦ 选择多段线（S）：选择该选项可选择已有的多段线作为剪裁边界。

⑧ 多边形（P）：选择该选项可以定义一条封闭的多段线作为剪裁边界。

⑨ 矩形（R）：选择该选项可以以矩形作为剪裁边界。

5.4 设计中心的应用

AutoCAD 设计中心提供了一个直观高效的工具，它同 Windows 资源管理器相似。利用设计中心不仅可以浏览、查找、预览和管理 AutoCAD 图形、图块、外部参照及光栅图形等不同的资源文件，还可以通过简单的拖放操作，将位于本计算机、局域网或 Internet 上的图块、图层、外部参照等内容插入到当前图形文件中。

5.4.1 启动设计中心

使用 AutoCAD 设计中心可以很容易地组织设计内容，并把它们拖到自己的图形中，用户还可以使用 AutoCAD 设计中心的内容显示框，来观察用 AutoCAD 设计中心资源管理器所浏览资源的细目。

在 AutoCAD 2014 软件中，启动设计中心的操作方法有两种。

方法一：通过菜单栏中的相关命令启动。

选择菜单栏中的"工具"→"选项板"→"设计中心"命令，打开"设计中心"选项板，根据用户需求选择相关选项，如图 5-37 所示。

图 5-37 "设计中心"选项板

方法二：通过"视图"功能面板中的相关按钮启动。

在"视图"选项卡的"选项板"面板中单击"设计中心"按钮，同样可打开"设计中心"选项板。

在默认状态下，设计中心由两部分组成，左侧为文件夹列表，用于显示或查找指定项目的根目录；右侧为内容区域，当在文件夹列表中选择一个文件夹、图形或其他项目后，右侧内容区域将显示文件夹、图形或项目所包含的所有内容；若在内容区域中选择一个项目，可在下方的预览区中显示该项目的预览效果。

设计中心由三个选项卡组成，分别为"文件夹""打开的图形"和"历史记录"。

① 文件夹：在该选项卡中可方便地浏览本地磁盘或局域网中所有的文件夹、图形和项目内容。

② 打开的图形：该选项卡显示了所有打开的图形，以便查看或复制图形内容。

③ 历史记录：该选项卡主要用于显示最近编辑过的图形名称及目录。

第 5 章 图块的应用及插入外部文件

5.4.2 插入设计中心内容

利用设计中心不仅可以打开已有的图形，还可以将图形作为外部图块插入到当前图形中。

在 AutoCAD 2014 软件中，插入外部图块的方法有两种。

方法一：使用快捷菜单进行操作。

打开"设计中心"选项板，在"文件夹列表"列表框中查找文件的保存目录，并在内容区域选择需要插入为块的图形并右击，在打开的快捷菜单中选择"插入块"命令，打开"插入"对话框，从中进行相应的设置，单击"确定"按钮即可，如图 5-38 所示。

图 5-38 使用快捷菜单插入外部图块

方法二：使用拖曳的方法进行操作。

打开"设计中心"选项板，在"文件夹列表"列表框中选择需要插入的外部图块文件夹；然后在右侧的内容区域中选中要插入的图块，按住鼠标左键，将其拖曳至绘图区中，放开鼠标即可。

本章小结

本章主要介绍了创建块、插入块、编辑块属性、查询距离和面积、设计中心的组成以及使用设计中心插入图块的操作方法。

思考与练习

一、选择题

1. 对尚未安装的打印机需要进行哪项操作才能使用（　　）。
   A. 页面设置 B. 打印设置
   C. 编辑打印样式 D. 添加打印机向导

2. 打印输出的快捷是（　　）。
   A. Ctrl+A B. Ctrl+P
   C. Ctrl+M D. Ctrl+Y

3. 如果不想打印图层上的对象，最好的方法是（　　）。
   A. 冻结图层
   B. 在图层特性管理器上单击打印图标，使其变为不可发打印图标
   C. 关闭图层
   D. 使用"noplot"命令

4. 在【页面设置】对话框的【布局设置】选项卡下选择【布局】单选项时，打印原点从布局的（　　）点算起。
   A.（0，1） B.（0，0）
   C.（1，1） D.（1，0）

5. 打印输出的快捷是（　　）。
   A. Ctrl+A B. Ctrl+P
   C. Ctrl+M D. Ctrl+Y

6. 如果在模型空间打印一张图比例为 10：1，那么想在图纸上得到 3mm 高的字，应在图形中设置的字高为（　　）。
   A. 3mm B. 0.3mm
   C. 30mm D. 10mm

7. 在 CAD 中以下哪个设备属于图形输出设备（　　）。
   A. 扫描仪 B. 打印机
   C. 自动绘图仪 D. 数码相机

二、简答题

1. 如何创建布局？如何进行页面设置？
2. 如何进行打印设置？

三、操作题

1. 绘制如图所示的汀步剖面图，设置合理的页面布局并将其打印输出。
2. 将前面各章所绘制的图形用不同的输出方法练习输出。

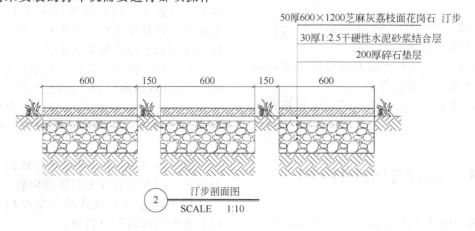

第6章 图形的输出与打印

6.1 模型空间、图纸空间和布局概念

图纸的设置和输出离不开 AutoCAD 模型空间（Model Space）和图纸空间（Paper Space），用户可以用这两种空间的任意一种进行打印输出。

6.1.1 什么是模型空间和图纸空间

模型空间是供用户建立和编辑修改二维、三维模型的工作环境，本书前面各章所介绍的命令、示例都是针对模型空间环境。

图纸空间是二维图形环境，它以布局形式出现，布局完全模拟图纸式样，用户可以在绘图之前或之后安排图形的输出布局。AutoCAD 命令都能用于图纸空间。但在图纸空间建立的二维实体，在模型空间不能显示。

图纸空间可分为图纸模型空间和纯图纸空间。AutoCAD 模型空间只有一个，但是用户可以为图形创建多个布局图，以适应各种不同的图形输出要求。例如，若图形非常复杂，可以创建多个布局图，以便在不同的图纸中以不同比例分别打印图纸的不同部分。

我们不妨把模型空间看成一个具体的景物，而把布局视为该景物拍摄的照片，景物只有一个，而照片可有多张。可认为图纸模型是为景物选取景框，纯图纸空间就是一种定格。照片可以是局部照，可以是全景照；可以放大，也可以缩小。

用户可以很方便地在模型空间和图纸空间之间切换，对应的系统变量是 TILEMODE。当系统变量 TILEMODE 的值为 1 时，用户到模型空间；当系统变量 TILEMODE 的值为 0 时，用户到图纸空间。

从图纸到模型空间的方法是：选择"模型"选项卡，或输入 MODEL 命令。从模型空间切换到图纸空间的方法是：选择"布局"选项卡。

在图纸空间进行图纸模型空间和纯图纸空间之间的切换方法是，在浮动视口内或浮动视口（图6-1）外双击分别进入图纸模型空间和纯图纸空间。最外侧的矩形轮廓指示当前配置的图纸尺寸，其中的虚线指示了纸张的打印区域。布局图中还包括一个用于显示模型图形的浮动视口。

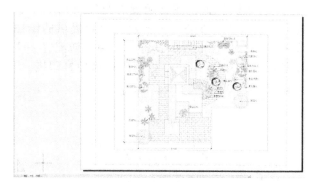

图6-1 进入图纸空间

6.1.2 布局的创建与管理

绘图中一个布局往往不能满足绘图的要求，需要创建更多的布局，并且打印时也要根据具体需要对布局进行页面设置，以达到最佳打印效果。

6.1.2.1 使用布局向导创建布局

布局向导用于引导用户创建一个新布局，每个向导页面都将提示为正在创建的新布局指定不同的标题栏和打印设置。

(1) 命令访问

① 菜单：工具(T)→向导(Z)→创建布局(C)。

② 菜单：插入 (I)→布局(L)→布局向导(W)。

③ 命令：LAYOUTWIZARD。

执行该命令后，AutoCAD 将激活创建布局的第一页对话框，即"创建布局-开始"对话框，如图6-2所示。

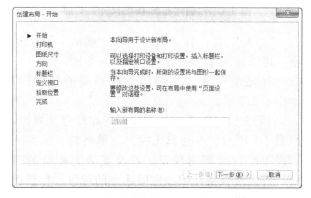

图6-2 "创建布局-开始"对话框

(2) 操作说明

在使用"创建布局向导"之前，必须确认已配置绘图设备，用户可以指定打印设备，确定相应的图幅大小和图形的打印方向，选择布局中使用的标题栏，确定视口设置等。

用户可按提示一步一步完成布局的创建工作，在最后结束之前随时可以退回上一步重新选择。

"开始"页：指定新布局的名字。

"打印机"页：在已配置的打印机列表中选择一种打印机，如图 6-3 所示。向导提供的绘图设备是系统中已配置的设备。如果想新配置一个设备，必须在 Windows 控制面板添加打印机。

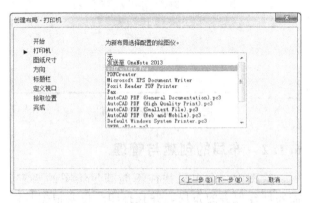

图 6-3　"创建布局-打印机"页面

"图纸尺寸"页：列出用户所选打印机可用的图纸尺寸及单位，供用户选择，如图 6-4 所示。选择的图纸尺寸单位应和指定的图形单位一致。

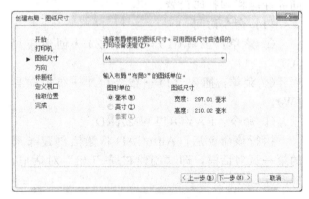

图 6-4　"创建布局-图纸尺寸"页面

"方向"页：有"纵向"和"横向"两个选项，用于指定布局的方向，如图 6-5 所示。

"标题栏"页：选择用于此布局的标题栏，如图 6-6 所示。

"定义视口"页：用户可以为布局定义视口，如图 6-7 所示。可选择无视口、单视口、标准的工程图配置或阵列视口。若设置为无视口的布局，将无法观察在模型空间建立的对象。如果选择阵列，则必须指定行数和列数。

图 6-5　"创建布局-方向"页面

图 6-6　"创建布局-标题栏"页面

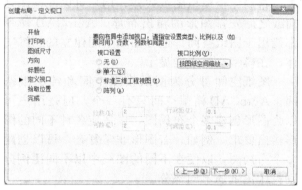

图 6-7　"创建布局-定义视口"页面

"拾取位置"页：指定视口在图纸空间中的位置，如图 6-8 所示。

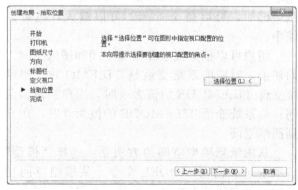

图 6-8　"创建布局-拾取位置"页面

"完成"页：给用户一次确认或取消所做的布局定义的机会，如图 6-9 所示。确定后，结束布局向导命令，并根据以上设置创建了新布局。

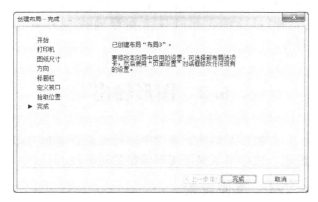

图 6-9 "创建布局-完成"页面

6.1.2.2 布局操作和 LAYOUT 命令

(1) 图纸空间"布局"标签

在"布局"标签处右击，会弹出快捷菜单，如图 6-10 所示，用户可以从中选择命令对布局进行相应的操作。

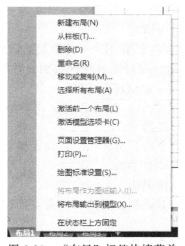

图 6-10 "布局"标签快捷菜单

来自样板：选择该命令，会弹出"从文件选择样板"对话框（图 6-11），用户可以从中选择所需要的样板作为新布局的样式。

图 6-11 "从文件选择样板"对话框

样板文件存在 AutoCAD 安装目录的 Template100 文件夹中，用户可以自定义自己的样板文件以满足制图标准或设计单位的需要。

重命令：布局名即为标签名，用该命令可以更名。

布局名最多可以有 255 个字符，不区分大小写。布局选项卡的标签只显示前面的 32 逐步形成字符，布局名须唯一。

移动或复制：选择该命令，从弹出的"移动或复制"对话框中选择相应的操作，如图 6-12 所示。

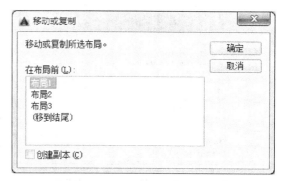

图 6-12 "移动或复制"对话框

选择所有的布局：选择所有布局，可集中进行复制或删除操作等。

其他命令：见后面相关章节说明。

(2) LAYOUT 命令

命令提示

命令：LAYOUT

输入布局选项 [复制（C）/删除（D）/新建（N）/样板（T）/重命名（R）/另存为（SA）/设置（S）/?]〈设置〉：

复制（C）：用于复制的布局名称和复制后新的布局名称。

删除（D）：删除指定的布局。

新建（N）：新建一个布局并给出名称。

样板（T）：选择该选项，系统弹出"从文件选择样板"对话框，如图 6-11 所示。选择一文件后，将弹出"插入布局"对话框，如图 6-13 所示。该对话框中显示了该文件中的全部布局，可选择其中一种或多种布局插入到当前图形文件中。

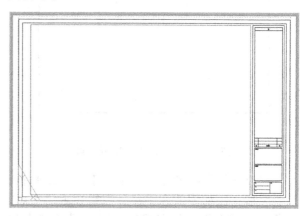

图 6-13 "插入布局"对话框

重命名（R）：更名布局。

另存为（SA）：保存指定的布局。选择该选项后系统将提示指定需要保存的布局名称，接着弹出"创建图形文件"对话框来指定保存的文件名和路径，如图 6-14 所示。

图 6-14 "创建图形文件"对话框

设置（S）：指定布局名称值为当前。

?：列出图形中所有布局。

6.1.3 浮动视口的特点

在创建布局时，浮动视口是一个非常重要的工具，用于显示模型空间的图形，浮动视口就是图纸模型空间，通过它调整模型空间的对象在图纸显示的具体位置、大小等。正如前述，浮动视口相当于照相机的镜头。

创建布局时，系统自动创建一个浮动视口。如果在浮动视口内双击，则激活了浮动的图纸模型空间，此时视口的边界以粗线（可认为取景框）显示，同时坐标系也显示在视口中，如图 6-15 所示。

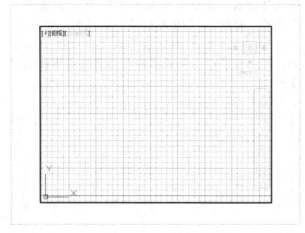

图 6-15 浮动的图纸模型空间

在浮动的图纸模型空间中，用户可以调整、控制图形。例如缩放和平移、控制显示的图层、对象 101 和视图，与在模型空间中操作基本相同。当把图形调整好后，希望它固定下来，即要回到图纸空间，此时只需在浮动视口外双击即可。

6.2 图形输出

在输出图形前，通常要进行页面设置和打印设置，这样可以保证图形输出的正确性。

6.2.1 页面设置

页面设置是指设置打印图形时所用的图纸规格、打印设备等，并可以保存。页面设置分别针对模型空间和图纸空间（布局）来进行。

在指定布局的页面设置时，可以先保存并命名某个布局的页面设置，然后将修改好的页面设置应用到其他布局中。

6.2.1.1 页面设置管理器

(1) 命令访问

① 菜单：文件（F）→页面设置管理器。

② 按钮：布局工具栏→页面设置管理器。

③ 命令：PAGESETUP。

④ 快捷菜单：布局选项卡或模型选项卡→页面设置管理器（G）。

执行命令后，将弹出"页面设置管理器"对话框，如图 6-16 所示。

(2) 操作说明

通过该对话框，用户可以对页面进行管理和设置。

(3) 选项说明

"页面设置"列表框：显示出当前图形已有的页面设置。

"选定页面设置的详细信息"区：显示出所指定页面设置的相关信息。

"置为当前"按钮：将在列表框中选中的某页面设置为当前的页面设置。

"新建…"按钮：创建新的页面。单击该按钮，AutoCAD 打开如图 6-17 所示的"新建页面设置"对话框，利用它来新建一个页面设置。

"修改…"按钮：修改选中的页面设置。

"输入…"按钮：打开"从文件选择页面设置"对话框，可以选择已有图形中设置好的页面设置。

6.2.1.2 新建页面设置

页面设置的内容就是设置打印机设备、图纸规格、打印区域、打印比例、打印偏移和图纸方向等参数。

(1) 操作说明

① 执行 PAGESETUP 命令，AutoCAD 将打开"页面设置管理器"对话框。

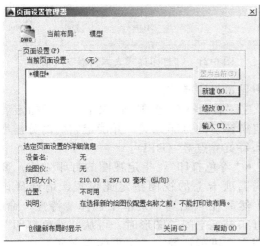

图 6-16 "页面设置管理器"对话框
(a) "图纸空间"　(b) "模型空间"

图 6-17 "新建页面设置"对话框

② 在对话框中单击"新建…"按钮,系统显示"新建页面设置"对话框。

③ 在"页面设置名"文本编辑框中输入页面设置名。

④ 单击"确定"按钮,AutoCAD 打开"页面设置 A3(新建的布局名为"A3")"对话框,如图 6-18 所示。该界面是 A3 图幅各选项的设置,请读者仔细观察,最好设置一下,体会这些设置对打印带来的效果和好处。该布局页面设置将打印输出成 PDF 文档。

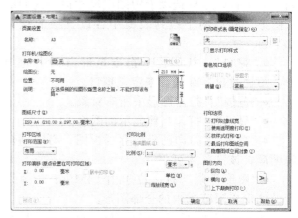

图 6-18 "页面设置 A3(新建的布局名为"A3")"对话框

(2) 选项说明

在"页面设置管理器"对话框中,单击"修改…"按钮,AutoCAD 也打开"页面设置"对话框,它们的选项完全一致。

"页面设置"框:AutoCAD 在此框中显示出当前所设置的页面设置名称。

① "打印机/绘图仪"选项组。设置打印机或绘图仪,包括以下内容:

● "名称"下拉列表框:选择当前配置的打印机,如选择"DWG To PDF.pc3"虚拟打印机,将打印输出成 PDF 文档。

● "特性"按钮:查看或修改打印机的配置信息。单击该按钮,AutoCAD 打开"绘图仪配置编辑器"对话框,在该对话框中对打印机的配置进行设置,如修改打印区域,如图 6-19 所示。

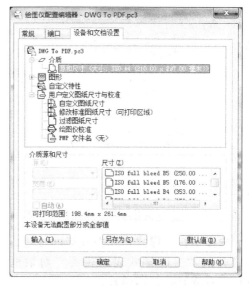

图 6-19 "绘图仪配置编辑器"对话框

第 6 章　图形的输出与打印

②"图纸尺寸"选项。指定某一规格的图纸。用户可以通过其后的下拉列表来选择图纸幅面的大小。

③"打印区域"选项。确定图形的打印区域。在对布局的页面设置中,其默认的设置为布局,表示打印布局选项卡中图纸尺寸边界内的所有图形。其后的下拉列表框中各设置项的意义如下:

• "窗口":打印位于指定矩形窗口中的图形,可通过鼠标或键盘来定义窗口。

• "范围":打印图形中所有对象。

• "显示":打印当前显示的图形。

• "视图":打印已经保存的视图。必须创建视图后,该选项才可用。

• "图形界限"打印位于由LIMITS命令设置的图形界限范围内的全部图形。

④"打印偏移"选项组。确定打印区域相对于图纸的位置。

• "X"和"Y"文本框:指定可打印区域左下角点的偏移量,输入坐标值即可。

• "居中打印"复选框:系统自动计算输入的偏移量以便居中打印。

⑤"打印比例"选项组。设置图形的打印比例。

• "布满图纸"复选框:系统将打印区域布满图纸。

• "比例"下拉列表框:用户可选择标准比例,或输入自定义比例值。

⑥"打印样式表(笔指定)"选项组。选择、新建和修改打印样式表。其后的下拉列表框中选项操作和意义如下:

• "新建":AutoCAD将激活"添加颜色相关打印样式表"向导来创建新的打印样式表,如图6-20所示。

图6-21 "打印样式表编辑器"对话框

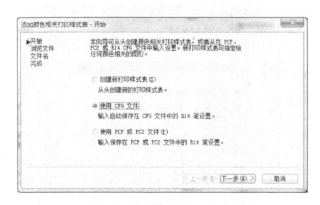

图6-20 "添加颜色相关打印样式表"向导

• 选择某打印样式:单击其后的按钮,可以使用打开的"打印样式表编辑器"对话框(图6-21)查看或修改打印样式。

• "显示打印样式"复选框:指定是否在布局中显示打印样式。

⑦"着色视口选项"选项组。用于指定着色和渲染窗口的打印方式,并确定它们的分辨率级别和每英寸点数(DPI)。

• "着色打印":指定视图的打印方式。要为布局选项卡上的视图指定此设置,请选择该视口,然后在"工具"菜单中选择"特性"命令。当打印模型空间的图形时,可从"着色打印"下拉列表中进行选择,各选项的意义如下。

• "按显示":按对象在屏幕上的显示方式打印。

• "线框":在线框中打印对象,不考虑其在屏幕上的显示方式。

• "消影":打印对象时消除隐藏线,不考虑其在屏幕上的显示方式。

• "渲染":按渲染方式打印对象,不考虑其在屏幕上的显示方式。

• "质量":用于指定着色和渲染视口的打印分辨率。其后的下拉列表中各选项的意义如下所列。

• "草稿":将渲染和着色模型空间视图设置为线框打印。

• "预览":将渲染和着色模型空间视图的打印分辨率设置为当前设备分辨率的1/4,DPI的最大值为150。

• "常规":将渲染和着色模型空间视图的打印分辨率设置为当前设备分辨率的1/2,DPI的最大值为300。

• "演示":将渲染和着色模型空间视图的打印分辨率设置为当前设备分辨率,DPI的最大值为600。

- "最大"：将渲染和着色模型空间视图的打印分辨率设置为当前设备分辨率，无最大值。
- "自定义"：将渲染和着色模型空间视图的打印分辨率设置为"DPI"框中指定的分辨率设置，最大值可为当前设备的分辨率。
- "DPI"文本框：指定渲染和着色视图的每英寸点数，最大可为当前设备的分辨率。只有在"质量"下拉列表中选择了"自定义"后，此选项才有用。

⑧ "打印选项"选项组。确定是按图形的线宽打印图形，还是根据打印样式打印图形。有四个选项，其意义如下：

- "打印对象线宽"复选框：通过选中来控制是否按指定给图层或对象的线宽打印图形。
- "打印样式"复选框：选中该复选框，表示对图层和对象应用指定的打印样式特性。
- "最后打印图纸空间"复选框：选中该复选框，表示先打印模型空间图形，再打印图纸空间图形。不选此项，表示先打印图纸空间图形，再打印模型空间图形。
- "隐藏图纸空间对象"复选框：选中该复选框，表示将不打印图纸空间对象。

⑨ "图形方向"选项组。确定图形在图纸上的打印方向（图纸本身方向不变）。

- "纵向"单选框：纵向打印图形。
- "横向"单选框：横向打印图形。
- "反向打印"复选框：选中该复选框，表示将图形旋转180°打印。

6.2.2 打印设置

页面设置完成后，就可以打印了。

6.2.2.1 打印模型空间图形的方法

如果只是希望打印模型空间的图形，也可不创建布局图，用户可以直接从模型空间中打印图形。

(1) 命令访问

① 菜单：文件(F)→打印(P)。
② 按钮：标准工具栏→打印。
③ 命令：PLOT。

执行该命令后，AutoCAD将打开"打印-模型"对话框，如图6-22所示。

(2) 操作说明

通过页面"设置"选项组中的"名称"下拉列表框指定页面设置后，对话框中显示出与其对应的打印设置。用户也可以通过对话框中的各项单独进行设置。如果单击位于左下角的按钮，可展开"打印-模型"对话框，进一步查看打印样式和图纸方向。

对话框中的按钮用于预览打印效果。如果通过预览满足打印要求，按 Esc 键退出预览状态，

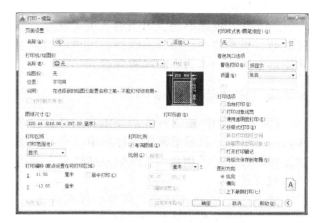

图 6-22 "打印-模型"对话框

单击按钮，即可将对应的图形通过打印机或绘图仪输出到图纸。

6.2.2.2 打印布局图的方法

布局图的打印方法与在模型空间中打印图形的命令调用和设置方法相同，执行打印命令后，在打开的"打印-布局"对话框中设置相关的打印参数。

6.3 定制布局样板

利用已有的布局中的信息创建新的布局是个非常有效的方法，也是项目组织的需要，AutoCAD提供了这一功能。

用户在新建布局时，可以利用已有布局作为样板，创建与所用样板具有相同的页面设置布局。默认的布局样板文件的扩展名为 .dwt，同时，.dwg 图形文件中的布局也可以作为样板，被导入到当前图形。图纸空间所有的符号表和块定义信息都被导入到新布局。因此，利用布局样板可以极其方便地创建符合标准的布局。

AutoCAD本身自带了一些布局样板，供用户选用。用户也可以建立符合本单位或某项目需要的样板文件。通常情况下，布局样板提供了不同国家、行业的标准图纸格式。它们的共同点是，在使用布局样板创建标准布局图后，只需简单地修改标题块的属性，即输入相关信息，如图名、比例值、设计者等。

6.3.1 布局样板的意义

任何图形都可以保存为样板文件，用户完全可以根据项目的需要创建布局样板图形，并将其作为布局样板保存。布局中所有被引用的块定义、符号表、几何实体和设置参数都被存入成 .dwt 文件。未被引用的块定义和符号表，不存入 .dwt 文件。样板文件存入位置为"选项"对话框定义的文件夹中，默认文件夹为 AutoCAD

2014\Template。

为了在其他图形中引用当前的布局设置，节省时间、提高效率、保持一致性，用户可以将当前图形中的布局作为布局样板保存。

6.3.2 创建布局样板举例

【例 6-1】 建立 GB-A3 的图纸布局样板。在 AutoCAD 2014 的图纸样板文件库中，没有我国的图纸样板文件，创建 GB 图纸布局样板文件是很有意义的。

建立 GB-A3 的图纸布局样板的步骤如下：

(1) 创建名为 GB-A3 的新文件

单击"标准"工具栏中的"新建"按钮，打开"选择样板"对话框，这里选择"无样板打开-公制"，如图 6-23 所示。

图 6-23 "选择样板"对话框

(2) 新建布局"A3"

在任一"布局"选项卡上右击，从弹出的快捷菜单中选择"新建布局"命令，结果已新建了"布局 3"。

(3) 更名"布局 3"为"A3"（图 6-24）

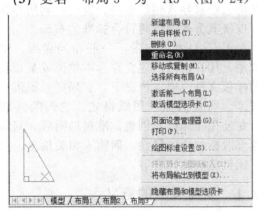

(a) 更名"布局3"为"A3"

(b) "A3"布局

图 6-24 新建布局

① 进入图纸空间：单击"布局 3"选项卡。
② 右击"布局 3"选项卡→选择"重命名"命令→输入"A3"。
③ 用 ERASE 命令删除视口。

(4) 页面设置

① 右击"A3"选项卡→页面设置管理器→打开"页面设置管理器"对话框→单击"修改"按钮→"页面设置-A3"对话框。

② "打印机/绘图仪"选择"DWG To PDF.pc3"（打印输出成 PDF 文档），可以单击其后的"特性"按钮，进一步设置打印边界；"打印样式表"选择"monochrome.ctb"（黑白打印）；"图纸尺寸"选择"ISO A3"，如图 6-25 所示。

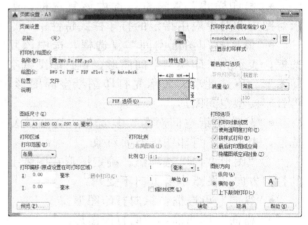

图 6-25 "页面设置-A3"对话框

③ 设置打印边界。单击"特性"按钮→"绘图仪配置编辑器"对话框→选择"修改标准图纸尺寸"→找到"ISO A3"→单击"修改"按钮→"自定义图纸尺寸-可打印区域"对话框，均为 0，如图 6-26 所示。然后按提示完成，返回"绘图仪配置编辑器"对话框，依次"确定"后，直到关闭"页面设置管理器"，可以看到"A3"布局的打印区域（虚线位置）发生了变化。说明，打印区域的左下角是该布局的坐标原点。

(5) 在"A3"布局空间绘制 GB-A3 图纸样式和纸边界线

关于图纸格式请查阅标准 GB/T14689—2002，在绝大多数制图类教材中可以查到该标准。

① 开设图层、设置文字样式等，读者按需自行确定。
② 按图纸格式绘制图框线和标题栏。
③ 定义属性。属性有：材料标记、单位名称、图样名称、图样代号、重量、比例、共几张和第几张等，其他为普通文字。
④ 将所有绘制的图线、填写的文字和所有的属性定义成图块，块名为 GB-A3，基点为图框线的左下角。结果如图 6-27 所示。

(a)

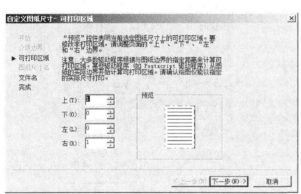

(b)

图 6-26 设置打印边界
（a）设置打印边界 a　（b）设置打印边界 b

图 6-27 绘制 GB-A3 图纸样式和纸边界线

（6）创建视口

单击菜单"视图"→视口→一个视口→布满图框，如图 6-28 所示。

（7）保存为样板文件

选择"文件"→"另存为"→"另存为"菜单项，AutoCAD 打开"图形另存为"对话框，在"文件类型"下拉列表中选择"AutoCAD 图形样板（＊.dwt）"，AutoCAD 自动保存"Template"目录中，如图 6-29 所示。单击按钮"保存"后，在出现的"样板选项"对话框中输

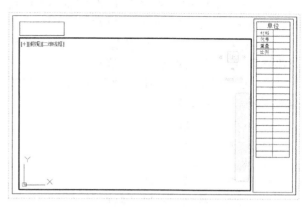

图 6-28 创建视口

入说明文字：GB-A3 图纸。

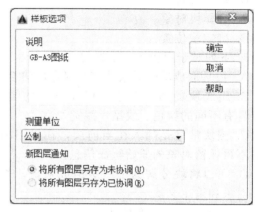

图 6-29 "样板选项"对话框

按照上述方法设置完成后，再一次从来自样板创建布局时，在打开的"从文件选择样板"对话框中会出现设置好的样板文件"GB-A3"。新建文件时，用户可以直接调用。由于设置了属性，用户只需双击属性即可修改为自己所需要的内容。

本章小结

本章主要介绍了 AutoCAD 打印出图的基本知识，包括图形的布局设置、打印样式、打印方法等内容。

思考与练习

一、选择题

1. 在哪个层创建的块可在插入时与当前层特性一致（　　）。

A. 0 层

B. 在所有自动产生的层

C. 所有图层

D. 新建的图层

2. 下列对于图块描述错误的是（　　）。

A. 块是形成单个对象的多个对象的集合

B. 组成块的图形对象可以在不同的图层，可以具有不同的颜色．线型．线宽

C. 图块常常是插入在当前层，在引用图块时将不再保留对象的原始特征信息

D. 可以将块分解为下一级组成对象，修改这些对象和重定义块

3. 块定义必须包括（   ）。

A. 块名、基点、对象

B. 块名、基点、属性

C. 基点、对象、属性

D. 块名、基点、对象、属性

4. 插入块之前，必须做（   ）。

A. 确定块的插入点

B. 确定块名

C. 选择块对象

D. 确定块位置

5. 下列对于图块描述错误的是（   ）。

A. 块是形成单个对象的多个对象的集合

B. 组成块的图形对象可以在不同的图层，可以具有不同的颜色、线型、线宽

C. 图块常常是插入在当前层，在引用图块时将不再保留对象的原始特征信息

D. 可以将块分解为下一级组成对象，修改这些对象和重定义块

6. 插入块的快捷键是（   ）。

A. I　　　　B. B

C. Q　　　　D. W

二、操作题

1. 完成图 6-30 所示植物图例的绘制，并分别将它们创建成图块。

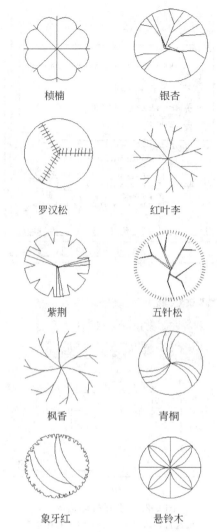

图 6-30

2. 如图 6-31 所示，给提供的图案"银杏"，定义冠幅、胸径、高度 3 个文字属性，胸径数据是 14～16cm，冠幅数据是 2.5～3.5cm，高度数据是 2.5～3m。

银杏

图 6-31

第 2 篇 3DS Max 2012

第 7 章 3DS Max 2012 基础知识

7.1 3DS Max 2012 界面认识

7.1.1 界面布局设定

进入软件界面，基本界面如图 7-1 所示。

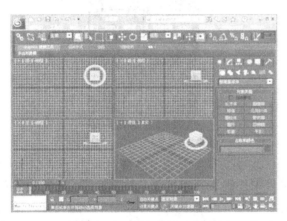

图 7-1 "操作界面"基本界面

在 3DS Max 中，操作界面基本状态由文件菜单、工具行、命令面板、状态区、提示区、画面控制、视图控制及四个视图区构成。

7.1.2 功能区介绍

(1) 文件菜单

菜单栏位于 3DS Max 2012 界面的顶端，其中包括"编辑""工具""组""视图""创建""修改器""动画""图形编辑器""渲染""自定义""MAXSscript""帮助"共 12 个项目（图 7-2）。

"编辑"：提供编辑物体的基本工具。
"工具"：提供多种工具，与工具栏基本相同。
"组"：用于控制成组对象。

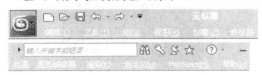

图 7-2 "文件菜单"栏

"视图"：用于控制视图以及对象物体的显示状态。
"创建"：提供创建命令面板中相同的创建选项，同时方便操作。
"修改器"：用户可以直接通过菜单操作，对场景对象进行编辑修改。与命令面板内容相同。
"动画"：用户可以方便快捷地控制场景对象的动作效果。
"图形编辑器"：用于动画的调整以及使用图解视图进行场景对象管理。
"渲染"：用于控制渲染着色、视频合成和环境设置等功能。
"自定义"：提供多个让用户自行定义的设置选项，以用户个人喜好进行调整设置。
"MAXSscript"：提供用户编制脚本程序的各种选项。
"帮助"：提供用户所需的使用参考以及软件的版本信息等内容。

执行左上角 Flie 命令。出现下拉菜单窗口（图 7-3）。

图 7-3 "文件"对话框

"新建""重置"执行"场景建立准备状态"命令。

"打开""保存""另存为"执行"场景打开保存"命令。如：打开已建立好的场景模型。

"导入""导出"执行"场景导入"命令，主要应用于3DS Max支持的其他三维格式。

(2) 工具行

通常需在分辨率设置偏高的情况下工具行才可以完全显示（图7-4）。

图7-4 "工具行"基本图标

但在3DS Max 2012中还有些工具未在工具栏中显示，但会以浮动工具栏的形式显示。选择移动命令、选择旋转命令、选择缩放命令。空间捕捉命令、角度捕捉命令、百分比捕捉命令、微调器捕捉切换命令。材质编辑命令、渲染编辑命令、快速渲染命令。

(3) 命令面板

屏幕右侧为命令面板，这个区域是主要工作区域，是软件操作的核心，用于模型的创建和编辑修改。命令面板上方可以切换六个基本命令面板，分别是"创建""修改""层次""运动""显示""应用程序"。每个命令面板为相应的可展开命令内容。

① 创建命令：创建命令是命令级最多的面板，单击"创建"按钮，下方有七个创建目录，分别是几何物体创建、平面物体创建、灯光创建、摄像机创建、辅助对象创建、空间扭曲和系统。

空间中能建立的物体和动作基本建立都处于

图7-5 "命令面板"基本界面

这个面板里面（图7-5），直观而易于操作。如：创建一个长方体，操作步骤为依次单击创建/几何体/长方体就完成了。

创建过程中，其面板下方会出现对应几何体相应的基本创建参数选择，如在图7-6、图7-7中输入相应参数可以创建所需长方体。

展开命令条，相应的参数会显示在弹开的命令面板上。

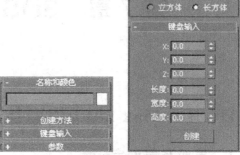

图7-6 "创建长方体"输入面板

图7-7 "创建长方体"参数面板

该命令面板上命令条通过单击"＋""－"符号来控制展开和折叠。其下参数的输入方式可通过键盘精确输入，也可通过单击图标，单击过程不松开左键上下拖拽来实现参数变化，相应视图中物体会随参数变化而同步改变。

② 修改命令：单击"修改"按钮，打开修改命令面板。选择需要修改的物体，修改面板上会出现与当前选择物体匹配的准确参数（图7-8），分别为修改名称、颜色、修改器列表、修改记录和修改显示。

单击修改器列表右侧按钮，会弹开一个下拉

图7-8 "修改面板"对话框

面板，面板中灰色部分命令是不能执行该选择物体命令，黑色部分命令是可执行该选择物体命令。

修改记录会记录下每一步对物体的修改，方便进行返回历史操作。

③ 连接命令：通过这个命令面板，可方便对物体的轴进行控制。

④ 运动命令：使用这个命令面板可改变动画帧数数值，可细微控制动作表现。

⑤ 显示命令：场景中所有物体、图形、灯光、摄像机、辅助物体等显示、隐藏和冻结状态均在这个面板上控制，方便场景复杂时更好观察视图中建立的物体。

⑥ 应用程序：这个面板控制 3DS Max 中运行的一般和外挂公用程序。

(4) 动画画面控制

画面控制区位于操作界面右下方，用于动画动作控制与记录（图 7-9）。

图 7-9 "动画控制"操作面板

通过动画时间控制区，可以开启动画制作模式，可以随时对当前动画场景设置关键帧，并且完成的动画可在处于激活状态的视图中进行播放。

(5) 视图操作区

视图操作区在 3DS Max 操作界面中所占面积最大，是进行编辑操作的主要工作区域（图 7-10、图 7-11）。

一般系统由默认的四个视图组成。分别是"顶视图""前视图""左侧视图""透视视图"。四个视图均可随意变换为其他视图，依据个人对视图的要求进行改变。

位于视图操作区上部选项卡是为了方便建模和操作增加的快速操作方式。

图 7-10 "选项卡"命令面板

图 7-11 为工作的主要操作区域。

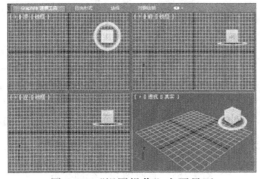

图 7-11 "视图操作"主要界面

(6) 视图控制

视图显示控制。

缩放钮：单击"缩放"按钮，在可操作视图上下移动鼠标，该激活视图场景可以拉近或推远视角。

缩放视图钮：单击"缩放视图"按钮，在可操作视图上下移动鼠标，场景中所有视图均同步拉近或推远视角。

最大化显示钮：按钮右下角有一个小三角。

灰色按钮显示，表示在可操作视图中，被选择物体在该视图中显示最大化。白按钮显示，表示在可操作视图中，场景中所有物体在该视图中最大化

所有视图最大化显示：按钮右下角有一个小三角。灰色按钮显示，表示在所有视图中，被选择物体在各视图中显示最大化。白按钮显示，表示在所有视图中，场景中所有物体在各视图中最大化。

视野按钮：按钮右下角有一个小三角。视野按钮显示，表示在透视图中上下拖动，相对应视角会发生改变。缩放区域纽显示，表示在任意平面视图中可通过虚线框选取区域放大。

平移视图按钮：单击"平移视图"按钮，在任意视图按住鼠标左键拖动视窗场景，便于观察。

最大化视窗口切换：单击"最大化视窗口"切换，当前选择视窗会满屏显示，有利于仔细编辑操作。再次单击可返回原来显示比例状态。

环绕子对象：单击"环绕子对象"按钮，当前选择视图中会出现一个黄色环绕线框，可以左键单击按钮在四个方向的顶点上拖动鼠标来改变视角。主要应用于透视视图角度调节。

7.2 空间坐标介绍

7.2.1 空间坐标

空间中建立的三维物体坐标分别为"X 轴""Y 轴""Z 轴"，代表了空间三个轴面六个轴向定位和无数个任意方向的变化。

(1) 坐标视图

视图中建立三维物体后，物体轴向还未启用，呈现灰色状态（图 7-12）。

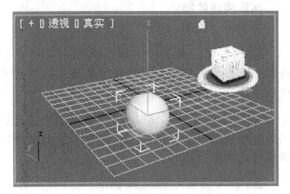

图 7-12 "坐标显示"透视效果

单击工具行上 ✥ "选择移动钮"、◯ "选择旋转钮"、▱ "选择缩放钮"任意一个,被选择物体在视图中产生空间三维轴坐标视图。三维轴坐标可通过键盘上"＋""－"符号来控制三维轴坐标显示大小(图 7-13)。

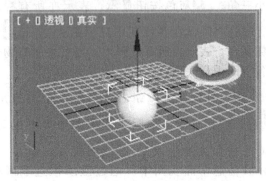

图 7-13 "坐标轴显示"透视效果

（2）坐标轴

应用在对空间物体移动、旋转、缩放的变动时,轴分别决定移动、旋转、缩放的方向,分别为"X轴""Y轴""Z轴",当鼠标靠近任一轴时,轴向会自动变成亮黄色,此时可拖动观察,轴向锁定。鼠标离开时,锁定解除。

（3）坐标轴心

空间中"X轴""Y轴""Z轴",三轴的交点,即原点"0,0,0"的空间位置,物体在空间中位置变换其参数在视图左下角观察。

7.2.2 坐标轴控制

在建立视图中,坐标轴控制按钮在工具行的中间位置。分别包含坐标系统菜单 视图 ▾ 和坐标轴心 ▱ 。

（1）坐标系统菜单

单击视图右侧三角图标,会出现一个下拉菜单(图 7-14)。

① 视图坐标体系：最常用的坐标体系,也

图 7-14 "坐标体系类型"菜单

是软件默认的坐标体系。

② 屏幕坐标系统：在各视图中都使用相同的轴向,即"X轴"为水平方向、"Y轴"为垂直方向、"Z轴"为屏幕纵深方向。

③ 世界坐标系统：从视图方向来看,正常为"X轴"为水平方向、"Z轴"为垂直方向、"Y轴"为屏幕纵深方向。

④ 父对象坐标系统：针对有链接关系的物体轴向。

⑤ 局部坐标系统：针对物体自身轴而定义的坐标系统,例如坐标轴发生倾斜时,设定局部坐标系统,就会沿着该物体倾斜的轴向方向发生动作和改变。

⑥ 栅格坐标系统：针对网格物体,主要用于动画辅助。

⑦ 拾取坐标体系：这种坐标体系是自定义的,它可以取自物体自身的坐标系统,等同于局部坐标系统。也可以在这个物体上拾取另一个物体的坐标体系,其意义在于可以让物体一围绕物体二进行动作和建立。

（2）坐标轴心控制

在变动过程中轴心的位置依据,图标右下角有三角形标记,在小三角上按下左键不放,会展开新的按钮条,拖动鼠标可选。包含三种轴心控制。

单击表示选择物体自身的轴心作为变动中心的按钮 ▱ (图 7-15)。

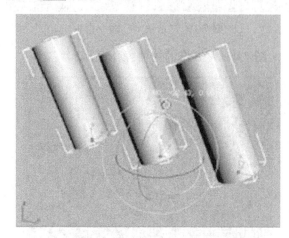

图 7-15 "自身轴心"变动状态

单击表示选择物体的公共轴心作为变动中心的按钮 ■（图 7-16）。

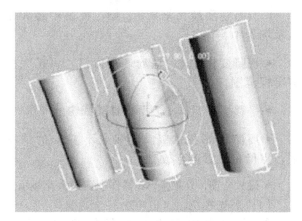

图 7-16 "公共轴心"变动状态

单击表示使用当前坐标系统的公共轴心作为变动中心的按钮 ■（图 7-17）。

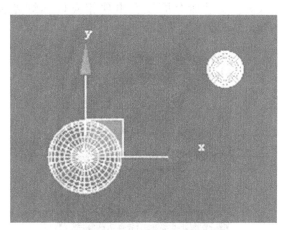

图 7-17 "当前轴心"变动状态

7.3 视图类型

7.3.1 视窗切换

(1) 视图状态

视窗部分如图 7-18 所示。

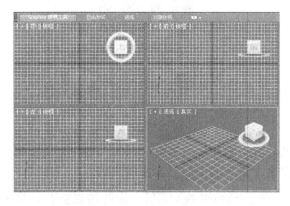

图 7-18 "视图操作"基本界面

① 位于每个视窗左上角出现的视图信息如下：[+][透视][真实]

单击 + 区，会弹出视图控制基本操作浮动窗口。可控制视图显示。

单击 [透视] 区，会弹出视图视角切换浮动窗口，可随意调整视图类型。参照键盘上对应的快捷键切换。（注：如果建立了摄像机，可切换为摄像机视图。）

P/透视视图
U/正交视图
T/顶视图
B/底视图
F/前视图
L/左视图
C/摄像机视图

② 可操作视窗会以黄色框线强调，代表激活该视窗，可操作该视窗。

③ 选择文件菜单栏："视图/视口配置/布局命令"，弹出相应的对话框，可选择个人习惯的视窗比例方式，设置完毕后选择应用，如图 7-19 所示。

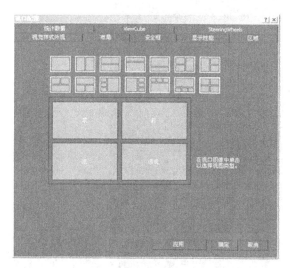

图 7-19 "视图配置"基本界面

(2) 透视观察

视窗窗口右下角视窗通常默认为"透视"视窗（图 7-20），这是一种具备透视关系的透视显

图 7-20 "透视"视窗效果

第 7 章　3DS Max 2012 基础知识

示。软件系统还提供了一种透视观察方式为"正交透视",这种透视为平行透视观察模式(图7-21)。

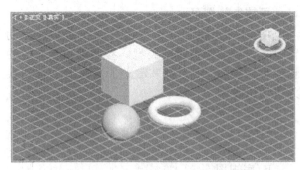

图 7-21 "正交观察透视"视窗效果

(3) 摄像机视图

① 在视窗中建立一个目标摄影机,单击 透视 位置,打开浮动面板,在面板上选择建立好的目标摄影机,透视视图切换为摄影机视图。

② 在修改变动命令面板上出现相应摄像机视图的修改参数〔图7-22(a)〕。

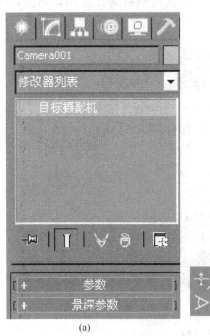

图 7-22 "摄像机"命令面板
(a)"摄像机"修改变动命令面板;
(b)"摄像机视窗控制"命令图标面板

③ 单击"参数"栏进行摄像机视图的参数修改,如透视图视线、范围等。也可以结合前面介绍过的视图显示大小控制按钮,直观地在视窗中直接调整。

• 推拉摄影机 ,通过推拉透视窗口,达到摄像机前进与后退的视觉效果。

• 透视调整 ,调整透视关系,产生明确的透视效果。

• 侧滚摄影机 ,旋转透视窗口,摄像机与地平线产生角度。

• 所有视图最大化显示 ,视窗中最大化显示场景中物体。

• 视野变化 ,拖动透视窗口,可扩大视窗可视范围。

• 平移摄影机 ,平行移动视窗。

• 环游摄影机 ,目标点不变动的情况下,摄像机位置产生改变。

• 最大化窗口切换 ,操作视窗最大化显示。

(4) 灯光视图

① 在视窗中建立一个目标灯光,单击 透视 位置,打开浮动面板,在面板上选择建立好的目标灯光,透视视图切换为目标灯光视图。

② 在变动命令面板上出现相应目标灯光视图的修改参数(图7-23)。

图 7-23 "灯光"修改变动命令面板

③ 单击"参数"栏进行目标灯光视图的参数修改,如透视图视线、范围、类型等、也可以结合前面介绍过的视图显示大小控制按钮,直观地在视窗中直接调整(图7-24)。

图 7-24 "灯光视窗控制"命令图标面板

• 推拉灯光 ,通过推拉透视窗口,达到灯光视口前进与后退的视觉效果。

• 灯光聚光区 ,聚光区是灯光视口中可见的两个圆圈或矩形框的内部。用灯光的全部强度来为聚光区中的对象提供照明。

• 侧滚灯光视口 ,旋转透视窗口,灯光视口与地平线产生角度。

- 所有视图最大化显示 ▦，视窗中最大化显示场景中物体。
- 灯光衰减区 ◉，在对象靠近衰减区边界时，使用递减强度来为聚光区和衰减区之间的对象提供照明。
- 平移灯光视口 ✋，平行移动视窗。
- 环游灯光视口 ◔，目标点不变动的情况下，灯光视口位置产生改变。
- 最大化窗口切换 ⬈，操作视窗最大化显示。

7.3.2 视图显示模式

（1）显示调整位于视窗区域的四个操作区域内，各个视图左上角包含该视窗类型信息和场景显示状态信息[+ ○ 透视 ○ 真实]。

（2）选择"真实"命令，会出现一个浮动面板。依次为"真实、明暗处理、一致的色彩、边面、隐藏线、线框、边界线"等多种显示模式。可按照个人习惯设置显示（图7-25～图7-27）。

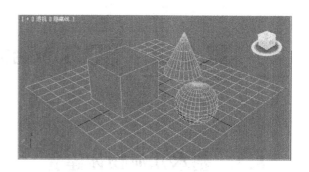

图 7-26 "隐藏线"显示

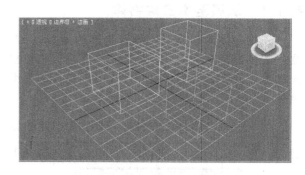

图 7-27 "边面"显示

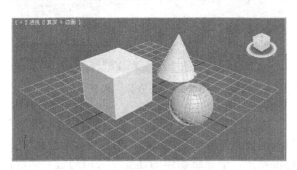

图 7-25 "真实＋线框"显示

本章小结

本章主要介绍了3DS Max 2012软件中基本操作界面、视图和物体坐标、视图的基本命令。在3DS Max 2012中，操作过程的了解和熟练有利于提高绘图效率。整个操作界面确保了完成创立和修改的所有命令便捷的使用。

第8章 3DS Max 2012 创建几何形体

8.1 基本几何物体建立

8.1.1 认识基本三维物体

三维物体建立是三维场景物体的建模基础，提供的模型是规则的几何形体。熟练掌握物体状态和参数修改，有利于组合建立多样复杂的模型物体。

认识三维基本标准物体。单击  创建命令面板（图8-1）上"几何体"按钮 。选择下拉菜单中 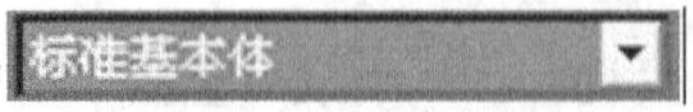 标准基本体 。

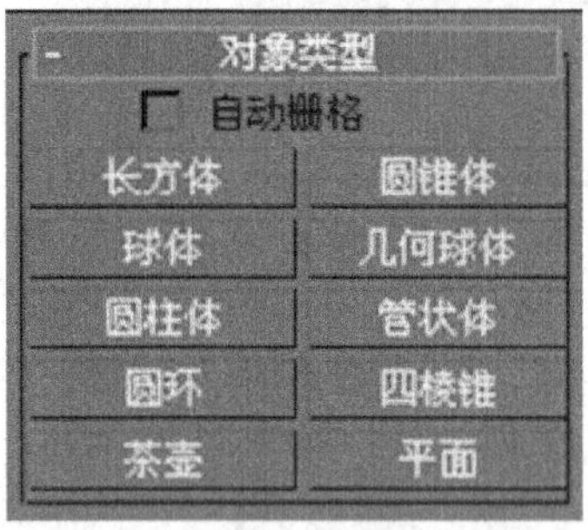

可创立几何物体包括：长方体、圆锥体、球体、几何球体、圆柱体、管状体、圆环、四棱锥、茶壶、平面物体（图8-2）。

图8-1 "三维标准物体"面板

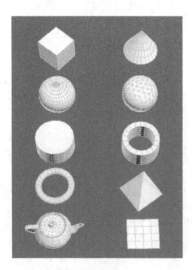

图8-2 "三维标准物体"示意

8.1.2 基本参数修改

以长方体、球体、圆柱体为例来了解三维图形的建立。

（1）长方体

单击"长方体"按钮，在顶视图中拖动鼠标左键，拉出一个矩形框，松开鼠标左键，上下移动鼠标，在其他三个视图中观察长方体的高度变化，在合适的高度单击结束。长方体绘制完成（图8-3）。

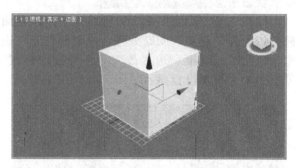

图8-3 "长方体"绘制

建立完毕后，选择物体，打开 "修改面板"，修改面板上弹出长方体编辑的对应参数。"几何体/标准物体"中三维物体的建立都可以通过"修改面板"找到对应物体的基本修改参数。面板上参数对应建立几何物体的名称、显示颜色、尺寸信息。

参数栏中长度、宽度、高度，对应建立好的长方体参数（图8-4）。通过数值输入，可改变长方体的大小。

图8-4 "长方体"基本参数面板

长度分段、宽度分段、高度分段分别代表三个轴向上的分段细节,对深入地细化建模有直接意义。

我们通过制作一个组合桥物体来认识了解组合物体和变形。

前面学习了长方体物体的建立。本场景中用到了多个长方体。单击 "建立创建命令面板"/ "标准基本体"/ "长方体"按钮,在视图中建场景。"桥地面"和"侧板"建立时,设置宽度分段数为"10",如图8-5所示。

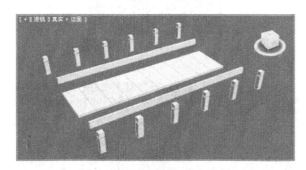

图8-5 多个"长方体"绘制

把建立桥体所需几何体进行组合(图8-6)。

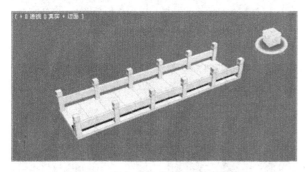

图8-6 多个"长方体"移动组合

(2)球体、几何球体

分别单击"球体""几何球体"按钮,在顶视图中拖动鼠标左键,直接拉出球体,松开鼠标左键,在其他三个视图中观察球体大小的变化,球体绘制完成。

确认在编辑视窗中球体为选择状态,单击 "修改面板"按钮。球体参数会出现在右侧的修改工作区(图8-7)。

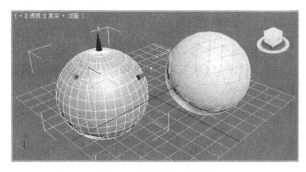

图8-7 "球体"绘制

仔细观察球体和几何球体的分段差别,两种面片的形状。

参数栏中,修改半径可以看见视图中球体体积的变化(图8-8)。分段数值越高,球体表面越平滑,反之。

图8-8 "球体"基本参数面板

还可以调整"半球"数值,可见球体以切面局部方式建立(图8-9、图8-10)。

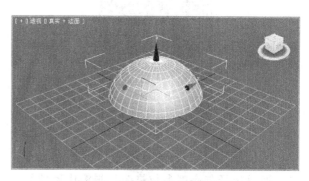

图8-9 "球体"基本参数修改

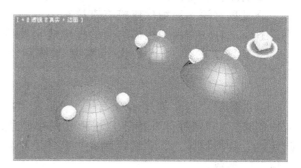

图8-10 "球体"绘制儿童玩具效果图

(3)圆柱体

单击"圆柱体"按钮,在顶视图中拖动鼠标左键,拉出一个圆形底,松开鼠标左键,上下移动鼠标，在其他三个视图中观察圆柱体的高度变化，在合适的高度单击鼠标左键结束。圆柱体绘制完成。

确认在编辑视窗中圆柱体为选择状态，单击"修改面板"按钮。圆柱体参数会出现在右侧的修改工作区（图8-11、图8-12）。

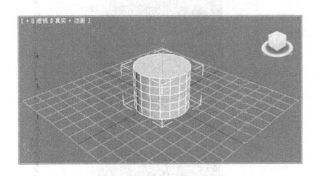

图8-11 "圆柱体"绘制

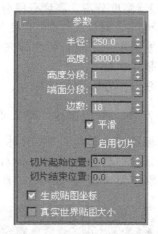

图8-13 "圆柱体"基本参数修改

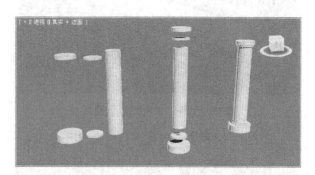

图8-12 "圆柱体"基本参数面板

通过半径与高度参数修改，视窗中圆柱体会相应改变体积和比例。

分段数对深入地细化建模有直接意义。

下面来看一个由圆柱体组合的柱体的建模结果，很多复杂的物体都是由标准基本体组合而成。

单击 "建立创建命令面板"/ "几何体创建"/"圆柱体"按钮，在顶视图中建立圆柱体。选择物体，在"编辑面板"上打开"圆柱体"的参数。

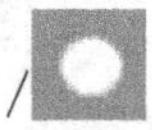

在参数面板上，设置边数"12"。此时，把分段数设置为"0"（图8-13）。

再建立四个大小不一的圆柱体，如图8-14、图8-15所示。

图8-14 多个"圆柱体"绘制

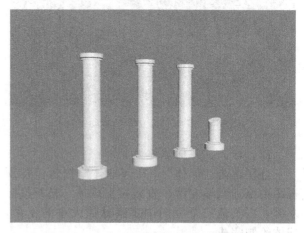

图8-15 多个"圆柱体"移动组合效果图

8.2 选择功能介绍

8.2.1 基本选择

（1）基本选择

基本选择位于工具栏的右侧，其图标区域如图8-16所示。

图8-16 "基本选择"工具条

- ![icon] 为系统默认图标，是最基本的选择方式，"选择对象"的基本目的是在修改面板上可激活物体基本参数。

- ![icon] "依据名称选择"在其他选择部分介绍。

- ![icon] "矩形选择区域"，是依据鼠标所标识区域来进行选择。按住鼠标左键拖拽出虚线框，虚线框中物体被选择。图标右下角有三角形标记，在小三角上按下左键不放，会展开新的按钮条，拖动鼠标可选择多种区域选择方式（图8-17）。

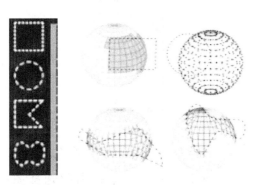

图8-17 "选择区域"示意

- ![icon] "窗口/交叉选择"，按住鼠标左键拖拽出虚线框，虚线框所接触物体都会被选择。

（2）复合功能选择

复合功能选择在前面在工具行时介绍过这种选择方式。给模型建立的过程带来了灵活性和视觉观察性，如图8-18所示。

图8-18 "复合功能选择"工具条

- ![icon] "选择并移动"，激活物体选择并且同时进行移动操作。方便安排物体在场景中的准确位置。对着图标右击，会弹出"选择并移动"的浮动窗口，可在浮动列表中通过输入参数来准确定位物体在场景中位置，如图8-19所示。

图8-19 "选择并移动"对话框

其中绝对工作轴是以屏幕坐标轴为基础来定义的参数，会在数值栏中被记录下来。偏移工作轴是相对目前位置改变的参数，不会在数值栏中被记录。

视图中使用该图标激活物体，我们会看见视图中被选择物体出现轴向状态，可直接在轴向上按住鼠标左键拖动物体，如图8-20所示。

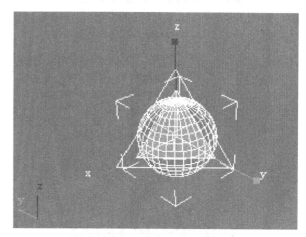

图8-20 透视视图"轴向移动"

- ![icon] "选择并旋转"，激活物体选择并且同时进行旋转操作。物体不可避免会有角度偏移，"选择并旋转"图标解决此类问题。对着图标单击右键，会弹出"选择并旋转"的浮动窗口，可在浮动列表中通过输入参数来准确定位物体在场景中位置角度，如图8-21所示。

图8-21 "选择并旋转"对话框

其参数输入同"选择并移动"。

视图中使用该图标激活物体，我们会看见视图中被选择物体出现环绕轴向状态，可直接在轴向上单击旋转物体，如图8-22所示。

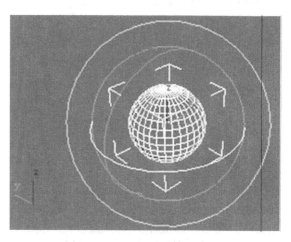

图8-22 透视视图"轴向旋转"

第8章 3DS Max 2012创建几何形体　　**111**

- 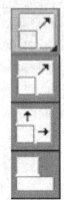"缩放并移动",激活物体选择并且同时进行缩放操作。其中图标右下角出现小三角标记代表该工具含有多重选项。在小三角上按下左键不放,会展开新的按钮条,拖动鼠标可选择。缩放工具条含有等比缩放、非等比缩放、挤压缩放,如图8-23所示。

图8-23 "缩放类型"下拉工具条

选择任一缩放方式,对着图标右击,会弹出"选择并缩放"的浮动窗口,可在浮动列表中通过输入参数来准确定位物体在场景中位置角度,如图8-24所示。

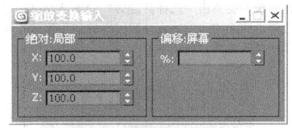

图8-24 "选择并缩放"对话框

其中绝对局部数值是以物体建立参数为基础的缩放数值比例,会在数值栏中被记录下来。偏移屏幕数值是针对目前参数来修改的相对值。

视图中使用该图标激活物体,可以看见视图中被选择物体出现轴向和轴面状态,可直接在轴向或者轴面上按住鼠标左键拖拽来改变物体比例,如图8-25所示。

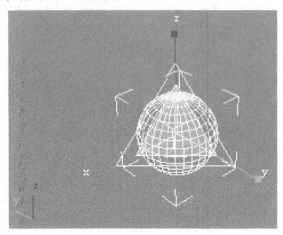

图8-25 透视视图"轴向旋转"

8.2.2 选择的其他方式

① 依据类型选择。在工具行的左侧,依据类型选择图标是 全部 ,单击右侧三角形,会弹出下拉窗口(图8-26)。其中包含了多种类型,当场景物体比较多时,可依据类型选择图标,选取类型,再去场景中选取该类型物体时就轻松多了。

图8-26 "类型选择"菜单

② 依据名称选择。依据名称选择图标是 ,当场景中建立物体比较多且不便于选择时,单击该图标会弹出浮动窗口,场景中全部物体名称会以列表形式出现在窗口中,可通过直接点选或者按住Ctrl键重复选择,如图8-27、图8-28所示。

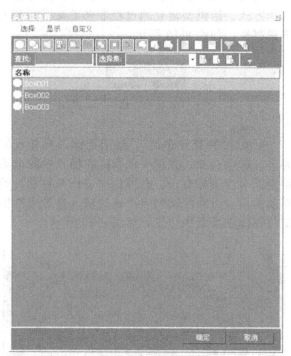

图8-27 "从场景选择"对话框

③ 依据颜色选择。在场景中,物体建立时有系统默认的颜色,它们可以是不同种类的物体,我们可以有计划地设置好物体颜色,便于物

体统一选择和管理。"文件菜单栏/编辑/选择方式/颜色"。

视图中如果要选择红色物体,依次选择"编辑/选择方式/颜色"选项,然后单击任意红色物体。

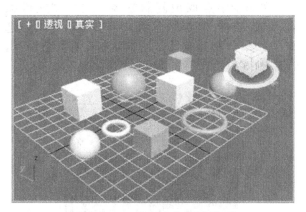

图 8-28 多个几何体绘制

场景中所有红色物体被选择(图 8-29)。

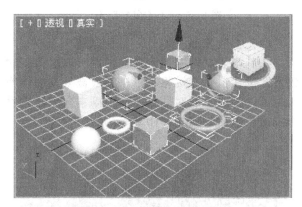

图 8-29 "颜色选择"场景物体

④ 按材质选择。在后面材质编辑时讲解。

8.2.3 集合与群组

集合成组的意义在于,场景中建立多样物体时,可把同一类型材质物体组合成组,也可把同一类型物体组合成组,或者把某个区域物体组合成组等。依照个人建模习惯,成组后场景中多个物体会以组的形式出现,方便编辑和管理。

位于文件菜单栏上,单击"组"按钮,弹出下拉菜单(图 8-30)。

图 8-30 "组"下拉菜单

(1)建立组

在完成模型建立后,为了便于修改和编辑材质,我们通常会以同一材质或者完整物体来建组。

空间中建立好了亭子,打开构成菜单,你会发现它是由多个几何形体组成,在没有给予材质时,如果单项选中分别编辑材质,将会是很费时间的工作,如图 8-31 所示。

图 8-31 "材质选择"场景物体

场景中物体没有进行组编辑,分辨不出编辑需求,如图 8-32 所示。

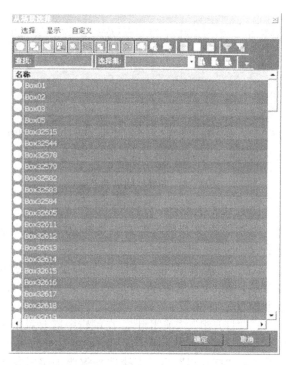

图 8-32 "材质选择"场景物体窗口

我们可以在视图中把将需要给予同等材质的物体同时选中,单击"组/成组"按钮,此时会弹出浮动窗口,我们自定义组名为"柱子",然后确定(图 8-33)。

此时,属于"柱子"组中的物体可直接选择,然后编辑统一材质。依次编辑成组,名称分别为"地面""亭顶",再依次编辑材质(图 8-34)。

第 8 章 3DS Max 2012 创建几何形体　113

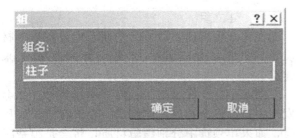

图 8-33 给"组"定义名称

图 8-34 "材质选择"物体效果

再次打开构成菜单,物体都以组名称来代替了(图 8-35)。

图 8-35 场景中的名称"组"

(2) 认识组功能

组功能在复杂场景模型中是种便捷有效的分类手段。

① 在"群组菜单"功能中,为了方便对组的控制,里面分别设置了"解组",和"成组"命令相反来解除组。

② "打开组""关闭组"。在编辑中需要对组中某一物体单独编辑时,不用采用解除组这样的动作,只需点击"打开组"后,直接选择需要被编辑物体进行编辑,修改完成后点击"关闭组"就可以了。

③ "附加组""分离组"。软件中还提供了组与组之间互相包含和脱离的关系。

8.3 复制功能介绍

复制在软件中对场景的建立极其具有意义。复制的方式有很多种,选用哪种方式复制是在建立模型过程中提高效率的直接方法。

8.3.1 常规复制

(1) 基本复制

在场景中点取被复制物体,选择"文件菜单/编辑/克隆/复制"选项,弹出浮动窗口,选择"复制",然后确认。基本复制没有数值选择,如图 8-36 所示。

图 8-36 "基本复制"窗口

(2) 参数复制

在基本复制基础上,参数复制可以输入复制数量。按住鼠标左键将场景中需要被复制物体拖拽一下,弹出复制对话框,在"副本数"位置设置数值,然后确定,如图 8-37 所示。

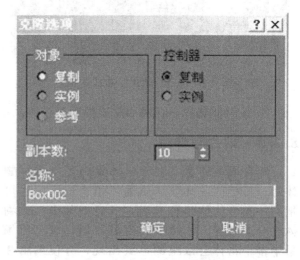

图 8-37 "基本复制"参数设置

场景中拖出灯柱间距,在弹出的窗口上副本数位置值上输入参数,然后"确定",场景中显示复制后结果(图 8-38、图 8-39)。

(3) 复制的关系

场景物体在复制时,参数可能还会再修改,此时单个修改会有数量太多的问题,软件中提供了物体之间的关联关系。

单击选择被复制物体,拖拽物体,弹出相应窗口,选择"对象/实例"选项,输入复制数值,然后确定。

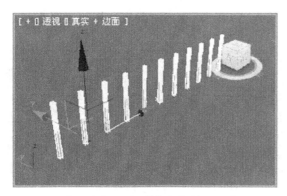

图8-38 "基本复制"效果

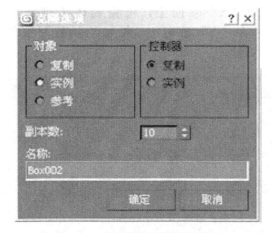

图8-39 "实例复制"参数设置

被复制物体此时具备有关联关系。此时调整参数我们会看见变化。编辑一个物体,其他物体会同步变化(图8-40、图8-41)。

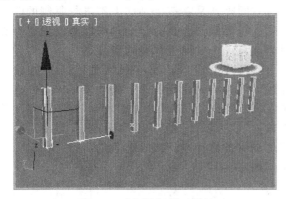

图8-40 "实例复制"效果

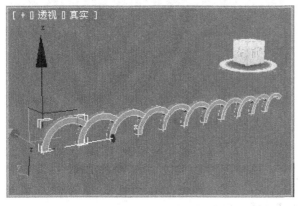

图8-41 "实例复制"复制特点

(4) 镜像复制

复杂造型编辑复制时会有镜像复制要求。在工具栏上镜像复制图标是 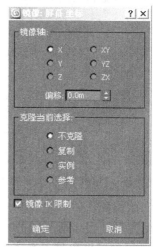,选择需要被镜像复制物体,单击该按钮,弹出编辑菜单。可在轴向上选择镜像方向,如图8-42所示。

图8-42 "镜像"窗口

我们以"X"轴为例来进行镜像复制拱门结构,如图8-43所示。

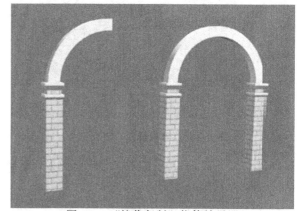

图8-43 "镜像复制"物体效果图

8.3.2 空间复制

空间复制是在二维和三维空间中物体的复制结果,一般采用阵列的方式来完成。首先认识一下阵列操作窗口。选择需要被阵列的物体,选择"文件菜单/工具/阵列"选项,弹出操作窗口,如图8-44所示。

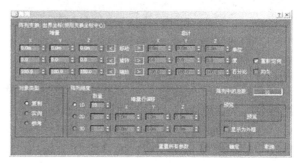

图8-44 "阵列复制"窗口

第8章 3DS Max 2012 创建几何形体

阵列复制中，系统提供了强大的编辑变化，可以在阵列复制中旋转和缩放。

(1) 单向二维阵列

二维阵列与拖拽复制基本一致，但是在参数的控制上，阵列更为准确。我们需要将物体在水平轴向上均匀阵列复制（图8-45）。

图8-45 "阵列复制"目标物体

以植物物体为例。

打开阵列窗口，在移动区域的"X"轴向上输入"5米"，阵列维度数量上输入"10"，然后确认（图8-46）。

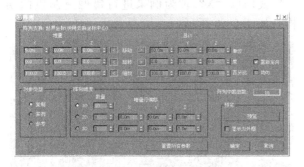

图8-46 "阵列复制"对话框

在"X"轴向上，植物个体阵列数值是"10"（图8-47）。

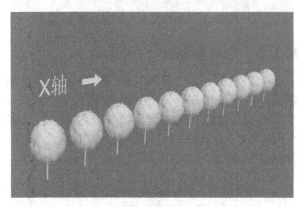

图8-47 "阵列复制"单轴向复制

(2) 双轴三维阵列

成列成行阵列是设计上常见的阵列形式。设置参数时需注意两个轴向上都设置到参数。

打开阵列窗口，在阵列维度"1D"处输入参数"6"，增量部分"X"偏移参数上输入"5米"。在"2D"处输入参数"4"，"Y"偏移参数上输入"5米"，单击"确定"按钮（图8-48）。

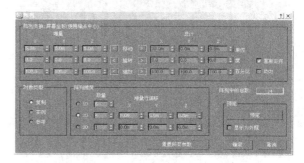

图8-48 "阵列复制"阵列维度参数设置

在"X"轴向上，植物物体阵列数值是"6"；在"Y"轴向上，植物物体阵列数值是"4"（图8-49）。

图8-49 "阵列复制"双轴向复制

(3) 三轴向空间阵列

空间阵列是在三个轴向上都进行复制的阵列形式。需要操作者具有空间理解能力。设置参数时需注意三个轴向上都设置到参数。

打开阵列窗口，在阵列维度"1D"处输入参数"6"，增量部分"X"偏移参数上输入"5米"。在"2D"处输入参数"4"，"Y"偏移参数上输入"5米"。在"3D"处输入参数"3"，"Z"偏移参数上输入"5米"，单击"确定"按钮（图8-50）。

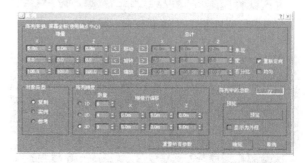

图8-50 "阵列复制"阵列维度三轴向参数设置

在"X"轴向上，植物物体阵列数值是"6"。在"Y"轴向上，植物物体阵列数值是"4"。在"Z"轴向上，植物物体阵列数值是"3"（图8-51）。

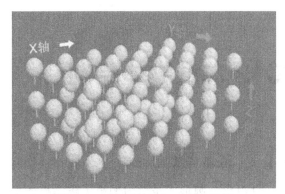

图 8-51 "阵列复制"三轴向复制

(4) 路径间隔阵列复制

常见道路两侧有植物种植或者灯柱分布。选择"文件菜单/工具/对齐/间隔工具"选项，弹出操作窗口，如图 8-52 所示。

图 8-52 "路径间隔阵列复制"对话窗口

间隔工具复制需要被复制物体和复制线路两个条件。

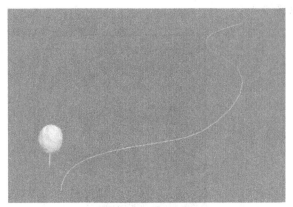

图 8-53 "路径间隔阵列复制"场景条件

在图 8-53、图 8-54 的场景中已经建立好了被复制物体和路径的场景。

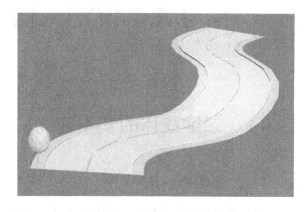

图 8-54 "路径间隔阵列复制"场景模型

选择左下角"树"模型，打开"间隔工具"面板，单击 拾取路径 拾取空间中分布路径，在 计数: 8 面板上输入数值"8"，单击"应用"按钮（图 8-55）。

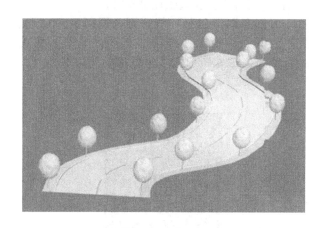

图 8-55 "路径间隔阵列复制"场景效果图

本章小结

了解学习简单几何体建模，对于场景建模具有重要意义。很多复杂物体可以通过几何体的堆积组合产生。熟练掌握建模场景中对物体的编辑、复制、参数修改等手段，完成对软件的初步认识。

第 9 章　3DS Max 2012 二维物体绘制

9.1　二维线体的基本建立

9.1.1　二维图形创建

二维图形建立是三维物体的建模基础，熟练掌握二维图形的建立有利于帮助多样复杂物体的模型建立。

认识二维图形。单击 创建命令面板上"二维图形创建"按钮 。选择下拉菜单中的 样条线 选项。

可创立图形包括：线、圆、圆弧、多边形、文本、截面、矩形、椭圆、圆环、星形、螺旋线，截面。这些图形大多为标准的几何图形（图9-1、图9-2）。

图 9-1　"二维图形建立"面板

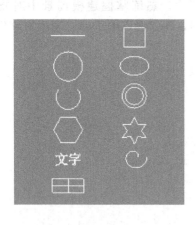

图 9-2　"二维图形建立"示意

9.1.2　基本参数修改

以矩形、圆形、星形为例来了解二维图形建立的基本参数。

（1）矩形

单击"矩形"按钮，在顶视图中拖动鼠标左键，拉出一个矩形框，松开鼠标左键矩形绘制完成。如需绘制正方形，可在键盘上按住 Ctrl 键绘制（图 9-3）。

图 9-3　"矩形建立"示意

建立完毕，选择物体，打开 "修改面板"，修改面板上弹出矩形编辑的对应参数。"图形/样条线"中二维图形的建立都可以通过"修改面板"找到对应物体的基本修改参数。面板上参数对应建立图形的名称、显示颜色、尺寸信息（图 9-4）。

图 9-4　"矩形建立"参数修改面板

"渲染"打开后能让线条有一定的厚度而且能最终渲染。通常先把最上面的渲染、视图可见打开再调节截面的形状与厚度。

"插值"这里比较重要的是"步幅"相当于几何体的片段数，参数越高线条也越圆滑。

"参数"中长度、宽度，对应建立好的图形参数。通过精确数值输入，可改变矩形的大小。

（2）圆形

单击"圆"按钮，在顶视图中拖动鼠标左键，拉出一个圆形框，松开鼠标左键矩形绘制完成。鼠标拖拉出的距离为圆形半径（图9-5）。

图9-5 "圆形建立"示意

建立完毕后，选择物体，打开 "修改面板"，修改面板上弹出圆形编辑的对应参数（图9-6）。

参数栏中半径对应建立好的图形参数。通过精确数值输入，可改变圆形的大小。

图9-6 "圆形建立"参数修改面板

（3）星形

单击"星形"按钮，在顶视图中拖动鼠标左键，拉出一个系统默认六角星形框，松开鼠标左键确定第一个六角的位置，继续移动鼠标可以看见第二个六角位置的变化，单击后确认完成（图9-7）。

图9-7 "星形建立"示意

建立完毕后，选择物体，打开 "修改面板"，修改面板上弹出星形编辑的对应参数（图9-8）。

参数栏中"半径1""半径2"，对应建立好的图形参数，"点"控制星形的角数。通过精确数值输入，可改变星形的大小和形状。

图9-8 "星形建立"参数修改面板

"圆角半径1""圆角半径2"可改变星形角的圆度（图9-9）。

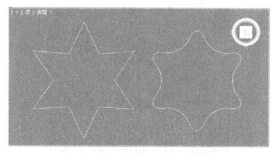

图9-9 "星形修改圆角"对比

（4）截面

通过截取三维造型的剖面而获得二维图形，此工具创建一个平面，可以移动、旋转它，也可缩放它的尺寸，会显示出截获的平面，按"产生剖面"按钮可以将这个剖面截成一个新的样条曲线。

"无界限"，指剖面所在的剖面无界限的扩展，没有和它接触到的物体也会被截取。"剖面边界"指以剖面所在边为限，和它接触到的物体也会被截取。也可以关闭截取功能。

9.2 二维曲线修改面板

9.2.1 编辑面板认识与编辑

下面我们以创建"线"为例来了解基本参数修改。

直线建立在顶视视图中直接绘制即可，如需水平线则按住键盘"Shift"键同时绘制。

曲线绘制直接拖拽鼠标左键移动，单击加

点，右击结束绘制，如图9-10所示。

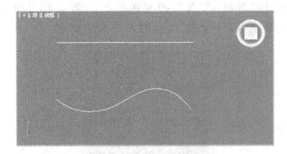

图 9-10 "线"的绘制

9.2.2 编辑修改项目列表

"线"的绘制在"样条线"绘制中是一个特殊图形，不需要塌陷编辑即可完成子层级的修改。"线"的修改面板，如图9-11所示。

图 9-11 "线"的修改编辑面板

修改面板上，每一个编辑项目条前"+"号代表工具条为该编辑项目的目录。

① "渲染"为可通过设置把"线"可视并且渲染。

② "插值"为"线"的圆滑程度。

③ "选择"为子层级编辑选择。

④ "软选择"为编辑移动时同步动作范围控制。

⑤ "几何体"为"线"的重要编辑面板。

9.3 子层级修改功能介绍

9.3.1 塌陷编辑

在"样条线"建立面板上，完整的几何图形只有基本参数修改，没有子层级修改面板自动弹出，所以在学习使用网格编辑功能以前，需要先把图形对象转换为一个可编辑的多边形对象。

常见的塌陷编辑为选择已绘制好的标准图形物体服务。以"圆形"为例，对着图形右击，弹出一个浮动窗口，窗口上选择"转换为："/"转换为可编辑样条线""圆形"图形进入子层级可编辑模式（图9-12）。

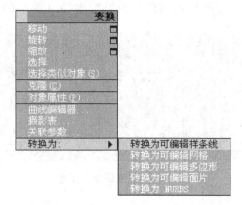

图 9-12 "圆形"转换可编辑样条线命令

9.3.2 二维图形点段线的编辑介绍

编辑二维图形。在任何目标物体创建后，都可以对其进行编辑修改。下面来介绍一下编辑二维图形。

单击 修改面板，选择建立好的"线"，修改面板上弹出线编辑的对应参数。

单击窗口中选择面板项，选择面板弹出（图9-13）。

图 9-13 "线的选择"命令条

面板上有三种次对象修改：

：顶点修改编辑。

：线段修改编辑。

：曲线修改编辑。

（1）点编辑的介绍

顶点修改。单击 ▇ "顶点修改"按钮，进入点层级修改，可以看见对象"线"是由几个点构成（图9-14）。

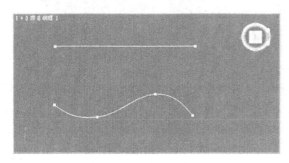

图9-14 "点"的位置

用选择键框选"线"上所有的点，点的基本形态显示出来。视图中可以发现直线点和曲线点是不一样的。对着点的位置右击，直线点叫做"顶点"，曲线带有可操作手柄的点叫做"贝兹"点，"贝兹"点可以通过移动绿色手柄来调整线条曲度（图9-15）。

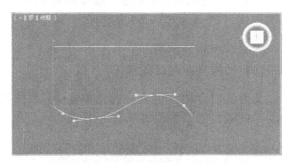

图9-15 "点"的编辑

● 单击窗口中几何体面板项，几何体面板弹开（图9-16）。

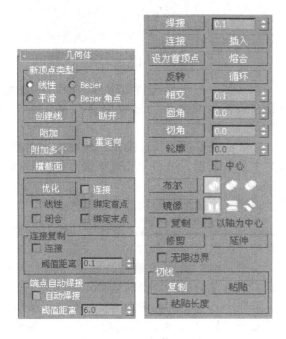

图9-16 "几何体"面板

● 几何体面板会根据"顶点修改、线段修改、曲线修改"三种次对象修改整理出相对应的修改参数面板，方便编辑修改。

选择视图中直线，单击"几何体修改面板/优化"按钮，在直线上增加节点。然后选中所有节点，对着节点右击，选择"贝兹"点类型（图9-17）。

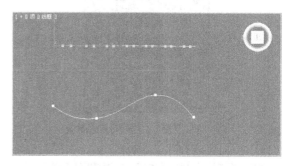

图9-17 "点"的增加编辑

通过移动和调节"贝兹"点绿色手柄，把直线编辑成为曲线（图9-18）。

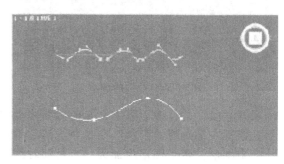

图9-18 "贝兹点"的编辑

(2) 二维线段的编辑介绍

线段修改。单击 ▇ "线段修改"按钮。进入线层级修改，可以看见对象"线"上由几个段构成了线（图9-19）。

图9-19 "段"的编辑

用选择点选"线"上的段，观察段的状态。视图中图形由"段"构成。

● 激活"段"的编辑，观察命令的位置（图9-20）。

● 用户需要把两个分开的图形进行编辑为一个图形。选择其中任一图形，如图9-21所示。

第9章 3DS Max 2012 二维物体绘制

图9-20 "段"的选择编辑面板

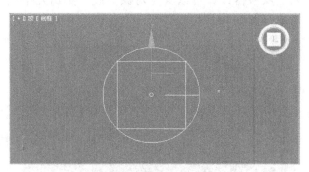

图9-24 "图形"的移动

图9-21 "段"的编辑

展开"段"的修改面板上"几何体"修改编辑器。鼠标左键选择"附加"命令条，然后单击另外一个图形。两个图形附加为一个可同时编辑的图形（图9-22、图9-23）。

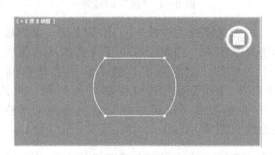

图9-25 "段"的删除

把相对应的"段"删除，如图9-24、图9-25所示。

得到一个新的图形。

(3) 二维样条线的编辑

线编辑的介绍：顶点修改。单击 ▇ "曲线修改"按钮。进入线层级修改（图9-26）。

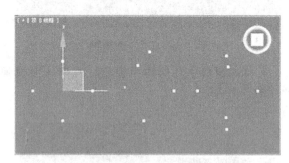

图9-26 "线"的种类

观察图中三个形态相似图形，虽同样是线，但是在编辑为几何体的过程中会有完全不同的结果。

① "曲线修改"轮廓编辑：轮廓修改在曲线修改中常常运用，单击"几何体修改面板/轮廓"按钮。

选择三个图形，给轮廓数值输入参数"0.1" ▇ 轮廓 0.1 ▇ ，图形由"线"变为了具有轮廓的图形（图9-27）。

由于"线"阶段编辑时，线的封闭口不一样，不难发现轮廓后的编辑结果不一样。

给三个具有轮廓的图形增加一个图形编辑修改器命令"挤出"，可以编辑出三个不同的物体（图9-28）。

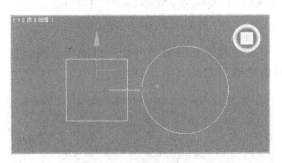

图9-22 "附加"命令

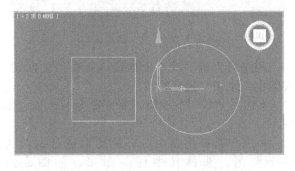

图9-23 "段"的附加编辑

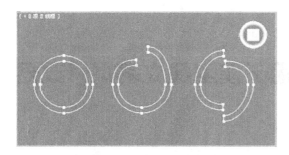

图 9-27 "线"的轮廓

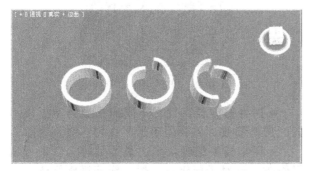

图 9-28 不同"线"的结果

② "曲线修改"布尔运算：布尔运算修改在曲线修改中常常运用，单击"几何体修改面板/布尔"按钮。

图形布尔运算方式中有三种运算结果，分别是"并集""剪集""交集"。

以图 9-29 中叠加图形为例，观察不同的运算结果。

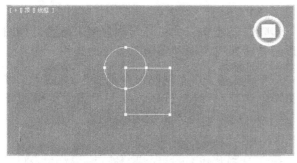

图 9-29 "线"的布尔运算

运算后，分别代表了"并集""剪集""交集"的结果（图 9-30）。

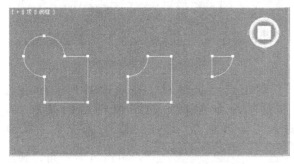

图 9-30 "线"布尔运算的不同结果

③ 综上，可以利用"曲线修改"布尔运算"剪集"的运算，"曲线修改"轮廓编辑，做一个游园草地。

先建立一个圆形和矩形的"剪集"，然后复制四份，如图 9-31 所示。

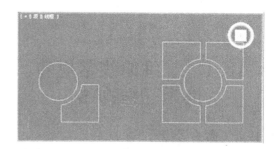

图 9-31 "线"布尔运算制作图形

在子层级中选择"线"层级编辑，选择"曲线修改"布尔运算"剪集"运算好的图形，"曲线修改"轮廓。

可选择"中心"选项，表示轮廓的运算位置（图 9-32）。

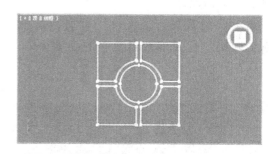

图 9-32 "线"编辑轮廓

然后进行修改编辑器"挤出"命令，得到花园效果（图 9-33）。

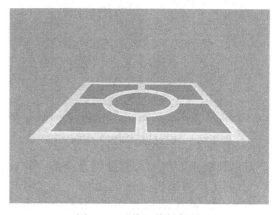

图 9-33 "线"编辑场景

本章小结

本章主要介绍了二维图形的绘制，二维图形子层级修改的意义。通过编辑修改点、段、线达到描绘图形的目的。主要用于绘制复杂的图形。很多物体都是通过二维图形的描绘来完成建模的。

第10章 3DS Max 2012用于模型建立编辑修改器

10.1 二维曲线常规转换为三维物体

10.1.1 命令类型

(1) 修改器列表

打开 "修改面板"，修改面板上有一个"修改器列表"的下拉菜单。

"修改器列表" 右侧的下拉菜单中，对应被选择物体的修改，会出现相应的修改命令。

右击右侧符号 ，选择"配置修改器集"选项，弹出"配置修改器集"的浮动窗口（图10-1）。

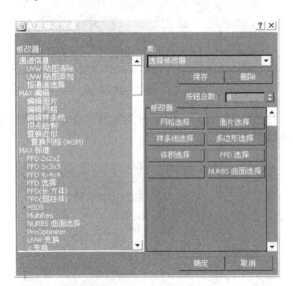

图10-1 "配置修改器集"编辑面板

窗口面板上左侧窗口部分就是全部"修改命令"，右侧窗口可编辑"修改面板"上"修改命令"的显示。系统默认为"8"个命令显示，可以修改"按钮总数"来改变"修改面板"上"修改命令"的显示数量。

把常用的"修改命令"选择到修改器显示面板上，单击"确认"按钮，如图10-2所示。

(2) 修改编辑命令

全部"修改命令"是非常多的，编辑物体时可以按照分类来寻找。下面简单介绍一下常用分类。

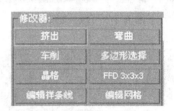

图10-2 "修改器"命令面板

● 选择修改器：针对不同的模型类型提供不同的选择修改，主要用于子层级物体级别修改。

● 网格模型编辑：多边形类型的模型进行编辑修改，针对子层级点、段、线等级别优化。

● UV坐标修改：用于贴图坐标的修改工具，主要编辑材质的制作。

● 自由变形：利用控制框格对模型施加变形的命令工具，常用于片段数为基础的模型变形。

● 参数修改：用于直接改变模型形态的修改工具，通过参数变化直接控制编辑效果。

10.1.2 基本参数控制

"修改命令"比较庞大，下面通过几个场景模型的建立来了解几个常用编辑命令。

(1) "车削"命令

现在以建立一个花杯物体为例来熟悉二维图形物体转换过程中"车削"命令的运用。

单击 "建立创建命令面板"/ "二维图形创建"/"线"按钮，在左视图中编辑调整"点"建立如图10-3所示的曲线。

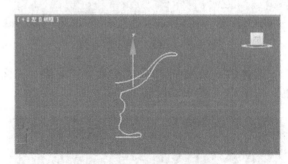

图10-3 "曲线"绘制

退出点层级编辑。在修改器列表中进行"车削"命令编辑。选择编辑好的轮廓线，进入"修改面板"，在"修改面板"上找到 ，单击右侧三角，弹出下拉修改器列表。选择"车削"命令，"修改面板"上相应出现,如图10-4所示。

图10-4 "车削"命令面板

单击参数栏,通过调整"方向"和"对齐"参数来观察物体的形态变化(图10-5)。

图10-5 "车削"参数面板

在方向参数栏选择"Y"轴,对齐参数栏选择"最小"选项。通过"点"描述二维线条进行编辑可以转换为实体物体,如图10-6所示。

图10-6 曲线执行"车削"命令花钵效果

(2)"挤出"命令

编辑曲线目的是为了建立模型物体,我们以建立一条游园道路段为例来熟悉二维图形运用的"挤出"命令。

单击 "建立创建命令面板"/ "二维图形创建"/"线"按钮,在顶视图中建立曲线。以弯曲平滑为建立目标(图10-7)。

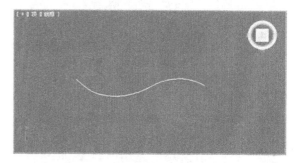

图10-7 "曲线"绘制

单击 修改面板。选择建立好的"线"。修改面板上弹出线编辑的对应参数。

单击"点" 次层级修改。可以在透视图中可以在"Z"轴上的高度。编辑完毕后退出"点"次层级。

单击"线" 次层级修改。"几何体"面板上,选择编辑好的线单击"轮廓"按钮 ,选择"中心"选项 ,把鼠标移动到线条上单击线条,在参数栏位置输入"1.2"m。线条发生了轮廓变化,"道路"线条编辑完毕。退出"线"次层级编辑,如图10-8所示。

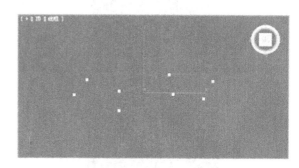

图10-8 "轮廓"曲线

复制一次编辑好的曲线,单击选择这条曲线,进入修改面板。来编辑"道路的边"轮廓。

单击"段" 次层级修改。把两侧直线段删除,退出"段"次层级(图10-9)。

单击"线" 次层级修改。"几何体"面板上,框选编辑好的曲线单击"轮廓"按钮 ,把鼠标移动到线条上单击线条,在参数栏位置输入"0.08"米。线条发生了轮廓变化,退出"线"次层级,如图10-10

第10章 3DS Max 2012用于模型建立编辑修改器

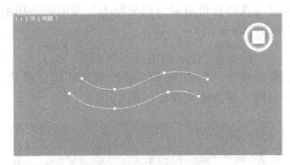

图 10-9　曲线"段"编辑

所示。

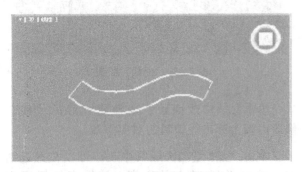

图 10-10　"轮廓"线段

进行"挤出"编辑。选择边轮廓，进入"修改面板"，在"修改面板"上找到 修改器列表 ，单击右侧三角，弹出下拉修改器列表。选择"挤出"命令。"修改面板"上相应出现"挤出"参数面板，如图10-11所示。

图 10-11　"挤出"参数面板

在"数量"后面的参数栏中输入"0.2米"。同样操作"道路"线条，在"数量"后面的参数栏中输入"0.01米"。游园道路段建立完毕，如图 10-12 所示。

图 10-12　曲线执行"挤出"命令创建游园道路效果

(3)"弯曲"命令

以"线"描述为基础建立一个组合座凳，熟悉二维图形转换为三维物体中片段数的意义。

单击 "建立创建命令面板"/ "二维图形创建"/"线"按钮，在左视图中建立曲线。

在左侧视图中描述一个大约"0.4×0.25米"的曲线。然后给物体增加一个"挤出"编辑，设置分段数为"30"，分段：30 (图 10-13、图 10-14)。

图 10-13　"曲线"绘制

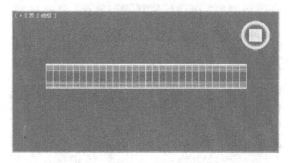

图 10-14　曲线"挤出"命令

进行"弯曲"编辑。选择物体，进入"修改面板"，在"修改面板"中找到"弯曲"命令。"修改面板"上相应出现"弯曲"参数面板。在角度参数上输入"170"，如图 10-15 所示。

图 10-15 "弯曲"命令参数面板

完成后增加一点结构，我们可以得到广场石座凳（图 10-16）。

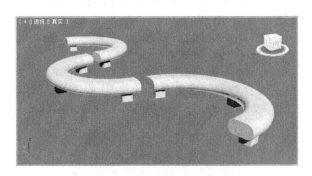

图 10-16 物体执行"弯曲"命令坐凳效果

(4)"晶格"命令

以"球体"为基础建立一个玻璃建筑，熟悉三维物体中片段数使用"晶格"命令的意义。

单击 "建立创建命令面板"/ "几何体创建"/"几何球体"按钮，在顶视图中建立球体。选择物体，在"编辑面板"上打开"几何球体"的参数（图 10-17）。

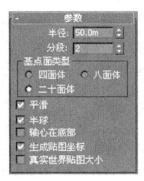

图 10-17 "球体"参数面板

在参数面板上，选择二十四面体，选择"半球"选项。此时，把分段数设置为"2"（图10-18）。

进行"晶格"编辑。选择边轮廓，进入"修改面板"，在"修改面板"上找到 修改器列表 ，单击右侧三角，弹出下拉修改器列表。选择"晶格"命令。"修改面板"上相应出现"晶格"参数面板，如图

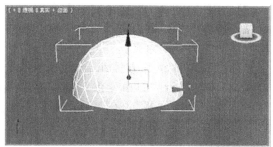

图 10-18 "球体"参数设置效果

10-19、图 10-20 所示。

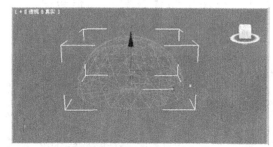

图 10-19 "晶格"命令编辑效果

图 10-20 "晶格"参数面板

选择 仅来自边的支柱 ，然后调整"支柱"参数为"0.3米"。场景中建立了框架结构的阳光大棚（图 10-21）。

图 10-21 球体执行"晶格"命令玻璃棚效果

第 10 章 3DS Max 2012 用于模型建立编辑修改器 **127**

(5) "FFD3×3×3"自由变换命令

以"桥体"为基础来进行自由变形，物体中片段数对于该命令的意义。

选择参照第8章长方体组合成桥全部构成"桥"的物体，进行"自由变形"编辑。选择边轮廓，进入"修改面板"，在"修改面板"上找到 修改器列表 ，单击右侧三角，弹出下拉修改器列表。选择"FFD3×3×3"命令。"修改面板"上相应出现"FFD3×3×3"参数面板。视图中物体被黄色线框包裹，如图10-22所示。

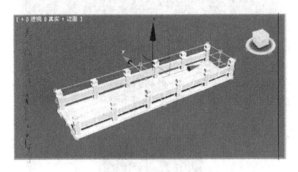

图10-22 桥体执行"FFD3×3×3"命令

单击命令前面"+"号，选择"控制点"选项（图10-23）。

图10-23 "FFD3×3×3"控制面板

在视图中，左键选择框格中间部分所有的点，往上提拉。可以看见物体弯曲变形，如图10-24所示。

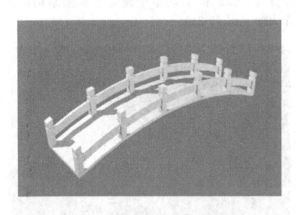

图10-24 模型执行"FFD3×3×3"命令拱桥效果

10.2 二维曲线放样建模

10.2.1 造型原理

放样建模物体是由两个或者多个图形放样结合而成。

放样物体由"路径"和"图形"构成。"图形"可以是多个封闭图形或者开放线段，但是"路径"只能是唯一的一条曲线。

10.2.2 产生造型物体的条件

单击 "建立创建命令面板"/ "几何体创建"按钮，位于"几何体创建"按钮下拉菜单选择创建种类为"复合对象"建立 复合对象 。

"复合对象"建立面板自动弹出，需要操作的放样建模命令就在"对象类型"中（图10-25）。

图10-25 "放样"命令面板

常用修改编辑命令如图10-26所示。

图10-26 "放样"参数面板

打开"创建方法"下拉菜单，建立放样物体的基础命令"获取路径""获取图形"（图10-27）。

图10-27 "放样"创建面板

放样物体的基础是必须有两个或者两个以上图形才能完成。

- 如果选取的图形是用来做剖面的，就单击"获取路径"按钮，然后单击另一个图形作为路径。
- 如果选取的图形是用来做路径的，就单击"获取图形"按钮，然后单击另一个图形作为剖面。

10.2.3 多型放样

在制作 3DS Max 文件时，会遇到一些很不规则的物体，这个时候，就需要用线或者体来放样出物体。

以下是如何用线放样物体。

（1）基本放样

首先，打开图形编辑器，利用线工具来进行物体轮廓的编辑。

单击 "建立创建命令面板" / "二维图形创建" / "线" 按钮，在顶视图中编辑并调整曲线，同时建立"圆形"（图10-28）。

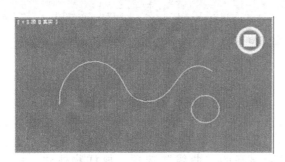

图 10-28 "曲线"绘制

单击 "建立创建命令面板" / "复合对象" / "放样"，打开"放样"面板。选择"圆"然后单击"获取路径"按钮，选择已绘制好的"曲线"。作为路径也可以是另一种过程，选择"曲线"选项然后单击"获取图形"按钮，选择已绘制好的"曲线"作为截面。

放样物体建立完毕（图10-29）。

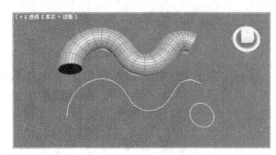

图 10-29 "放样"物体

下面来认识一下放样参数修改"蒙皮参数"。"蒙皮参数"面板上，把"图形步数"和"路径步数"由数值"5"修改到数值"1"（图10-30）。

图 10-30 "放样"蒙皮参数面板

观察"放样物体"的变化，步数越多放样物体越光滑（图10-31）。

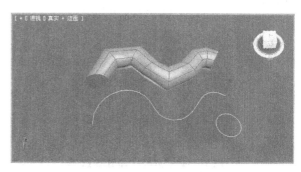

图 10-31 "放样"物体步数参数修改

（2）多截面放样

多截面放样是在路径的不同位置插入不同的截面图形，从而得到复杂的放样物体。打开图形编辑器，利用线工具来进行物体轮廓的编辑。

单击 "建立创建命令面板" / "二维图形创建" / "线" 按钮，在顶视图中编辑并调整曲线，同时建立"圆形""星形"（图10-32）。

图 10-32 "曲线"绘制

两个图形分别作为不同位置的截面图形，曲线表示截面运动路径。

单击 "建立创建命令面板"/ "复合对象"/ "放样"按钮，打开"放样"面板。选择"圆"选项然后单击"获取路径"按钮，选择已绘制好的"曲线"选项。放样物体建立完毕（图10-33）。

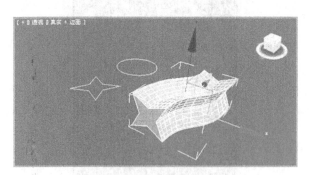

图10-33 "放样"物体

下面来认识一下放样参数修改"路径参数"。"路径参数"面板上，可以看见路径数值为"0.0"，此处代表路径百分比长度，"0.0"表示路径开始位置"100"表示路径结束位置（图10-34）。

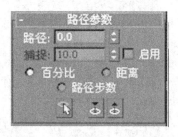

图10-34 "放样"路径参数

上图放样结束后，我们可以观察以"星形"为截面的放样物体，在起始位置截面为"星形"。

选择"放样物体"，在路径数值上输入数值"100"，单击"圆形"。多截面放样物体建立完成（图10-35）。

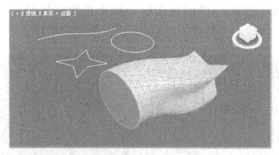

图10-35 "放样"路径插入第二个图形

可以看到整个路径上，"星形"作为开始截面，"圆形"作为结束截面。

10.2.4 造型基础编辑

放样可以为任意数量的截面图形创建作为路径的图形对象。该路径可以成为一个框架，用于保留形成对象的横截面。如果在路径上指定多个图形，3DS Max 会假设在路径的每个位置都记录一个不同的图形，然后在图形之间生成曲面连接。

(1) 移动复制截面

下面完成一个柱体模型建立。

首先，打开图形编辑器，利用线工具来进行物体轮廓的编辑。

单击 "建立创建命令面板"/ "二维图形创建"/ "线"按钮，在顶视图中编辑并调整曲线，同时建立"圆形""矩形"（图10-36）。

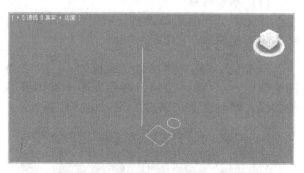

图10-36 "曲线"绘制

单击 "建立创建命令面板"/ "复合对象"/ "放样"按钮，打开"放样"面板。选择"圆"选项然后单击"获取路径"按钮，选择已绘制好的"曲线"选项。放样物体建立完毕（图10-37）。

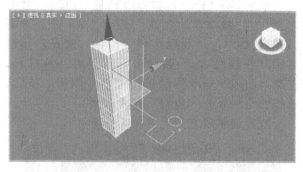

图10-37 "放样"物体

选择"放样物体"，在路径数值上输入数值"25"，点击获取图形"矩形"；在路径数值上输入数值"26"，点击获取图形"圆形"；在路径数值上输入数值"90"，点击获取图形"圆形"；在路径数值上输入数值"92"，点击获取图形"矩形"。多截面放样物体建立完成。

此时柱体基本形态形成（图10-38）。

放样物体线框显示中，不难发现"圆形"与"矩形"截面交接处的面发生了扭曲（图10-39）。

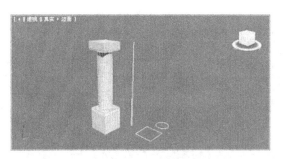

图 10-38 "放样"物体图形层级编辑

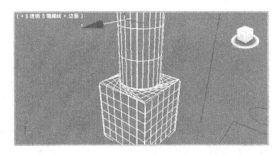

图 10-39 "放样"物体表面扭曲

软件中对于这种运算偏移有解决方法。

单击 修改面板，选择放样物体。修改面板上弹出该物体的对应参数。位于修改器列表下方有一个放样物体"路径与图形"层级修改 （图 10-40）。

图 10-40 "放样"命令层级

单击"loft"前面的符号"+"。弹开"路径与图形"层级修改。选择"图形"，弹出"图形命令"面板（图 10-41）。

图 10-41 放样"图形命令"面板

单击"比较"按钮，出现图形"比较"的浮动窗口。单击 ，在视图中，选择路径数值上输入数值"25"位置的"矩形"和路径数值上输入数值"26"位置的"圆形"（图 10-42）。

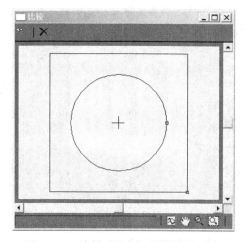

图 10-42 放样"比较"图形拾取面板

可以看出"矩形"与"圆形"的起点没有对齐。用"旋转选择" 工具在视图中直接选择任一图形进行旋转，对齐起点即可（图 10-43）。

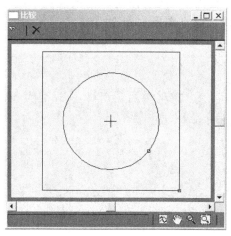

图 10-43 放样"比较"图形对齐

此时模型物体的扭曲面消失了（图 10-44）。

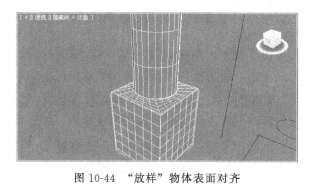

图 10-44 "放样"物体表面对齐

进入透视视图。单击路径数值上输入数值

"26"处的"圆形",用直接拖拽复制的方式复制截面,调整挂体形态。并同时使用"缩放选择"来改变圆截面的大小。最后关闭"路径与图形"层级修改(图10-45)。

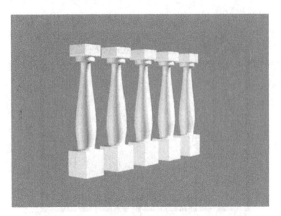

图10-45 "放样"命令编辑柱体效果图

(2) 修改路径形态

除了对放样物体"图形"层级修改,也可以对"路径"层级修改进行修改。

首先,打开图形编辑器,利用线工具来进行物体轮廓的编辑。

单击 "建立创建命令面板"/ "二维图形创建"/"线"按钮,在顶视图中编辑并调整曲线,建立图形(图10-46)。

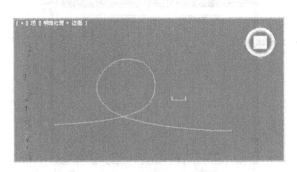

图10-46 "曲线"绘制

单击 "建立创建命令面板"/ "复合对象"/"放样"按钮,打开"放样"面板。选择"线"选项然后单击"获取图形"按钮,选择已绘制好的"曲线"选项。放样物体建立完毕(图10-47)。

选择"放样物体",建立一个道路入口的引桥。现在,引桥出现模型结构交叉的情况。

单击 修改面板,选择放样物体的路径曲线。修改面板上弹出线编辑的对应参数。

单击"点" 次层级修改。调整透视图中点在"Z"轴上的高度。以顶点编号的显示,我们把"3"号点、"4"号点、"5"号点的位置在"Z"轴上调高。编辑完毕后退出"点"次层级

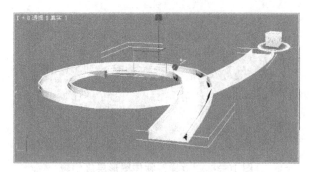

图10-47 "放样"物体

(图10-48)。

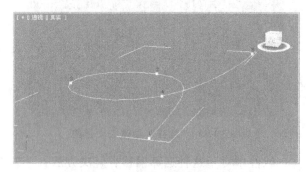

图10-48 修改"放样"路径

调整路径子层级点的时候,可以看见引桥模型结构交叉的部分分开了(图10-49)。

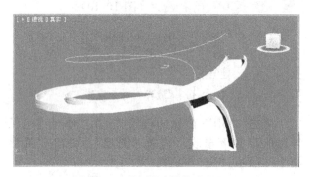

图10-49 "放样"物体路径调整

调整后的结果如图10-50所示。

图10-50 "放样"命令建立引桥效果图

本章小结

本章主要介绍了绘制二维图形转换为三维模型的基本方法。在修改编辑器中还有很多可将二维图形转换为三维模型的执行命令，可逐一深入了解其建模特性，熟练掌握后方便快速高效的建立场景模型。本章中还介绍了放样命令，可以建立出非常特殊的模型，建模功能比较强大。

第 11 章 3DS Max 2012 高级建模

11.1 可编辑网格和可编辑多边形

在 3DS Max 2012 软件中，"可编辑网格"和"可编辑多边形"是高级建模中两个非常重要，也是必须掌握的内容，通过对可编辑网格和可编辑多边形的编辑完成复杂的模型。

网格和多边形都可以是三维几何体，由点、边和面组成，都可以由三维几何体转换而来。其包含的子层级内容及其属性不同，其中网格几何体包括顶点、边、面、多边形和元素子层级，多边形包括顶点、边、边界、多边形和元素子层级。3DS Max 2012 中，网格和多边形的编辑方法有通用命令也有专属命令。通过使用这些编辑命令，可以对点、线、面等进行编辑，从而创建出各种复杂形态的模型。

3DS Max 2012 的可编辑网格中，可以对其三角面进行编辑，其面由三条边组成，称为三角面，默认状态下，三角面在视口中不显示，场景中的几何体上只能观察到四边形面或多边形面。

11.1.1 可编辑多边形的子层级对象

3DS Max 2012 的顶视图，创建一个长方体，命名为 Box001，选中新建的 Box001，右击，弹出相应的快捷菜单，选择转换为可编辑多边形，转换为可编辑多边形快捷菜单如图 11-1 所示。在命令面板，单击可编辑多边形前面的"+"，展开可编辑多边形，如图 11-2 所示。可以看到，可编辑多边形包含顶点、边、边界、多边形和元素 5 个子层级。选定子层级后，在视口显示相应的子层对象，这个子层级对象可选择、移动等编辑操作，同时相应的可用的编辑命令卷展栏出现在命令面板，卷展栏中的命令可以对此可编辑多边形进行编辑。

图 11-1 转换为可编辑多边形快捷菜单

"顶点"：子层级对象是位于对象表面的点，选择"顶点"后可以进行移动等编辑操作。

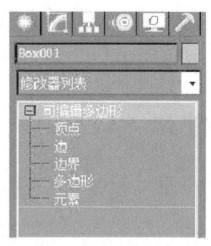

图 11-2 展开可编辑多边形子层级

选择菜单"自定义/首选项设置"，弹出窗口，调节"视口"选项卡的"将顶点显示为圆点"后面的"大小"参数，可以改变顶点在视口中的显示大小。

"边"：子层级对象是连接两个顶点之间的部分。

"多边形"：子层级对象是由三条或者三条以上的边所组成的面，它们组成了对象的可以渲染曲面，顶点和边在渲染中是不可见的。

"边界"：子层级对象表示为孔洞的边缘，这些孔洞通常是删除了"多边形"子层级对象以后所留下的。

"元素"：子层级对象是指一个完整的"多边形"对象，元素对象通常是"多边形"的集合。

11.1.2 "可编辑多边形"的"选择"卷展栏

通常情况下，进入相应的子层级后，在视口单击对象的子层级对象，完成子层级对象的选择。为了方便用户的编辑，3DS Max 在"选择"卷展栏提供了高级选择子对象的命令，如图11-3所示。"扩大"命令可以在当前选择的基础上扩大选取。例如，选择对象上的一个顶点，然后单击"扩大"按钮，可以选择与该顶点相连的周围的四个顶点。"收缩"命令和"扩大"命令功能相反，它通过取消选择最外部的子对象缩小子对象的选择。

图 11-3 选择卷展栏

勾选"按顶点选择"复选框后，将只能通过顶点来选择子对象，在对象上单击任意一个顶点，将会选择和该顶点有关联的子对象。在"多边形"子对象层级下，单击一个顶点，将会选择和这个顶点相关联的所有"多边形"。勾选"忽略背面"复选框，将会在选择时忽略对象背面的子对象。在透视口中框选所有的"多边形"，对象背面的部分不被选择。

勾选"按角度"复选框后，可以按照角度选择子层级对象，选择一个"多边形"会基于复选框右侧的角度设置，同时选择相邻"多边形"。"预览选择"选项组可以供用户预览选择，默认为关闭状态，开启该功能后，当鼠标指针移动到将要选择的子层级对象上时，该对象将显示为黄色。

在"边"子层级对象层级下，可以激活"环形"和"循环"两个命令。"环形"命令扩展选择所有平行于选中边的边。选择对象上的一个边，然后使用环形命令可以选择所有和它所平行的一圈边，"环形"命令按钮后的微调器可以在调整被扩展选择的范围，可以移动被选边对象在环上的位置。

"多边形"对象之间可以相互转换选择，选择对象上一些"多边形"子对象，然后右击，在弹出的四元菜单中选择"转换到顶点"命令。转换后将选择和这些面相关联的顶点子对象。顶点、边以及多边形这些子对象之间都可以相互进行转换选择。

11.1.3 "编辑几何体"卷展栏

"编辑几何体"卷展栏，如图 11-4 所示。"约束"选项组提供了用于约束子对象操作的选项。例如，选择对象上的一个顶点，然后选择"边"约束方式，移动顶点可以看到，该顶点受到了边的束缚，只能在它原先所在的边上水平移动。

图 11-4 "编辑几何体"卷展栏

"创建"命令可以在场景中创建新的子对象，在"顶点"子对象下使用该命令可以创建出新的单独的顶点对象，在"多边形"子对象层级下使用该命令可以在场景中创建出新的"多边形"子对象。

"附加"命令可以将其他的几何体附加到当前的"多边形"对象中形成元素子对象。

"切平面"命令，会在对象上产生一个黄色的平面，该平面与对象的相交，沿交接轮廓线生成新的边。单击"切平面"按钮，然后再单击"切片"按钮可以在对象上生成切平面所产生的边子对象。单击"快速切片"按钮，然后在场景中单击，可以直接在对象上进行切片操作。

"切割"命令可以自由地在对象上添加线段。单击"切割"按钮后，在对象上单击以确定线段起始的顶点，然后移动鼠标指针再次单击可以确定第二个顶点，并在此之间建立一条线段，该操作具有连续性，右击结束创建。在使用"切割"命令时，鼠标指针移动到不同的子对象上会产生变换。

11.1.4 编辑子层级对象卷展栏

针对不同的子层级对象，"可编辑多边形"提供了相应的编辑操作命令（图 11-5 ～图 11-10），单选中某个子层级时，相应的编辑卷展栏出现，非当前子层级的编辑卷展栏自动隐藏。

(1)"编辑顶点"卷展栏中的常用命令，如图 11-5 所示

图 11-5　编辑顶点

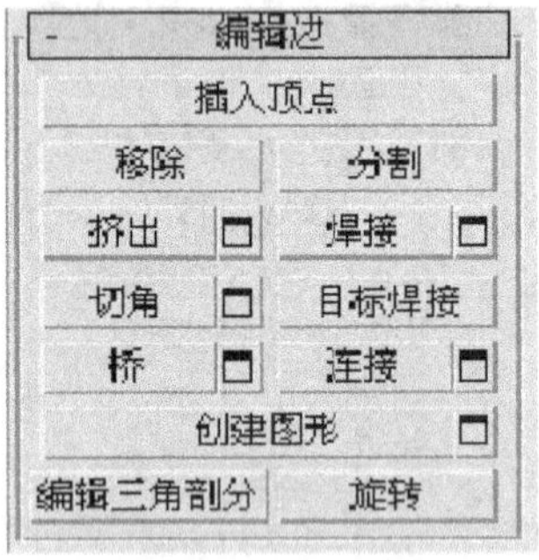

图 11-6　编辑边

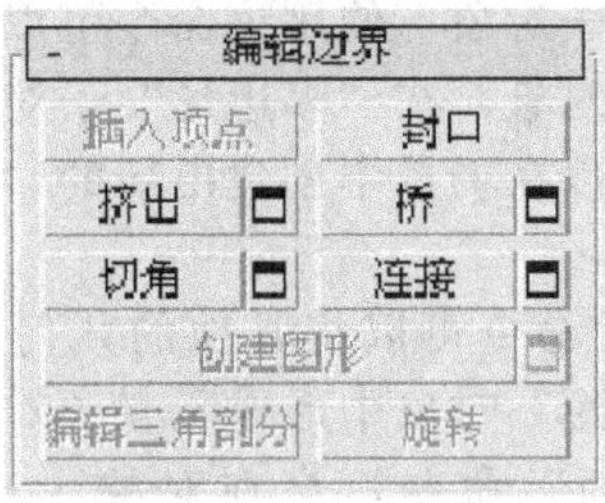

编辑边界面板图

图 11-7　编辑边界

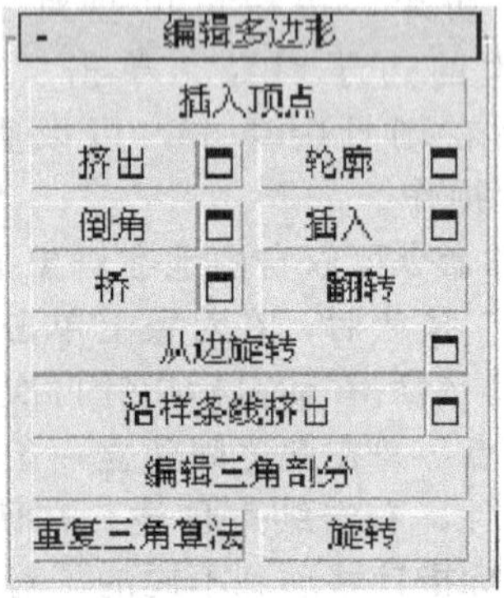

编辑多边形面板图

图 11-8　编辑多边形

编辑元素面板图

图 11-9　编辑元素

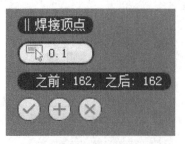

图 11-10　焊接浮动面板

"移除"命令可以将所选择的子对象移除掉，该命令在"顶点"和"边"子对象层级下可用。移除命令仅将子对象从物体表面移除，但仍然保留字对象所在的面，与"Delete"键删除后的效果不同。

"断开"命令仅在"顶点"子对象层级下使用，它可以将选择的顶点断开，断开后的顶点数目取决于连接该顶点的线段数。选择一个顶点然后使用"断开"命令可以将该顶点分裂为四个新的顶点。"焊接"命令与"断开"命令相反，它可以将分离的顶点焊接在一起。该命令在"边"子对象层级也可用，通常用来焊接顶点。单击"焊接"按钮后面的▢，在视口中弹出"焊接"浮动面板（图 11-10），在浮动面板中设置焊接顶点之间的距离，焊接小于距离值的订点。焊接顶点的另一种方法是使用"目标焊接"命令，它可以将所选择的顶点焊接到目标顶点上。

"切角"在顶点、边和边界子对象下都可用。在顶点子层级，选中一个顶点，单击"切角"命令，所选择的顶点分裂，并在沿切角面生成新的"多边形"。单击"切角"按钮后面的▢，在视口中弹出"切角"浮动面板，设置浮动"切角"面板的参数，改变切角的相应属性。

选中"顶点"子层级对象，单击"编辑顶点"卷展栏的"挤出"按钮，在视口按住鼠标左键移动，顶点将沿法线方向移动，并且创建新的"多边形"，形成挤出的面与原对象连续。单击"挤出"按钮后面的▢，在视口中弹出挤出浮动面板，设置浮动挤出面板"高度"和"宽度"两个参数，改变挤出属性，高度参数用来控制挤出的高度，宽度参数用来控制挤出基面的大小。

"连接"命令在顶点、边和边界子层级对象下可以使用，通常情况下用于在两个顶点直接建立新的边。选择不相连的两个顶点，单击"编辑顶点"卷展栏的"连接"命令，在这两个顶点之间生成一条新的边。

"移除孤立的顶点"命令可将孤立的顶点移除，在建模过程中某些操作可能会在几何体上残留下一些孤立的顶点，这些顶点并不与任何的边或面相关联，它们单独存在，使用"移除孤立的顶点"命令可以将这些孤立的顶点移除掉。在不选择任何顶点的情况下直接使用"移除孤立的顶点"命令就可以将对象上孤立的顶点全部移除掉。

(2) "编辑边"卷展栏的常用命令,如图11-6所示

在"边"子层级对象,使用"切角"命令,选定的边形成倒角。单击"切角"按钮后面的□,在当前视口中弹出切角浮动面板(图11-11),浮动"切角"面板中有一个"连接边分段"参数,设置该参数可以在切角边的中间产生分段。

"挤出"命令形成边挤出,选定对象的边子层级对象,单击"编辑边"卷展栏的"挤出"按钮,在视口按住鼠标左键拖动,边将沿法线方向移动,并且创建新的"多边形"。单击"挤出"按钮后面的□,在当前视口中弹出挤出浮动面板(图11-12),边子对象的挤出命令的浮动面板中包含两个参数,"高度",用来设置挤出的高度,"宽度"用来控制挤出基面的大小。

图 11-11 边切角浮动面板

图 11-12 边挤出浮动面板

"插入顶点"命令可以在边子层级对象上创建新的顶点,使用该命令在多边形的线段上单击就可以创建新的顶点。"利用所选内容创建图形"命令能够以选择的边子层级对象为基础生成二维图形。在当前视图,选择边子对象后,单击"从选择的边创建图形"按钮弹出图11-13所示的对话框,选择"平滑"或"线性"方式。

(3) "编辑边界"卷展栏中的常用命令,如图11-7所示

"补洞"命令,用来在孔洞上生成新的多边形,该命令只出现在"边界"子对象层级下。在

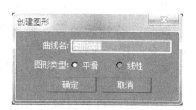

图 11-13 利用所选内容创建图形

"边界"子对象层级下选择对象的孔洞边缘,然后单击"补洞"按钮,将会在孔洞处生成新的多边形对象。

"桥"命令可以在两个"边界"子层级对象之间生成新的多边形,将它们连接起来。"桥"命令在边子层级对象和多边形子层级对象下都可用,它们的使用方法和所产生的效果基本相同,都是在所选择的两个子对象之间生成新的"多边形"连接。单击"桥"命令后的小按钮,弹出桥浮动面板,如图11-14所示,可进行相关的参数设置。"分段"参数用来设置生成的多边形上的分段数量,"锥化"参数可以使连接部分产生锥化变形,负值向内变形锥化,正值向外变形锥化。"偏移"参数用来设置锥化的中心偏移量。"平滑"参数用来设置是否对连接部分的多边形进行自动平滑,该参数表示列间的最大夹角。设置"扭曲"参数可以使连接的"多边形"部分产生扭曲变形。

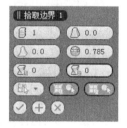

图 11-14 桥浮动面板

(4) "可编辑多边形"卷展栏中的常用命令,如图11-8所示

在"多边形"子对象层级下,选中多边形,单击"可编辑多边形"卷展栏的"挤出"命令,在当前视图,按住鼠标左键拖动,"多边形"将会沿着法线方向移动,形成新"多边形"。单击"挤出"按钮后的□,弹出挤出浮动窗口(图11-15),第一行是挤出的类型选项,分别是"组"、"局部法线"和"按多边形"。"按多边形"类型表示独立地挤出所选择的每一个"多边形"。"局部法线"类型表示沿着每一个选定的多边形法线执行挤出。"组"类型表示沿着每一个连续的"多边形"组的平均法线执行挤出。其系统默认是"组"类型。第二行是挤出的值,可进行挤出值的设置。

"倒角"命令和"挤出"命令的效果类似,

它可以在挤出"多边形"的基础上进行倒角操作。单击"倒角"按钮后的■，弹出倒角浮动窗口，倒角命令的浮动面板和"挤出"命令基本一样，只是多了一个"轮廓"参数，用来控制倒角值的大小。

"插入"命令的效果类似于没有高度的倒角操作，它在所选择的"多边形"的内部产生新的"多边形"，并与之相连接。单击"插入"按钮后的■，弹出插入浮动窗口，"插入"命令浮动窗口包含"组"和"按多边形"两种插入类型。

"轮廓"命令用于增大或减小选定多边形外轮廓的大小。"翻转"命令用于翻转所选择的多边形的法线，这个命令通常在"多边形"不可见的时候，翻转法线，使多边形可见。

"从边旋转"命令是将选择的"多边形"绕着某条边旋转，创建形成旋转边的新多边形，且新多边形与原对象相连。单击"从边旋转"按钮后面的■，弹出从边旋转浮动窗口，单击浮动面板中的"拾取边"图标，可以拾取旋转的边，如果拾取的旋转边属于选定"多边形"，将不会对边执行挤出操作。"角度"参数用来设置旋转的角度，设置负值时朝对象的内部旋转。"分段"参数控制旋转生成的新的多边形上的分段数量。

图 11-15　多边形挤出浮动面板

11.2　多边形细分曲面和平滑

11.2.1　"可编辑多边形"的"细分曲面"卷展栏

在当前视图，创建几个基本几何体，选择基本几何体，右击，在弹出的快捷菜单中，选择转换为可编辑多边形，同样操作，转换所有基本几何体为可编辑多边形。这些可编辑多边形面数少，几何棱角明显，表面曲线不平滑，可以通过细分曲面达到平滑的效果。如图 11-16 所示，为平滑前的多边形几何体。如图 11-17 所示，为细分曲面后的几何体模型。这种细分曲面的方法使用户能够使用较少的网格数，观察到只有使用较多的网格才能够实现的平滑的细分结果。但这些命令只能应用于对象的显示和渲染，由细化曲面产生的新的次级对象是不能够直接编辑。对象添加编辑修改器产生的平滑可以直接编辑，但对象添加编辑修改器产生的平滑则不会出现该卷展栏。

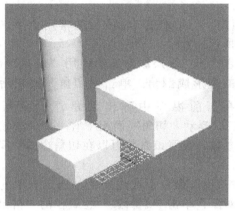

图 11-16　细分曲面前的效果

图 11-17　细分曲面后的效果

在"可编辑多边形"的"细分曲面"卷展栏，可以对可编辑多边形进行细分曲面设置（图 11-18），为"可编辑多边形"的"细分曲面"卷展栏中所包含的参数命令。

图 11-18　"细分曲面"卷展栏

"细分曲面"卷展栏，可以在任意的子对象层级下使用。勾选"平滑结果"复选框后，对平滑后的所有面指定同样的平滑群组。禁用该复选框的选择状态后，细分后的对象将保持原有的平滑组。

启用"使用 NURMS 细分"复选框后，将通过 NURMS 细分方法对对象表面进行平滑处理。只有当该复选框启用后，"细分曲面"卷展栏下的其他命令才可以影响对象，该复选框默认状态下为禁用状态。

"等值线显示"，启用该复选框时，该软件只显示平滑对象前的原始边，也就是等值线。若禁用该复选框时，该软件将会显示使用"NURMS 细分"添加的所有面，"迭代次数"设置越高，模型显示的线框越多。

"显示框架"：启用该复选框后，可显示出细分前的多边形边界。复选框右侧的第 1 个色块代表未被选择的子对象部分的颜色，第 2 个色块代表被选择的子对象部分的颜色，单击色块可更改其颜色。

"显示"选项组的"迭代次数"，设置对表面进行重复平滑的次数。每个迭代次数都会使用上一个迭代次数生成的顶点生成所有多边形。该数值框的取值范围为 0～10。数值越高，平滑效果也越明显，但计算速度会大大降低。

"显示"选项组的"平滑度"，控制新增表面与原表面折角的平滑度。如果值为 0，在原表面不会创建任何面；如果值为 1，将会向所有顶点中添加面。

"渲染"选项组的"迭代次数、平滑度"，这两个命令的作用与"显示"选项组相同，当选择这两个复选框后，将只会影响对象渲染后的效果。实现在视图上用低精细度建模，最终渲染时使用高精细度渲染。

"分隔方式"选项组的"平滑组"，防止在面间的边处创建新的面。其中，这些面至少共享一个平滑组。如果该复选框为禁用状态，执行细化命令时，属于不同"平滑组"的次对象将共享边界；如果启用"平滑组"复选框，执行细化命令时，属于不同"平滑组"的面不共享边界。

"分隔方式"选项组的"材质"，决定当选择的多边形次对象材质 ID 值不同时，执行细化命令时次对象是否共享边界。如果禁用该复选框，执行细化命令时，拥有不同 ID 值的次对象将共享边界；如果启用该复选框，执行细化命令时，拥有不同 ID 值的次对象将不共享边界。

"更新选项"选项组的"始终"，在调节参数后，自动对视图进行更新显示。"渲染时"只有在最后渲染时才显示更新的结果。"手动"通过单击"更新"按钮，手动控制视图显示的更新。

11.2.2 网格平滑修改器

另一种给对象进行细分的方式是添加"网格平滑"修改器。在命令面板的"创建 /几何体 /基本几何体"，单击长方体，在当前视图按住左键拖动鼠标，创建一个长方体。选择长方体，右击，在弹出的快捷菜单中，选择"转换为可编辑多边形"。然后，在命令面板，"修改面板/修改器列表/对象空间修改器/网格平滑"添加网格修改器。在命令面板出现网格平滑修改器的三个卷展栏（图 11-19），细分方法卷展栏；如图 11-20 所示，细分量卷展栏；如图 11-21 所示，局部控制卷展栏。

图 11-19 网格平滑卷展栏——细分方法

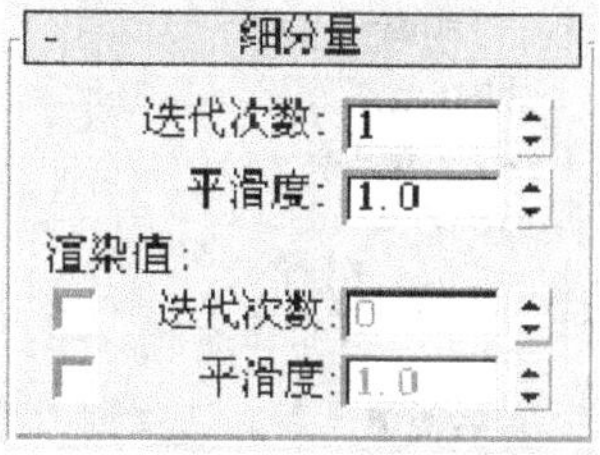

图 11-20 网格平滑卷展栏——细分量

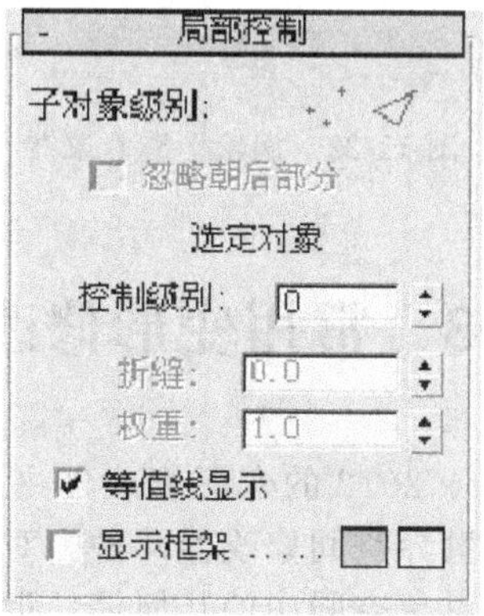

图 11-21 网格平滑卷展栏——局部控制

网格平滑修改器提供了三种不同类型的细分方式，"NURMS""古典"和"四边形输出"。"应用于整个网格"复选框控制细分效果是否应用于整个网格对象。不勾选该复选框，进入"多边形"的顶点层级选择一个顶点，只有这个顶点产生了细分效果，而其他部分没有变化。

"细分量"卷展栏可以对顶点和边进行单独的参数设置。"局部控制"卷展栏中包含"顶点"

和"边"两种子对象。该参数用来设置选定顶点或边的权重,增加顶点权重会朝该顶点拉动平滑结果。进入"边"子对象层级中将会显示出对象原有的"多边形"框架。"控制级别"参数用于在一次或多次迭代后查看控制网格,并在该级别编辑子对象点和边。

"设置"卷展栏可以用来设置编辑的对象是三角面还是"多边形"面。"重置"卷展栏可将所做的任何更改以及编辑折缝更改、顶点权重和边的权重的更改恢复为默认或初始设置。

11.2.3 "涡轮平滑"修改器

"涡轮平滑"修改器是一种新的细分修改器,图11-22所示,"涡轮平滑"修改器的卷展栏。从效果上来看"涡轮平滑"修改器和"网格平滑"修改器是相同的,但是涡轮平滑修改器比网格平滑能更快更有效地利用内存。

图11-22 涡轮平滑修改器

11.3 常用变形修改器

3DS Max 2012的变形修改器主要有对象空间修改器和世界空间修改器两种,对象空间修改器直接影响对象空间中的几何体,世界空间修改器类似于空间扭曲绑定到对象上,不随对象本身坐标的改变而改变。

11.3.1 添加修改器方法

给对象添加修改器有两种方法。第一,在菜单栏,修改器/某一修改器;第二,在命令面板的修改命令面板的修改器列表的下拉列表框中选择一种修改器。当选择一种修改器后,该修改器的名称会出现在的修改器堆栈中,同一个对象可以添加多种修改器,每种修改器按照所添加的顺序依次排列在修改器堆栈中。图11-23是添加两个修改器的堆栈。

图11-23 添加修改器的堆栈

图11-24 修改器列表

对象添加多个空间修改器后,右击,在弹出的快捷菜单中选择"瓦解全部"命令,可以将对象的所有空间修改器塌陷,只保留最终的效果。使用该命令后会弹出警告对话框,提示用户是否继续进行塌陷。

11.3.2 使用修改器堆栈

在修改命令面板,修改的下拉列表框提供了修改器。修改器在对物体产生变换的时候并不会改变对象原有的参数属性,当添加了修改器后仍然可以对物体的最原始参数进行调整,可以同时给一个对象应用多个修改器。

给对象所添加的修改器都会显示在修改器堆栈中,其参数是可控制和反复可编辑修改的。在每个修改器类型前的"灯泡"的开启和关闭,控制该修改器是否在场景中生效。

每种修改器都包含有各自的选项参数,单击修改器前的"+"按钮可以展开该修改器的选项。修改器堆栈下方提供了几种修改器参数控制工具,单击"显示最终结果"按钮,可以不显示应用所有修改器的最终效果,而只显示当前所选择的修改器效果。

"锁定堆栈"工具可以将当前的修改器堆栈状态锁定。在选择应用修改器对象时单击该按钮,然后在场景中创建一个茶壶对象,由于堆栈状态已经被锁定,所以即使茶壶没有启用修改器,在堆栈中仍然显示的是锁定时的状态。单击配置"修改器集"按钮可以打开图11-24所示的菜单面板的"配置修改器集",用来自定义修改器面板和修改器集。

"使唯一",如图11-24所示。"使唯一"工具可以将已实例化的对象转换成唯一的副本。同时选择场景中两个对象给它们使用"锥化"修改器,然后单击"使唯一"按钮,可以将"锥化"修改器分别添加到这两个对象上。

11.3.3 对象空间修改器

"对象空间修改器"作用于对象本身,直接影响局部空间中的几何体对象,当对象的坐标发生变化时,修改器也会随之产生变化。3DS Max 2012中所包含的绝大多数修改器都属于对象空间修改器。

(1) 弯曲修改器

弯曲修改器允许将当前选中对象围绕单独轴弯曲360°,在对象几何体中产生均匀弯曲。可以在任意轴上控制弯曲的角度和方向,也可以对几何体的一段限制弯曲。

在视口选择场景对象,在命令面板,选择修改,在修改器下拉列表框中,选择"弯曲"修改器,图11-25为"弯曲"修改器的参数面板。"弯曲"修改器能够使对象在不同的轴向上产生弯曲效果,其中"角度"参数用来控制弯曲的度数。

图11-25 弯曲修改器参数面板

"方向"参数用来控制弯曲相对于水平面的方向,"弯曲轴"选项组用来设置弯曲的轴向。"限制"选项组用来使对象在一段限制区域内产生弯曲,启用限制使对象的左侧产生弯曲的效果。在修改器堆栈,单击"弯曲"修改器前面的"+",展开修改器子层级,如图11-26所示。选择"中心"选项,可以在对象上移动弯曲修改器的中心位置。

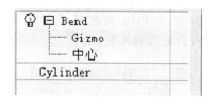

图11-26 弯曲修改器子层级

(2) 扭曲修改器

扭曲修改器允许将当前选中对象围绕单独轴扭曲任意角度,在对象几何体中产生均匀扭曲。可以在任意轴上控制扭曲的角度和方向,也可以对几何体的一段限制扭曲。

在视口选择场景对象,在命令面板,选择修改,在修改器的下拉列表框中,选择"扭曲"修改器,图11-27为"扭曲"修改器的参数面板。"扭曲"修改器可以使对象产生扭曲变形的效果,"角度"参数用来控制扭曲变形的旋转度数。"偏移"参数用来控制使扭曲旋转在对象的任意末端聚集。扭曲修改器也包含"限制"选项组,启用扭曲的限制,使对象的下半部分或上半部分产生扭曲变形。

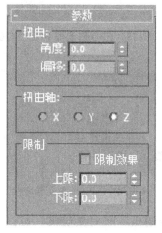

图11-27 扭曲修改器参数面板

(3) FFD修改器

FFD修改器,它的效果用于类似舞蹈汽车或坦克的计算机动画中,也可将它用于构建类似椅子和雕塑这样的图形。FFD修改器使用晶格框包围选中的几何体。通过调整晶格的控制点,可以改变封闭几何体的形状,自由变形修改器的使用比较灵活,可以将对象变形为任意的形状。FFD修改器有三个,分别是2×2、3×3和4×4,每个提供不同的晶格分辨率。3×3修改器提供具有三个控制点(控制点穿过晶格每一方向)的晶格或在每一侧面一个控制点(共九个)。

FFD修改器有两个FFD相关修改器,是FFD长方体修改器和FFD圆柱体修改器,它们提供原始修改器的超集,使用FFD(长方体/圆柱体)修改器,可在晶格上设置任意数目的点,这使它们比基本修改器功能更强大。

图11-28为FFD修改器卷展栏参数。图11-29为FFD修改器堆栈。

图11-28 FFD修改器卷展栏参数

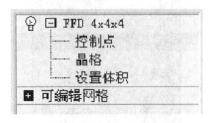

图11-29 FFD修改器堆栈

在"控制点"子对象层级,可以选择并操纵晶格的控制点,可以一次处理一个或以组为单位处理。操纵控制点将影响基本对象的形状。可以给控制点使用标准变形方法。当修改控制点时如果启用了"自动关键点"按钮,此点将变为动画关键点。

在"晶格"子对象层级,可从几何体中单独的摆放、旋转或缩放晶格框。如果启用了"自动关键点"按钮,此晶格将变为动画。当首次应用FFD时,默认晶格是一个包围几何体的边界框。移动或缩放晶格时,仅位于体积内的顶点子集合可应用局部变形。默认的晶格体积是包围选中几何体的长方体,可以摆放、旋转、和/或缩放晶格框,这仅修改顶点子集合。选择晶格子对象,然后使用任一变形工具相对几何体调整晶格体积。

在"设置体积"子对象层级,变形晶格控制点变为绿色,可以选择并操作控制点而不影响修改对象。这使晶格更精确地符合不规则图形对象,当变形时这将提供更好的控制。"设置体积"主要用于设置晶格原始状态。如果控制点已是动画或启用"自动关键点"按钮时,此时"设置体积"与子对象层级上的"控制点"使用一样,当操作点时改变对象形状。

11.4 复合对象建模和编辑

创建模型是使用3DS Max所必须掌握的一个重点,3DS Max 2012为用户提供了一些复合对象类型,如布尔、散布、放样等,使用它们能快速制作出模型。

11.4.1 布尔运算

在3DS Max 2012中,布尔运算包括布尔和ProBoolean(超级布尔)两种布尔运算。使用布尔运算的方法是这样的,首先选定视口内的编辑对象之一(对象A),单击布尔运算工具,开启布尔运算工具,然后选择编辑对象B。布尔运算开启方法有两种:①依次单击命令面板的"创建"、"几何体"按钮,在下拉列表中选择"复合对象"选项,在其面板上单击"布尔"按钮;②在主菜单,选择"创建"/"复合"/"布尔"选项。

(1)什么是布尔运算

布尔运算有差集、并集和交集,首先认识什么是布尔运算的差集、并集和交集,如图11-30所示,有两个操作对象,分别是对象A和对象B,这两个对象放在一起,图11-31和图11-32为对象A和对象B的差集,一个是A-B,另一个是B-A。图11-33为这两对象的并集。图11-34为这两个对象的交集。

图11-30 操作对象A(左)对象B(右)

图 11-31　差集，对象 A-对象 B

图 11-32　差集，对象 B-对象 A

图 11-33　并集

图 11-34　交集

(2) 布尔运算卷展栏

如图 11-35 所示，为拾取布尔卷展栏，其中"拾取操作对象 B"按钮用于选择布尔操作的第二个对象。"参考/复制/移动/实例"复选框用于指定将操作对象 B 转换为布尔对象的方式。使用"参考"可使对原始对象的更改与操作对象 B 同步，反之则不行。如果需要在场景中重复使用操作对象 B，则可使用"复制"。使用"实例"可使布尔对象与原始对象 B 的更改同步，反之亦然。如果创建操作对象 B 几何体仅仅为了创建布尔对象，再没有其他用途，则可使用"移动"（默认设置）。无论勾选哪个复选框，对象 B 几何体都将成为布尔对象的一部分。

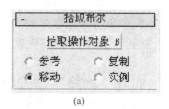

(a)

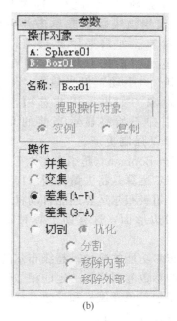

(b)

图 11-35　布尔运算卷展栏
(a) 拾取布尔卷展栏　(b) 布尔参数卷展栏

在"参数"卷展栏，"操作"组的"并集"布尔运算的结果包含两个原始对象的体积。将移除几何体的相交部分或重叠部分。"交集"布尔运算的结果只包含两个原始对象公用的体积（即重叠的位置）。"差集（A-B）"从操作对象 A 中减去相交的操作对象 B 的体积。布尔的结果包含从中减去相交体积的操作对象 A 的体积。"差集（B-A）"从操作对象 B 中减去相交的操作对象 A 的体积。布尔对象包含从中减去相交体积的操作对象 B 的体积。

在"显示/更新"卷展栏，"显示"组查看布尔操作的结果比较复杂，尤其是在要修改结果，可使用"显示/更新"卷展栏上的"显示"选项来帮助查看布尔操作的构造方式。

在创建布尔操作之前，以下显示控件是无效的。"结果"显示布尔操作的结果。"操作对象"

显示操作对象,而不是布尔结果。如果操作对象在视口中难以查看,则可以使用"操作对象"列表选择一个操作对象。单击操作对象 A 或 B 的名称即可选中它。"结果＋隐藏的操作对象"将"隐藏"的操作对象显示为线框。尽管复合布尔对象部分不可见或不可渲染,但操作对象几何体仍保留了此部分。在所有视口中,操作对象几何体都显示为线框。

在"显示/更新"卷展栏,默认情况下,只要更改操作对象,布尔对象便会更新。如果场景包含一个或多个复杂的活动布尔对象,则性能会受到影响。"更新"选项为提高性能提供了一种选择。

"更新"组的"始终",更改操作对象(包括实例化或引用的操作对象 B 的原始对象)时立即更新布尔对象。这是默认设置。"渲染时"仅当渲染场景或单击"更新"时才更新布尔对象。如果采用此选项,则视口中并不始终显示当前的几何体,但在必要时可以强制更新。"手动"仅当单击"更新"时才更新布尔对象。如果采用此选项,则视口和渲染输出中并不始终显示当前的几何体,但在必要时可以强制更新。

(3) Pro Boolean(超级布尔)

超级布尔运算是将大量功能添加到传统的布尔运算中,超级布尔运算还能自动将布尔运算结果细分为四边形面,这有助于对对象进行平滑操作。

作为布尔功能的延伸,超级布尔的参数卷展栏与布尔的参数卷展栏有一定的相似性,如都包含了拾取布尔对象卷展栏和参数卷展栏,并且卷展栏中的参数含义一致。

"参数"卷展栏,如图 11-36 所示,其包含操作、显示、应用材质、子对象运算选项组。操作选项组中包含了并集、交集等六种选项。选择并集选项,可以将两个或多个单独的实体组合到单个布尔对象中。而在该选项之后有一个盖印复选框,勾选该复选框可以将图形轮廓(或相交边)打印到原始网格对象上。

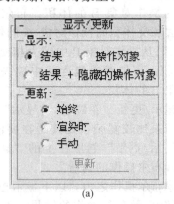

(a)

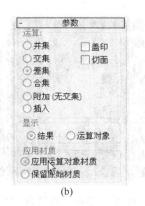

(b)

图 11-36 布尔显示
(a) 更新卷展栏　(b) Pro Boolean 参数卷展栏

选择"合集"选项之后,能将对象组合到单个对象中,而不移除任何几何体(在相交对象的位置创建新边)。

"附加(无交集)"选项能将两个或多个单独的实体合并成单个布尔型对象。选择"插入"选项,先从第一个操作对象减去第二个操作对象的"边界"体积,然后再组合这两个对象。

11.4.2 地形建立

3DS Max 2012 地形是等高线生成的网格曲面,生成地形的前提是真实尺寸的等高线,等高线可以是表示海拔等高线的可编辑样条线,然后单击"地形",再依次选择视口中的等高线。可以创建"梯田"形式,使每个层级的轮廓数据都是一个台阶,也可以形成平滑曲面。

"地形"建模命令的调用有两种方式:①在命令面板,　"创建"/　几何体,在下拉列表中选择"复合对象",在面板选择"地形";②在菜单栏,"创建"/"复合"/"地形"。

(1) 简单地形的建立

打开 3DS Max 2012,在菜单栏,选择自定义/单位设置,单位设置成 m (或系统默认)。在顶视图,绘制如图 11-37 所示的等高线,可以根据网格估算尺寸。

图 11-37 等高线

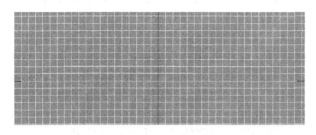

图 11-38　等高线移动到实际高度

在透视图，选择等高线，单击主工具栏的移动工具，向上移动等高线，在前视图，根据方网格估计移动距离（或移动一个网格），将所有等高线移动到实际高度的位置，如图 11-38所示。

在顶视图，选择等高线基线，在命令面板，单击"创建"/几何体，在修改器下拉列表中选择"复合对象"，在复合对象修改器面板，选择"地形"，然后依次选择各个高度的等高线，在透视图视口观察所生成的地形效果，如图11-39所示。

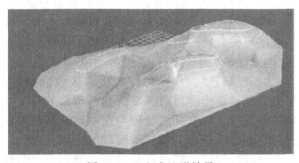

图 11-39　生成地形效果

在"按海拔上色"卷展栏，单击"创建默认值"此时地形按海拔高度上色，如图 11-40 所示，按海拔上色的目的是便于观察新建地形的效果。

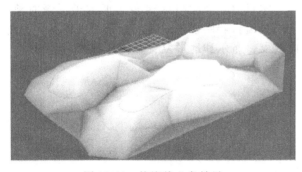

图 11-40　按海拔上色效果

选择新建的地形，右击，弹出快捷菜单，选择转换为可编辑多边形，保持选中地形状态，在命令面板的"修改"面板，勾选"细分曲面"的"使用 NURMS 细分"复选框，迭代次数栏输入4。最终效果如图 11-41 所示。

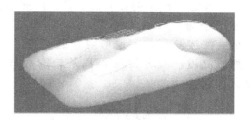

图 11-41　地形效果

（2）地形命令的卷展栏
① "简化"卷展栏，如图 11-42 所示。

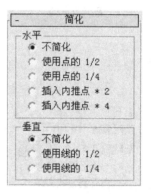

图 11-42　"简化"卷展栏

• "水平"组，不简化使用所有操作对象的顶点来创建复杂的网格，这将产生比两部分选项都更详细的细节及更大的文件。

使用点的 1/2 使用操作对象中顶点集的一半来创建不太复杂的网格。这将产生比使用"不简化"选项更少的细节及更小的文件。

使用点的 1/4 使用操作对象中顶点集的四分之一来创建不复杂的网格。在这些选项中，此选项产生的细节最少且文件最小。

插入内推点 * 2 将操作对象中的顶点集增加到原来的两倍，以创建更优化但更复杂的网格。这在使用诸如圆和椭圆等结构曲线的地形中最为有效。这将产生比使用"不简化"选项更多的细节及更大的文件。

插入内推点 * 4 将操作对象中的顶点集增加到原来的四倍，以创建更优化但更复杂的网格。这在使用诸如圆和椭圆等结构曲线的地形中最为有效。这将产生比使用"不简化"选项更多的细节及更大的文件。

• "简化"卷展栏："垂直"组。不简化使用地形对象的所有样条线操作对象的顶点来创建复杂的网格。这将产生比其他两个选项都更详细的细节及更大的文件。

使用线的 1/2 使用地形对象的样条线操作对象集的一半来创建不太复杂的网格。这将产生比使用"不简化"选项更少的细节及更小的文件。

使用线的 1/4 使用地形对象的样条线操作对象集的四分之一来创建不复杂的网格。在这三个选项中，此选项产生的细节最少且文件最小。

②"按海拔上色"卷展栏，如图11-43所示。最大海拔高度，在地形对象的Z轴上显示最大海拔高度。3DS Max可以从轮廓数据中派生出此数据。

图11-43 "按海拔上色"卷展栏

● "按海拔上色"卷展栏：最小海拔高度。在地形对象的Z轴上显示最小海拔高度。3DS Max可以从轮廓数据中派生出此数据。

● "按海拔上色"卷展栏：参考海拔高度。这是3DS Max在为海拔区域指定颜色时用作导向的参考海拔或数据。在输入参考海拔后，单击"创建默认值"按钮。3DS Max会将参考海拔以上的海拔视为实际的土地，而将参考海拔以下的海拔视为水。

如果输入的值不大于对象中的最小海拔高度，则3DS Max会将参考海拔与最小海拔之间的范围分成五个颜色区域：深绿色、浅绿色、黄色、紫色和浅灰色。

如果输入的值介于最小海拔与最大海拔之间，则3DS Max将创建六个颜色区域。将两个区域（深蓝色和浅蓝色）用于低于参考海拔的海拔高度。这些被视为在水面之下。一个区域（深黄色）用于参考海拔周围的狭窄范围。三个区域（深绿色、浅绿色、浅黄色）用于高于参考海拔的海拔高度。

如果输入的值等于或大于最大海拔，则3DS Max会将最小海拔与参考海拔之间的范围分成三个区域（深蓝色、蓝色、浅蓝色）。

● "按海拔上色"卷展栏："按基础海拔分区"组。"创建默认值"按钮，创建海拔区域，3DS Max将在每个区域的底部列出海拔高度，相对于正确的数据（参考海拔）而言。3DS Max将在基础海拔上应用区域的颜色。是否混合区域之间的颜色取决于您选择的是"与上面颜色混合"还是"填充到区域顶部"选项。

● "按海拔上色"卷展栏："色带"组。此组框中的项可以为海拔区域指定颜色。例如，您可能想更改蓝色的程度以指示水的深度。在您单击"修改区域"或"添加区域"按钮之前，您在"色带"区域中所做的更改不会影响到地形对象。

"基础海拔"，这是您要为其指定颜色的区域的基础海拔。输入值后，单击"添加区域"以在"创建默认值"下的列表中显示海拔。

"基础颜色"，单击色样以更改区域的颜色，与上面颜色混合将当前区域的颜色与其上面区域的颜色混合。填充到区域顶部在不与其上面区域的颜色混合的情况下填充到区域的顶部。

"修改区域"，修改区域的所选选项。"添加区域"，为新的区域添加值和所选选项。"删除区域"删除所选区域。

本章小结

本章主要介绍可编辑多边形的子层级对象，子层级编辑卷展栏，曲面细分平滑编辑器，弯曲修改器，布尔和地形复合几何体建模。

第 12 章 3DS Max 2012 材质与贴图

12.1 材质编辑器面板

3DS Max 2012 材质和贴图是模拟真实世界场景的颜色、纹理和光泽等特性，来展示场景的真实效果。材质和贴图前的场景如图 12-1，场景没有真实的色彩（场景可以赋予红、绿、蓝等色彩）、纹理和光泽等，赋予材质和贴图后的场景如图 12-2，3DS Max 2012 场景再现场景的真实色彩、纹理和光泽等。

图 12-1 材质和贴图前的场景

图 12-2 材质和贴图后的场景

打开材质编辑器有三种方法，第一种方法是主工具栏 \ 材质编辑器 材质编辑器，弹出材质编辑器窗口，如图 12-3 Slate 材质编辑器窗口，这是 3DS Max 2012 默认材质编辑器窗口，单击 Slate 材质编辑器的菜单 \ 模式 \ 精简材质编辑器，转换为精简材质编辑器模式如图 12-4；第二种方法是菜单 \ 渲染 \ 材质编辑器 \ 精简材质编辑器或 Slate 材质编辑器，弹出相应的材质编辑器窗口；第三种方法是按下键盘上的 M，这是材质编辑器的快捷键，弹出默认的材质编辑器窗口。

精简材质编辑器和 Slate 材质编辑器是材质编辑器的两种窗口形式，可以单击菜单 \ 模式 \ 精简材质编辑器或 Slate 材质编辑器进行转换。精简材质编辑器简单方便，是早期版本所用的编辑器模式。Slate 材质编辑器，是 3DS Max 2011 版本以来增加的材质编辑器模式，在材质设计和编辑中功能更强大。在实际应用过程中，设计者可结合设计需要和使用习惯选择使用，建议初学者使用精简材质编辑器。

12.1.1 Slate 材质编辑器

在设计和编辑材质时，Slate 材质编辑器以图形方式显示材质的节点和关联结构，比精简材质编辑器更直观，在设计和编辑材质时功能更强大。Slate 材质编辑器界面具有多个元素的图形界面，最突出的特点是"材质/贴图浏览器"，可以在其中浏览材质、贴图和基础材质和贴图类型，当前活动视图，可以在其中组合材质和贴图，以及参数编辑器，可以在其中更改材质和贴图设置。Slate 材质编辑器面板组成如图 12-5 所示。

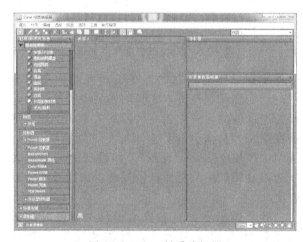

图 12-3 Slate 材质编辑器

材质/贴图浏览器：编辑材质时，可将其从"材质/贴图浏览器"面板拖到活动视图中；创建新的材质或贴图，可将其从"材质"组或"贴图"组中拖出。也可以双击"材质/贴图浏览器"条目以将相应材质或贴图添加到活动视图中。

活动视图：在当前活动视图中，可以通过将贴图或控制器与材质组件关联来构造材质树。编

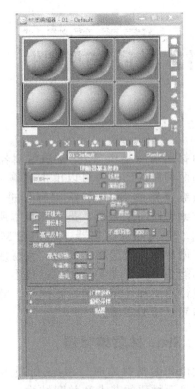

图 12-4　精简材质编辑器

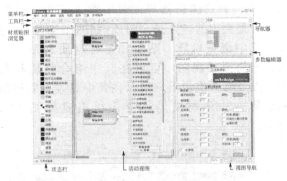

图 12-5　Slate 材质编辑器面板

辑材质和贴图时，它们将在活动视图中显示为"节点"，您可以在节点之间创建关联等操作。可以为场景中的材质创建一些视图，并从中选择活动视图，为材质创建许多不同的"视图"，然后从中选择相应活动"视图"。如果您的场景比较复杂，或场景中的材质比较复杂，这样做就会很方便。

参数编辑器：在参数编辑器中，可以调整贴图和材质的详细设置，材质和贴图上有各种可以调整的参数。要查看某材质或贴图的参数，请双击此节点。参数就会出现在"参数编辑器"中。

12.1.2　精简材质编辑器

精简材质编辑器是 3DS Max 2010 及以前版本材质编辑器的唯一界面，它使用的对话框比较直观，设计材质功能没有 Slate 材质编辑器强大，精简材质编辑器界面在应用已设计好的材质时有较高效率（图 12-6）。

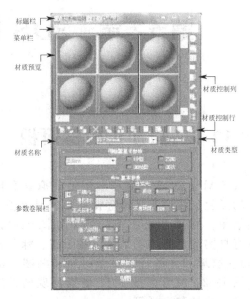

图 12-6　精简材质面板

精简材质编辑器面板有标题栏、材质编辑器菜单栏、材质预览窗口、材质名称、材质参数展卷栏、材质控制列、材质控制行、材质类型七个区。

材质菜单栏：其中有四组菜单，分别是材质、导航、选项、和工具，菜单组包含了精简材质编辑器的所有操作命令，菜单命令与工具列、工具行的按钮相一致。

材质预览窗口：材质预览窗口通过材质样本球，直接观察到材质和贴图的视觉效果。3DS Max 2012 默认提供 6 个材质球，单击菜单\选项\循环 3×2、5×3、6×4 示例窗，最多可以显示 24 个。应该注意的是 3DS Max 2012 材质的数量是没有上限的，只是最多可显示 24 个。

精简材质编辑器工具列（图 12-7）：工具列设置样本窗显示材质效果的展现方式。例如，设置样本窗口显示为样本球或样本正方体，打开和关闭背景光等。

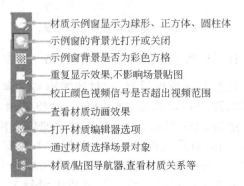

图 12-7　精简材质编辑器工具列

精简材质编辑器工具行（图 12-8）：包括获取材质、放置到场景。

图 12-8　精简材质编辑器工具行

：获取材质，单击该按钮将弹出材质/贴图浏览器，允许调出材质和贴图进行编辑修改。

：将材质放入场景，将与热材质同名的材质放置到场景中。

：将材质赋予选择物体，将材质赋予当前场景中所有选择的对象。

：重置贴图，单击该按钮后将把示例窗中的材质清除为默认的灰色状态。如果当前材质是场景中正在使用的热材质，会弹出一个对话框，让你在只清除示例窗中的材质和连同场景中的材质一起清除中选择其一。

：生成材质副本，单击该按钮将会把当前的热材质备份一份。

：使唯一，单击此按钮可以使子材质再次成为唯一材质，并向其指定新的材质名。"使唯一"不可用于子材质的顶级实例。

：储存材质，单击该按钮将弹出名称输入对话框，输入名称后，将把当前材质储存到材质库中。

：材质效果通道，该按钮指定一个 Video Post 通道，使材质产生特殊效果，如发光特效等。

：视口中显示明暗处理材质，单击该按钮将使材质的贴图在视图中显现出来。

：显示最后结果，单击该按钮后，该按钮会变成状，将显示材质的最终效果。松开该面的形式赋予对象。

：转到父对象。

：转到下一个同级项。

12.2　材质类型

3DS Max 2012 的材质编辑器提供了多种材质类型，每种材质都有各自的特点，其中最常用的是标准材质，系统默认材质是标准材质，下面介绍材质编辑器的精简面板模式的材质类型和主要特性。

按 M 键或单击主工具栏的材质"编辑器"，打开材质编辑器精简模式面板，单击一个示例窗，单击精简材质编辑器工具行的"获取材质" 或材质名称栏的"标准材质" Standard ，打开材质/贴图浏览器（图 12-9）。材质是可以用来编辑的材质，场景材质是场景中用到的所有材质，示例窗与精简材质编辑器面板的示例窗对应。

图 12-9　材质/贴图浏览器

在"材质"目录下有"DirectX Shader" "Ink'n Paint" "变形器" "标准材质" "虫漆" "顶/底"等 16 种材质，每一种材质的主要特点如下：

"DirectX Shader"材质：能够使用 DirectX 明暗器为视口中的对象着色。如果要使用此材质，必须有能支持 DirectX 的显示驱动，同时必须使用 Direct3D 显示驱动。

"Ink'n Paint"材质：主要用于创建卡通材质效果。

"变形器"：专门对变形编辑器所设置的材质，提供了 100 个材质通道，配合角色面部表情的变化，可以制作一些特殊效果。

"标准"材质：适合大部分场景。

"虫漆"材质：能够将两种不同的材质混合在一起，可以理解为基本材质是本色，胶漆材质是物体外的一层漆，可以增加叠加颜色混合的值来决定胶漆对物体本色的影响程度。

"顶/底"材质：可以将物体按照世界坐标或自身坐标分为上下两部分，并对这两个部分分别指定不同的材质。可增加混合的值来融合这两个材质的交界线。通过调节位置的值可改变材质的位置。

"多维/子对象"材质：通过物体表面的 ID 号与多重材质中的子材质进行匹配。最多可以设置 1000 个子材质。

"高级照明覆盖"材质：专门为光能传递准备的材质，可以通过材质对光能传递的值产生影响。

"光线跟踪"材质：自身带有光线跟踪特性，所有设置与折射体贴基本相同。可以直接在反射通道中指定贴图，根据贴图的灰度值决定反射强度。

"合成"材质：允许将最多 10 个材质叠加在一起，通过数量的值决定材质之间的混合程度。

"混合"材质：与混合贴图的设置基本相同，可以根据材质的灰度值来混合另外两个不同的材质。

"建筑"材质：专门表现建筑物的材质。

"壳材质"：用两个基本材质来表现，能够突出显示一种基本材质，从而让材质显示得更加亮丽。

"双面"材质：为物体的法线正反面分别提供了两个不同的材质，也能够使物体的法线反面渲染出来。

"外部参照材质"：外部参照材质能够在一个场景文件中从外部参照某个应用于对象的材质，对于外部参照对象，材质驻留在单独的原文件中，可以仅在原文件中设置材质属性。当在源文件中改变材质属性然后保存时，在包含外部参照的主文件中，材质的外观可能会发生变化。

"无光/投影"：用于混合真实的环境背景与三维场景中的物体。

12.2.1 标准材质

按"M"键或单击主工具栏的"材质编辑器" ，打开材质编辑器精简模式面板，系统默认为 Standard（标准材质），系统默认第一个示例窗，材质名称为 01-default，标准材质面板如图 12-10 所示。

标准材质编辑器有五个卷展栏，分别是明暗器基本参数、blinn（或其他对应明暗器）基本参数、扩展参数、超级采样和贴图。

（1）"明暗器基本参数"卷展栏

对于标准材质，明暗器是一种算法，它为渲染提供计算方法。3DS Max 2012 有八种明暗器可选择，每种明暗器都有它的特性，系统默认明暗器为 Blinn 明暗器。

"Blinn"明暗器是 3DS Max 2012 系统默认的明暗器，使用该明暗器可以获得灯光以低角度擦过表面产生的高光。

"各向异性"明暗器使用椭圆形的高光，适合头发、玻璃或磨砂金属建模的高光，也可以用于磨砂金属或头发的高光效果。各向异性明暗器可创建拉伸并成角的高光。

"金属"明暗器提供效果逼真的金属表面材质。对于反射高光，金属明暗器具有不同的曲线。金属材质计算其自己的高光颜色，该颜色可以在材质的漫反射颜色和灯光颜色之间变化。

"多层"明暗器与"各向异性"明暗器相似，区别是该明暗器具有两个反射高光控件，使用分层的高光可以创建复杂高光，该高光适用于高度磨光的曲面、特殊效果等。

"Phong"明暗器可以平滑面与面之间的边缘，也可以真实地渲染有光泽、规则曲面的高光。此明暗器基于相邻面的法线，插补整个面的强度。

"Strauss"明暗器用于表现金属表面，与金属明暗器相比，该明暗器使用更简单的算法，并具有更简单的界面。

"半透明"明暗器与 Blinn 明暗方式类似，但前者还可用于制作半透明材质效果，半透明的对象允许光线穿过，并在对象内部使光线散射。

在材质编辑器的"明暗器基本参数"卷展栏上有四个复选框，它们在场景材质展现上十分重要，其设置直接影响场景的效果，如图 12-10 所示。

图 12-10　标准材质编辑器

"线框"：选中这个复选框后，物体会显示为线框，影响视口显示也影响渲染结果，线框的数量由场景表面的段数决定。在材质编辑器的"扩展参数"卷展栏设置"线框组的"的值，可以改变线框的粗细。

"双面"：默认情况下，物体法线的反面是看不到材质的，选中这个复选框后，法线的反面的材质就可见了。

"面贴图":选中后,当前材质将按照面方式贴图,与 UVW 贴图中的平面贴图方式相同。

"面状":选中后,将取消物体表面的光滑处理效果,不仅影响视口显示也影响渲染结果。

(2)"blinn(或其他明暗器)基本参数"卷展栏,如图 12-11 所示

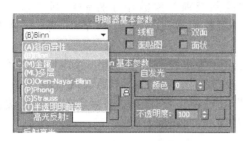

图 12-11 标准材质明暗器

在 3DS Max 中,材质的基本属性包括漫反射、反射、光泽度、高光、透明度等,不同的反射情况及透明度等属性之间即使只有很小的差异都直接影响着材质的各种质感。

"漫反射":每个物体都有漫反射现象,是所呈现的颜色效果。

"光泽度与高光级别":物体表面的光泽度决定了该物体表面反射周围环境光线的强弱。

"不透明度":对象的透明度也是材质基本属性中重要的一种,不同类型的对象具有不同的透明度,木材不透明度是 100,水和玻璃的不透明度小于 100,呈现半透明状态。

(3)"扩展参数"卷展栏(图 12-12)

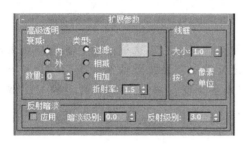

图 12-12 "扩展参数"卷展栏

在材质的扩展参数卷展栏,对于标准材质的所有明暗器的类型来说都是相同的,该卷展栏具有与透明度和反射相关的控件,还有线框模式的选项。

"高级透明"选项组中的参数用于控制透明材质的不透明度衰减效果,"线框"选项组用于控制选择线框材质的大小。

(4)"贴图"卷展栏(图 12-13)

"贴图"卷展栏左侧的名称是材质组名称,设置其百分比的数值可以调节当前材质对场景的影响程度,勾选其前面的复选框,可开启和关闭该贴图,其后面有一个材质选择按钮,单击该按

图 12-13 "贴图"卷展栏

钮,弹出材质浏览器对话框,选择场景所需要的材质。材质编辑器的"贴图"卷展栏提供了多种场景表面特性的材质。

"环境光颜色":用来决定环境颜色对场景的影响,默认情况下,与"漫反射"处于锁定状态,在设计中,一般不对其进行贴图。

"漫反射颜色":决定场景颜色纹理的主要参数,在设计中,漫反射颜色非常重要。

"高光颜色":决定场景高光的颜色,可以根据 UV 坐标在贴图中处理高光颜色。

"高光级别":模拟表面反光性很强的材质时,这个值一般较高。

12.2.2 "Ink'n Paint"材质

"Ink'n Paint"材质主要用于制作与卡通有关的效果,Ink'n Paint 材质提供了带有"墨水"边界的二维效果,如图 12-14 所示。

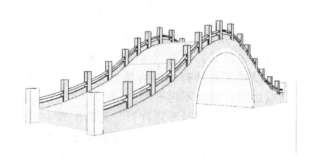

图 12-14 Ink'n Paint 渲染效果

启动"Ink'n Paint"材质的方法步骤:首先,按"M"键或单击主工具栏的 ,打开材质编辑器精简模式面板,单击一个示例窗,单击工具行的 ,或材质名称栏后面的 Standard ,打开材质/贴图浏览器,如图 12-9 所示,选择"Ink'n Paint",材质面板如图 12-15 所示。

"Ink'n Paint"材质面板有"基本材质扩展""绘制控制""墨水控制"和"超级采样/抗锯齿"

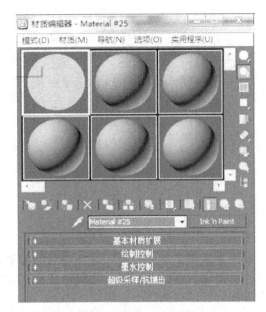

图 12-15 Ink'n Paint 材质面板

卷展栏。

(1)"基本材质扩展"卷展栏

"基本材质扩展"卷展栏 如图 12-16 所示，它主要用于控制材质的一些基本属性，双面、凹凸或置换等参数。

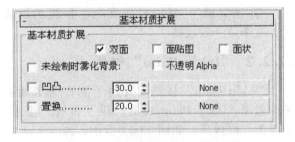

图 12-16 "基本材质扩展"卷展栏

"双面"用于设置对象的背面是否也有材质，默认状态为激活。勾选"面贴图"复选框，材质的分布以对象所具有的面为单位。勾选"面状"复选框之后，对象不再平滑。

勾选"未绘制时雾化背景"复选框后，当禁止绘制时，对象材质的颜色与背景颜色一致。

"凹凸"选项通过添加贴图以及设置参数，来控制场景材质的凹凸效果。

(2)"绘制控制"卷展栏（图 12-17）

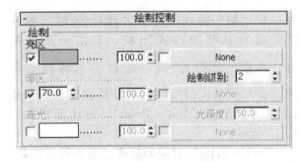

图 12-17 "绘制控制"卷展栏

"绘制控制"卷展栏主要用于控制对象表面颜色以及属性参数。

"亮区"参数用于设置对象的填充颜色，也可以通过为其指定贴图来制作更加复杂的表面纹理效果，默认设置为淡蓝色。

"暗区"参数用于控制阴影部分，勾选"暗区"复选框，系统则以参数值来控制阴影效果。

"绘制级别"参数用于控制绘制明暗的处理次数。参数值越小，对象越平坦，其默认参数为 2。

(3)"墨水控制"卷展栏，如图 12-18 所示

"墨水"指的是材质中的勾线、轮廓。"墨水控制"卷展栏主要用于控制对象勾线的粗细、颜色以及勾线的位置。

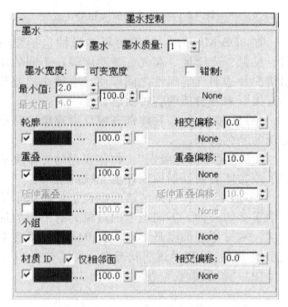

图 12-18 "墨水控制"卷展栏

勾选"墨水"复选框之后，系统启用勾线效果，该复选框在系统默认情况下为勾选状态。

"墨水宽度"参数用于控制对象勾线效果的宽度。

12.3 贴图和贴图坐标

简单来说，贴图就是在对象表面贴上一张选好的图片，如图 12-19 所示，为贴图前的长方体，如图 12-20 所示，为贴图后的长方体。

图 12-19 长方体贴图前

图 12-20 长方体贴图后

12.3.1 常用的贴图类型

3DS Max 提供的贴图类型较多，如 2D（二维）贴图、3D（三维）贴图、合成器贴图、反射和折射贴图等，这些贴图是实现多种多样的场景效果前提。

(1) 2D 贴图

2D 贴图即是二维的图像，属于平面贴图。2D 贴图的种类较多，最常用的是位图贴图，在多种场景等都可以应用。

在命令面板，单击 创建/ 几何体/长方体，在顶视图，创建一个长方体。按材质编辑器快捷键"M"，弹出材质编辑器对话窗，选择菜单/模式/精简材质编辑器，此时的材质编辑器如图 12-4 所示。

选择一个材质球，单击明暗器基本参数卷展栏的"环境光"和"漫反射"前面的关联 按钮，解除环境光和漫反射的关联，设置参数如图 12-21 所示。单击漫反射后面的按钮，弹出如图 12-22 材质/贴图浏览器，单击"位图"，弹出位图选择对话框，如图 12-23 所示，浏览"我的电脑"里的任意位图图片，可以是 jpg 格式的，也可以是 bmp 格式，双击，回到材质编辑器窗口，如图 12-24 所示。材质编辑器显示"坐标"卷展栏、"噪波"卷展栏和"位图参数"卷展栏等。

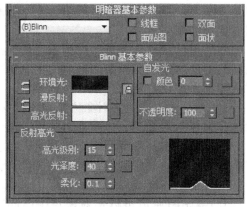

图 12-21 明暗器基本参数设置

在"坐标"卷展栏中，"纹理"和"环境"是两种贴图类型，用于控制贴图是应用于对象表面还是应用于环境。"偏移"下面的"U"参数

图 12-22 材质/贴图浏览器

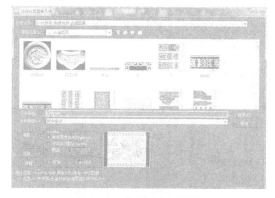

图 12-23 位图选择对话框

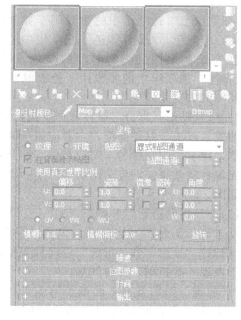

图 12-24 材质编辑器卷展栏

第 12 章　3DS Max 2012 材质与贴图　153

控制水平偏移量，"V"参数控制垂直偏移量，"瓷砖"下面的"U"参数值控制水平重复次数，"V"参数值控制垂直重复次数。

单击"位图参数"前面的"+"，展开位图参数卷展栏，在"位图"后面显示此位图的位置和名称。在编辑器的工具行，单击"转到父对象"，材质编辑器转到其主面板。

（2）3D贴图

如图12-22所示，材质/贴图浏览器中列出了一些3D贴图，它们属于三维程序贴图，由数学算法生成。"细胞"贴图、"凹痕"贴图、"衰减"贴图、"泼溅"贴图等是3D贴图。

"细胞"贴图用于生成类似于鹅卵石表面或马赛克瓷砖表面的图案，"细胞"贴图的"细胞参数"卷展栏如图12-25所示。

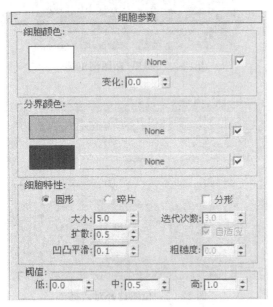

图 12-25 "细胞参数"卷展栏

"细胞颜色"选项组中的参数用于控制细胞贴图中心的颜色。"分界颜色"选项组中的参数用于控制细胞贴图的细胞间隙的颜色或贴图。"细胞特性"选项组中的参数用于控制细胞的大小以及图案的变化效果等。

"凹痕"贴图根据分形噪波，产生随机图案，图案的效果取决于贴图类型，主要应用于凹凸贴图通道，用于表现腐蚀的木制或金属、凹凸不平的表面等材质效果。凹痕贴图的"凹痕参数"卷展栏如图12-26所示。

（3）"反射和折射"贴图

反射和折射贴图有许多种，包括"平面镜""光线跟踪""反射"和"折射"等四种类型，主要用于表现一些折射、反射效果。

"平面镜"贴图具有平面镜子的效果，通过使用一个共用的表面来反射周围环境的对象物体，该贴图不计算场景中的所有对象，而只是计

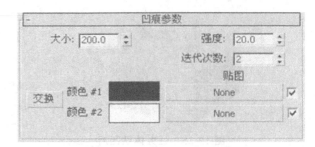

图 12-26 "凹痕参数"卷展栏

算特定视图中的反射效果。

"反射和折射"贴图以被指定贴图的对象为中心，在周围表现反射和折射的效果，使用"反射/折射"贴图可以表现物体表面具有较强反射效果的不锈钢金属效果。

12.3.2 材质的贴图通道

在制作简单或复杂的贴图材质时，需要使用一个或多个材质编辑器的贴图通道，如漫反射颜色、凹凸、反射等。在"基本参数"卷展栏中，单击"漫反射"后面的按钮，在弹出的材质/贴图浏览器中选择需要的贴图，就可为"漫反射"贴图通道添加贴图。

在"贴图"卷展栏中，通过设置数量参数控制使用贴图的比例，所有贴图通道的默认数量参数为100，除了凹凸贴图通道，其参数为30。数量参数值越高，贴图使用的比例就越多，贴图对效果的影响越明显。

"环境光颜色"贴图通道控制着使用对象环境光的量和颜色。对象环境光的量受环境对话框中环境值的影响，增加环境值，使环境贴图变亮。

"漫反射颜色"贴图通道的应用比较频繁，该贴图通道决定了对象可见表面的颜色，用户通过以下两种方法设置漫反射颜色贴图通道的贴图，方法一，在基本参数卷展栏中单击漫反射后面的按钮，为漫反射颜色贴图通道设置颜色或者贴图，方法二，是在贴图卷展栏中为漫反射颜色贴图通道添加贴图。

贴图通道的"高光颜色"贴图通道用于控制材质高光的反射颜色。该贴图通道使用贴图来改变对象的高光颜色，从而产生特殊的效果。

"自发光"贴图通道为对象添加自发光材质，将对象作为场景的光源。自发光对象因其具体的形体，使得场景中发光源形态千变万化。在场景中，有时为特定的对象制作自发光材质，将营造出特殊的氛围，甚至成为画面的亮点。

"凹凸"贴图通道可以使对象产生凸起或凹陷的效果，对象表面凹凸的形状取决于在该贴图通道添加的贴图，而凹凸的程度取决于贴图通道的数量参数，该参数值越高，对象表面凸起的影响程度越大。

"反射"贴图通道控制着对象表面的反射效果,反射贴图通道的贴图有光线跟踪、反射和折射贴图等。为反射贴图通道添加光线跟踪贴图,效果比较逼真,需要较长的渲染时间。

"置换"贴图通道具有比较特殊的功能,它能改变对象表面的形状,与凹凸贴图通道的功能相似,但是,置换贴图通道能根据贴图的灰度变化创建几何形体。

12.3.3 贴图坐标

贴图坐标用于指定几何体上贴图的位置、方向以及大小,坐标通常以 U、V 和 W 指定,其中 U 是水平维度,V 是垂直维度,W 是可选的第三维度。如果将贴图材质应用到没有贴图坐标的对象上,"渲染器"就会指定默认的贴图坐标。一般情况下,默认贴图坐标不能展现满意的场景效果,需要使用坐标修改器,调整贴图坐标。

12.3.4 坐标修改器

在命令面板,单击 创建/ 几何体/圆柱体,在顶视图,拖动鼠标,创建一个圆柱体,如图12-27所示。按材质编辑器快捷键"M",弹出材质编辑器对话窗,选择菜单/模式/精简材质编辑器,此时的材质编辑器如图12-4所示。选择一个材质球,单击明暗器基本参数卷展栏的"环境光"和"漫反射"前面的关联按钮,解除环境光和漫反射的关联,设置参数如图12-21所示。单击漫反射后面的按钮,弹出如图12-22材质/贴图浏览器,单击"位图",弹出位图选择对话框,如图12-23所示,浏览"我的电脑"里的任意位图图片,这里选择如图12-28所示的图片,双击,回到材质编辑器窗口,如图12-24所示。

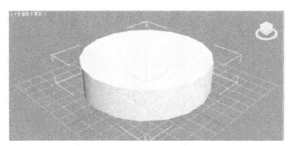

图12-27 创建圆柱体

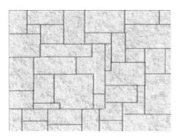

图12-28 所用贴图图片

在视口中,单击选择新建的圆柱体,单击材质编辑器的"将材质指定给选定对象"按钮,将材质赋予圆柱体,单击"视口中显示明暗处理材质"按钮。透视图视口贴图效果如图12-29所示。

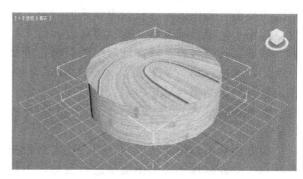

图12-29 透视图视口贴图效果

在命令面板的修改面板,单击"修改器列表",选择"UVW贴图"修改器,在UVW贴图的"参数"卷展栏,勾选"柱形"和其后面的"封口"复选框。调整"高度""U向平铺"和"V向平铺"参数,如图12-31所示。贴图效果如图12-30所示。

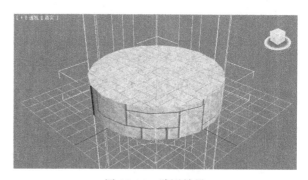

图12-30 贴图效果

图12-31 UVW贴图参数调整

第12章 3DS Max 2012材质与贴图

UVW贴图修改器的"参数"卷展栏用于控制贴图坐标的类型，贴图坐标的类型分为平面、柱体、球形、收缩包裹等方式包裹物体材质。

平面和柱体，平面贴图类型适用于平面对象的表面，如地面、墙面、纸灯。选择该贴图类型，贴图以平面投影方式向对象上贴图。选择柱体贴图类型，贴图使用圆柱投影方式向对象上贴图，适用于铅笔、螺丝钉、酒瓶等对象。

球形和收缩包裹，选择球形贴图类型，围绕对象，以球形投影方式贴图，会产生接缝现象。收缩包裹贴图类型与球形相似，也使用球形方式向对象投影贴图，但是该贴图类型不会产生接缝。

长方体和面贴图类型以六个面方式向对象投影，每一个面都以平面贴图类型进行投影，不规则的表面会发生贴图的偏移。

"长度、宽度、高度"，指定"UVW贴图"gizmo的尺寸。在应用修改器时，贴图图标的默认缩放由对象的最大尺寸定义。对于"面"贴图没有可用的尺寸，几何体上的每个面都包含完整的贴图。

"U平铺、V平铺、W平铺"，用于指定UVW贴图的尺寸以便平铺图像。

"翻转"，绕给定轴反转图像。

"真实世界贴图大小"，启用后，对应用于对象上的纹理贴图材质使用真实世界贴图，缩放值由位于应用材质的"坐标"卷展栏中的"使用真实世界比例"设置控制。其系统默认为关闭，启用时，"长度""宽度""高度"和"平铺"微调器不可用。

本章小结

本章主要介绍3DS Max 2012材质编辑器面板、材质种类、贴图坐标等，用软件模拟真实场景基础之一就是材质的表现，对材质编辑的了解及掌握更有助于场景完整的表达。

第13章 3DS Max 2012中文版灯光和摄影机

园林效果图制作过程中，场景灯光的设置直接关系到场景效果的表达，合理的灯光设置能增强园林效果图的真实感，甚至使效果图富于感情色彩。在3DS Max 2012场景中，在用户添加用户灯光之前，系统提供默认灯光，默认灯光保障场景被添加灯光之前的基本照明，保障物体的轮廓和材质等的正常显示。用户添加场景灯光后，默认灯光将自动关闭，这时应调整用户添加灯光的位置和参数，使场景中的物体和材质等正常显示，否则，会使场景一塌糊涂，甚至漆黑一片。

3DS Max 2012软件提供了标准灯光和光度学灯光两类灯光，标准灯光模仿光源照明效果，光传递计算方法简单。标准类型灯光有强度、颜色、衰减等用户参数，用户可以调整灯光的参数来表现各式各样的园林艺术效果。光度学灯光复杂，以真实世界光能传递的模式计算光照度和光通量。光度学类型灯光包含光源颜色、照度等一系列用户参数，用户通过调整灯光参数来表现场景。

3DS Max 2012中所提供的摄影机在许多方面模拟现实世界中的摄影机，可以放置在场景中的任意位置，提供视高、视角、景深等多项用户参数，调节这些参数可以模拟真实图片的某些效果，如景深和运动模糊等。

图13-1 标准灯光

图13-2 光度学灯光

13.1 光源类型

13.1.1 灯光的类型和特点

(1) 标准灯光

在3DS Max 2012中有两类灯光，即标准灯光和光度学灯光，如图13-1和图13-2所示。在命令面板中，单击命令面板的"创建" 栏，再单击"灯光" 栏，默认状态下为标准灯光类型，标准类型灯光有目标聚光灯、Free Spot、目标平行光、自由平行光、泛光灯、天光、mr区域泛光灯和mr区域聚光灯。

目标聚光灯，像投光灯一样，向某方向的一定范围投射光束，它有一个可控制灯光的目标点，用移动工具移动目标点可改变目标聚光灯的投射方向，如图13-3所示。

Free Spot（自由聚光灯），也类似投光灯一

图13-3 目标聚光灯

样，向某方向的一定范围投射光束，但与目标聚光灯不一样，它没有一个可控制的目标点，只能用移动工具和旋转工具来控制灯光的投射方向，如图13-4所示。

目标平行光，可用来模拟太阳光的近平行光，向某个方向上投射平行的光线，使用移动工具移动目标点的位置可以改变投射平行光的方

图 13-4　Free Spot（自由聚光灯）

向，可调整灯光的颜色和位置，可在 3D 空间中旋转灯光，如图 13-5 所示。

图 13-5　旋转灯光

自由平行光，可用来模拟太阳光的近平行光，向某个方向上投射平行的光线，但是，不可使用移动工具移动目标点的位置改变投射平行光的方向，只能用移动和旋转工具调整自由平行光源本身改变光线投射方向，如图 13-6 所示。

图 13-6　改变光线投射方向

泛光灯，光源向各个方向投射光线，可以用来模拟现实生活中的白炽灯的发光形式，泛光灯常作为"辅助照明"添加到场景中，或模拟点光源，如图 13-7 和图 13-8 所示。

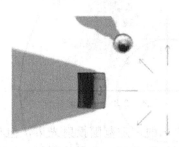

图 13-7　泛光灯 A

天光，主要用来模拟环境光效果，它在一个半球环境内向对象投射光线，天光通常与光跟踪器结合起来，表现环境光照效果，为阴影区提供一定的照明，使阴影明暗柔和，如图 13-9 所示，

图 13-8　泛光灯 B

不然阴影区会漆黑一片，如图 13-10 所示。天光的使用方法简单，单击灯光创建面板中的天光工具后，在任何一个视图中单击创建天光，根据对天光光线强弱和颜色等的需要，在天光参数栏里调整参数。

图 13-9　天光照明

图 13-10　没有天光照明

标准灯光栏的 mr 区域泛光灯和 mr 区域聚光灯，是 mental ray 渲染器下的灯光，mr 区域泛光灯从球体或圆柱体区域发射光线，而不是从点源发射光线。在默认的扫描线渲染器下，mr 区域泛光灯会像标准的泛光灯一样发射光线。

（2）光度学灯光

在 3DS Max 2012 的命令面板中，单击命令面板的"创建"栏，再单击"灯光"栏，默认状态下为标准灯光类型，单击"标准"标准 右侧的下拉选项箭头 ▼，展开标准和光度学选项，如图 13-11 所示。单击光度学，面板转换为"光度学"灯光类型，如图 13-12 所示。光度学灯光类型有目标灯光、自由灯光和 mr sky 门户三种灯光。目标灯光和自由灯光的区别是目标灯光有目标控制，自由灯光无目标控制点，移动或旋转自由灯光本身可改变光线照射方向。

158　　第 2 篇　3DS Max 2012

图 13-11　标准/光度学选项

图 13-12　光度学灯光

图 13-13　创建目标聚光灯

图 13-14　修改目标聚光灯名称

13.1.2　光源的创建和命名

灯光创建的方法有两种，一种是命令面板创建，另一种是菜单创建。下面以目标聚光灯为例讲述灯光创建和命名方法，其他灯光创建和目标聚光灯基本相同。

(1) 标准灯光命令面板创建

在命令面板，单击"创建"，再单击灯光""，默认显示标准灯光，单击标准灯光面板中的目标聚光灯，在顶视图，按住鼠标左键并拖动，松开鼠标左键，创建一盏目标聚光灯，命令面板的灯光"名称和颜色"栏显示为"spot001"，如图 13-13 所示。用鼠标左键选中"spot001"，输入灯光名称，"目标聚光灯 001"，如图 13-14 所示。单击灯光"名称和颜色"栏的灯光颜色窗口，弹出对象颜色对话窗，选取其中一种颜色，确定，当前灯光颜色设置完成。

(2) 标准灯光菜单创建

打开菜单栏的"创建"菜单，在"创建"下拉菜单中选择"创建/灯光/标准灯光（或光度学灯光）/目标聚光灯（或其他灯光）"，在顶视图按住鼠标左键并拖动，松开鼠标左键，创建一盏目标聚光灯。在命令面板，单击"修改"，修改灯光名称和颜色。使用灯光较多时，命名灯光名称和修改灯光的颜色十分必要，可方便地选择和查找灯光。应该注意的是，修改灯光几何体的颜色不会对灯光发光的颜色产生影响。

(3) 光度学灯光命令面板创建

在光度学灯光卷展，单击"目标灯光"，弹出创建光度学灯光对话窗（图 13-15），对话窗提示"建议使用对数曝光控制"，单击"是"按钮，对话窗关闭。在任何一个视图中，按住鼠标左键并拖动鼠标，放开鼠标左键创建一盏目标灯光。

图 13-15　创建光度学灯光对话窗

光度学灯光是按照真实灯光的光线投射规律进行计算布置场景中光线分布，光度学灯光系统中使用光通量、照度、亮度和发光强度等参数。光度学灯光在建立模型时必须使用真实尺寸，用它配合光能传递进行渲染来表现设计效果。

13.1.3 灯光参数调整

3DS Max 的灯光模仿现实的灯光为场景物体提供照明，比起现实中的灯光，更能通过参数控制达到想要的结果。

（1）排除/包含参数

排除/包含参数可以指定灯光对某些场景对象的可见性，以便让每盏灯都有明确的照射对象，而不影响其他对象，从而可以更准确地控制灯光的照射范围和效果。选定场景中的灯光，在命令面板单击"修改"按钮，展开灯光"常规参数"，单击"排除/包含"按钮，弹出"排除/包含"对话框，如图 13-16 和图 13-17，当需要将对象排除在灯光外时，在对话框中选中"排除"单选按钮，然后指定排除的内容（照明、投射阴影），最后在"场景对象"列表框中选择排除对象，单击 >> 按钮将对象添加到排除对象列表框中。当需要指定灯光只照射某些对象时，可首先在对话框中选中"包含"按钮，然后指定包含的内容（照明、投影阴影），然后，在"场景对象"列表框中选择要包含的对象，单击 >> 按钮，将对象添加到包含对象列表框中。

图 13-16　常规参数卷展栏——排除

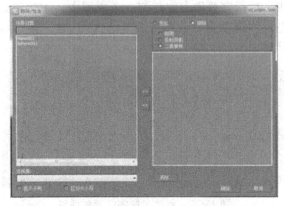

图 13-17　"排除/包含"对话框

（2）常规参数

灯光的"阴影"参数能使场景画面有明暗的变化，产生立体感和空间感。阴影参数的启用和关闭通过勾选灯光"基本参数"栏"阴影"框里"启用"前面的按钮完成。某一物体是否产生阴影，可单击选中物体，然后右击，选择"属性"，弹出"对象属性"对话框，在"渲染控制"选项区中，取消"投射阴影"和"接收阴影"复选框。阴影类型默认为阴影贴图，单击右侧的下拉箭头，显示贴图类型选项，如图 13-18 所示。阴影贴图类型的特点是产生柔和阴影，渲染速度较快，不支持透明度贴图对象，常用于室内场景渲染，得到边界柔和的阴影效果。室外效果图常用"光线跟踪阴影"类型，可以得到较清晰的轮廓和透明阴影效果。另外还有高级光线跟踪阴影和区域阴影，它们各有优缺点，设计中可灵活使用。

图 13-18　"阴影贴图"菜单

在选择阴影类型后，命令面板出现相应的阴影参数面板，"阴影参数""阴影贴图参数"和"光线跟踪阴影参数"等，如图 13-19 所示。其中"阴影参数"包括对象阴影的颜色、密度和贴图等，调节密度值可改变阴影颜色的深浅。

图 13-19　"阴影贴图参数"卷展栏

"阴影贴图参数"对应"阴影贴图"类型的启用,"阴影贴图参数"包括"偏移"和"大小"等,"偏移"值越大,阴影越向投影反方向偏移;"大小"值越大对贴图的描述就越细致,阴影边缘越清晰,值越小,阴影边缘越模糊。

"光线跟踪阴影参数"对应光线跟踪阴影类型阴影的启用,包括"光线偏移"和"双面阴影"参数,如图13-20所示。"光线跟踪阴影"是通过跟踪从光源进行采样的光线路径生产的,阴影效果比贴图阴影更精确,能产生清晰的边界,光线跟踪阴影使透明和半透明对象看起了更逼真,而且能为线框对象生成阴影。

图13-20 "光线跟踪阴影参数"卷展栏

(3) 强度/颜色/衰减参数

强度/颜色/衰减,如图13-21所示。强度影响灯光照射对象的亮度,标准灯光的强度受"倍增"值控制,其缺省值为1,数值越大,灯光光线越强,反之则越暗。用标准灯光模拟室外太阳光的光源一般"倍增"值大于1;当倍增值为负值时,灯光不但不会起到照明的作用,还会产生吸收光线效果,使场景变暗。

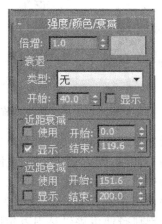

图13-21 灯光"强度/颜色/衰减"

灯光颜色参数主要控制灯光所发出光线的颜色,使场景物体呈现光照效果颜色。光线颜色影响视觉亮度,光线越接近白色视觉光线强度越亮,光线为灰色时视觉光线强度较低。

衰减控制由近而远灯光的照射强度由大而小的灯光效果,当光源衰减参数未被启用时,物体表面的亮度与距离没有关系。使用"衰退"设置,即根据自然界中灯光衰减设置,在"强度/颜色/衰减卷"展栏中"衰退"选项区的"类型"下拉列表框中选择按"倒数"或"平方反比"选项,在"开始"数值框中设置开始衰减的距离。近距衰减和远距衰减是人为设置衰减距离的方法,近距衰减是控制灯光由无到强淡入的起始和结束的距离,远距衰减是控制光线由强到弱至无的起始和结束的距离。

聚光灯,在发射方向上有可控衰减参数,还有聚光区和衰减区参数,控制灯光在水平方向上的衰减,如图13-22所示。

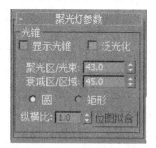

图13-22 "聚光灯参数"卷展栏

13.2 场景灯光布置

3DS Max默认场景中存在着两盏默认灯光,一盏位于场景的左上方,另一盏位于场景的右下方,它们为默认场景照明的作用,默认灯光不可见,一旦场景中建立了新的光源,默认的灯光将自动关闭,如果场景内所有灯光被删除,默认的灯光会默认被打开。

13.2.1 认知场景灯光

光源的布置方式很多,有三点照明、灯光阵列等多种方法,其中三点照明法包括主光、辅助光和背景光三个光源,光源为场景中的主要对象和周围环境照明,并担任给主体对象投影的功能;辅助光源为阴影区以及主体光照射不到的区域提供照明,调和明暗区域之间的反差;背景光源主要增加背景的亮度,从而衬托主体,并使主体对象与背景相分离,如图13-23所示。三点照明法布光简便易行,适合多种场景。效果图制作过程中,应该结合场景的特点,灵活布置灯光,达到场景主次分明、光线均匀的效果。

13.2.2 三点照明法布置场景灯光

首先,场景处于默认照明状态,如果非默认照明状态,应单击工具栏的"按名称选择"

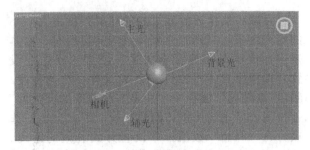

图 13-23 三点光源照明示意图

工具，查看灯光名称和位置。建议初学者把所有灯光删除，以免影响新灯光场景照明效果的展现。

建立主光源，单击命令面板的"创建"栏，再单击"灯光"栏，默认状态下为标准灯光类型，单击"标准"右侧的下拉选项列表箭头，展开标准和光度学选项（图13-24），单击"光度学"按钮，面板转换为"光度学"灯光类型，如图13-25所示。单击"目标灯光"，弹出创建光度学灯光对话窗，建议使用对数曝光控制，单击"是"按钮，对话窗关闭。在顶视图中，按住鼠标左键自远向场景拖动，放开鼠标左键，创建一盏目标灯光，作为主光源。在前视图，选择"选择并移动"工具，向上移动灯光至照亮物体顶部，修改参数，使光照强度适中，启用阴影，修改阴影参数。同样方法创建辅助光和背景光，不启用阴影。进一步调整三盏灯光的参数，主次分明，轮廓清晰，光线均匀。

图 13-24 "灯光类型"选择面板

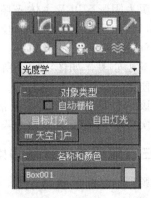

图 13-25 "光度学"灯光面板

13.3 摄影机

摄影机在园林效果图制作过程中，决定了场景构图，影响着场景建模和灯光设置。摄影机决定场景的位置、角度和透视角度，通过调整摄影机的位置、焦距和高度等得到构图合理的场景效果图。

设置摄影机的场景有助于简化场景不可见处的建模，节约建模时间，既得到较好的效果图，又较高的工作效率，渲染也较快速度。

13.3.1 摄影机的意义

在摄影机确定的情况下，可根据场景的光影情况，调整灯光，使场景效果图轮廓清晰，光线均匀有变化，光影变幻，达到较好的场景效果。

13.3.2 摄影机的类型

3DS Max 摄影机有两种，即目标摄影机和自由摄影机，自由摄影机在摄影机指向的方向查看区域。与目标摄影机不同，它有两个用于目标和摄影机的独立图标，自由摄影机由单个图标表示，为的是更轻松设置动画。当摄影机位置沿着轨迹设置动画时可以使用自由摄影机，与穿行建筑物或将摄影机连接到行驶中的汽车上时一样。当自由摄影机沿着路径移动时，可以将其倾斜。如果将摄影机直接置于场景顶部，则使用自由摄影机可以避免旋转。如图13-26所示，自由摄影机可以不受限制地移动和定向。

图 13-26 自由摄影机可以不受限制地移动和定向

自由摄影机的初始方向是沿着单击视口的活动构造网格的负 Z 轴方向的。换句话说，如果在正交视口中单击，则摄影机的初始方向是直接背离您。单击"顶"视口将使摄影机指向下方，单击"前"视口将使摄影机从前方指向场景。

在"透视""用户""灯光"或"摄影机"视口中单击将使自由摄影机沿着"世界坐标系"的负 Z 轴方向指向下方。

由于摄影机在活动的构造平面上创建，在此平面上也可以创建几何体，所以在"摄影机"视口中查看对象之前必须移动摄影机。从若干视口中检查摄影机的位置以将其校正。

当创建摄影机时,目标摄影机"查看"所放置的目标图标周围的区域。目标摄影机比自由摄影机更容易定向,因为您只需要将目标对象定位在所需位置的中心。

可以设置目标摄影机及其目标的动画来创建有趣的效果。要沿着路径设置目标和摄影机的动画,最好将它们链接到虚拟对象上,然后设置虚拟对象的动画。

13.3.3 摄影机的特性

(1) 焦距

镜头和灯光敏感性曲面间的距离,不管是电影还是视频电子系统都被称为镜头的焦距。焦距影响对象出现在图片上的清晰度。焦距越小图片中包含的场景就越多。加大焦距将包含更少的场景,但会显示远距离对象的更多细节。

焦距始终以毫米为单位进行测量。50mm 镜头通常是摄影的标准镜头。焦距小于 50mm 的镜头称为短或广角镜头。焦距大于 50mm 的镜头称为长或长焦镜头。

(2) 视野(FOV)

视野(FOV)控制可见场景的数量。FOV以水平线度数进行测量,它与镜头的焦距直接相关。例如,50mm 的镜头显示水平线为 46°。镜头越长,FOV 越窄。镜头越短,FOV 越宽,如图 13-27 所示。

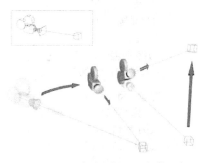

图 13-27 目标摄影机面向其目标

FOV 和透视的关系:短焦距(宽 FOV)强调透视的扭曲,使对象朝向观察者看起来更深、更模糊。长焦距(窄 FOV)减少了透视扭曲,使对象压平或与观察者平行。

13.3.4 摄影机的创建

摄影机的创建与创建几何体基本一样。创建目标摄影机,在命令面板,单击"创建 \ 摄影机" ,然后在"对象类型"栏上单击"目标";或,选择菜单"创建 \ 摄影机 \ 目标摄影机"。按住鼠标左键,在顶视图视口中拖动,拖动的初始点是摄影机的位置,释放鼠标的点就是目标位置。

创建自由摄影机,在命令面板,单击"创建 \ 摄影机" ,然后在"对象类型"卷展栏上单击"自由";或选择菜单"创建 \ 摄影机 \ 自由摄影机"。单击的视口类型决定了自由摄影机的初始方向;该初始方向是沿着单击视口的活动构造网格的负 Z 轴方向的。

13.3.5 摄影机的参数设置

① 工具栏的"旋转" 工具和"移动" 工具,可以移动和旋转摄影机,可以调整观察点。

单击工具栏的"选择" ,选择摄影机,在命令面板,单击"修改" ,可以修改摄影机的参数,启用"显示锥形光线"如图 13-28 所示;启用"显示地平线"如图 13-29 所示。

图 13-28 启用"显示锥形光线"

图 13-29 启用"显示地平线"

② "近距范围"或"远距范围"的值。默认情况下,"近距范围"为 0.0 并且"远距范围"等于远端剪切平面值。

对于在"环境"对话框中设置的大气效果,环境范围确定其近距范围和远距范围限制。

③ 要在视口中查看环境范围,启用"显示"。环境范围显示为两个平面。与摄影机距离最近的平面为近距范围,与摄影机距离最远的平面为远距范围。

启用"手动剪切"。当禁用"手动剪切"时，摄影机将忽略近距和远距剪切平面的位置，并且其控件不可用。摄影机渲染视野之内的所有几何体。

设置"近距剪切"值以定位近距剪切平面。对于摄影机来说，与摄影机的距离比"近"距更近的对象不可见，并且不进行渲染。

设置"远距剪切"值以定位远距剪切平面。对于摄影机来说，与摄影机的距离比"远"距更远的对象不可见，并且不进行渲染。可以设置靠近摄影机的"近"端剪切平面，以便它不排除任何几何体，并仍然使用"远"平面来排除对象。同样，可以设置距离摄影机足够远的"远端"剪切平面，以便它不排除任何几何体，并仍然使用"近"平面来排除对象。"近端"值应小于"远端"值。如果剪切平面与一个对象相交，则该平面将穿过该对象，并创建剖面视图，如图13-30所示。

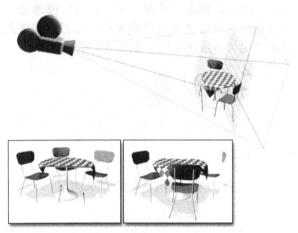

图13-30　剪切效果

④ 多重过滤渲染效果应用于场景。在"多重过滤效果"组中，打开"启用"并选择"景深"或"运动模糊"。

⑤ 镜头参数。以毫米为单位设置摄影机的焦距。使用"镜头"微调器来指定焦距值，而不是指定在"备用镜头"组框中按钮上的预设"备用"值。

更改"渲染设置"对话框上的"光圈宽度"值也会更改镜头微调器字段的值。这样并不通过摄影机更改视图，但将更改"镜头"值和FOV值之间的关系，也将更改摄影机锥形光线的纵横比。

FOV方向弹出按钮，可以选择怎样应用视野（FOV）值：↔水平（默认设置。）水平应用视野。这是设置和测量FOV的标准方法。↕垂直应用视野。⤢对角线在对角线上应用视野，从视口的一角到另一角。

视野，决定摄影机查看区域的宽度（视野）。

当"视野方向"为水平（默认设置）时，视野参数直接设置摄影机的地平线的弧形，以度为单位进行测量。也可以设置"视野方向"来垂直或沿对角线测量FOV。也可以通过使用FOV按钮在摄影机视口中交互地调整视野。

正交投影，启用此选项后，摄影机视图看起来就像"用户"视图。禁用此选项后，摄影机视图好像标准的透视视图。当"正交投影"有效时，视口导航按钮的行为如同平常操作一样，"透视"除外。"透视"功能仍然移动摄影机并且更改FOV，但"正交投影"取消执行这两个操作，以便禁用"正交投影"后可以看到所做的更改。

"备用镜头"组，15mm、20mm、24mm、28mm、35mm、50mm、85mm、135mm、200mm，这些预设值设置摄影机的焦距（以毫米为单位），如图13-31所示。

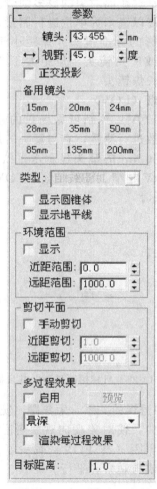

图13-31　备用镜头组参数

13.4　摄影机的创建和布置

摄像机决定视角和透视关系，对于效果图最终效果起到很大的作用。

创建摄影机：

① 在命令面板，依次单击"创建 ❋ \ 摄影机 🎥 \ 目标"，在顶视图，按住鼠标左键向场景拖动创建一架摄影机，在顶视图，用"移动工具" ✥ 移动摄影机，如图 13-27 所示调整摄影机的位置；在前视图，用"移动工具" ✥ ，根据场景调整摄影机的高度和角度。

② 选定摄影机，在命令面板，"修改 ◪ \ 参数"栏下，设置摄影机的"视野"，及其他参数值。

③ 单击透视视图窗口，激活透视视图活动窗口，按键盘上的"C"键，透视图窗口由透视图状态转换为摄影机视图，在右下角的摄影机控制区调整摄影机的视觉效果。

本章小结

灯光布局比较深奥，在现实世界都会有专门的灯光师，更别说中更需要技巧和经验的灯光。但它需要大量的练习不断地积累经验，最后会得到自己想要的灯光效果。

第14章 3DS Max 2012园林效果图建模实例

14.1 广场草坪树池建模和材质贴图

14.1.1 创建场地模型

打开3DS Max 2012软件，打开在菜单栏"自定义\单位设置（U）"，弹出"单位设置"对话窗口，选择"公制"，单击其下拉列表栏，从下拉列表中选择"毫米"（图14-1），然后单击"系统单位设置"按钮，弹出系统单位设置对话窗，单击"系统单位比例"的下拉列表栏，选择"毫米"选项（图14-2）。单击"确认"按钮关闭"系统单位设置"对话窗和"单位设置"对话框。

图14-1 系统单位设置（1）

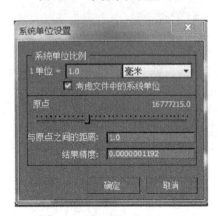

图14-2 系统单位设置（2）

3DS Max的单位设置是系统的一种内部矢量机制系统，定义后的系统单位与真实尺寸单位保持一致，包括打印出图和图形的数值，我们在建立模型之前，一定要设置系统单位，在导入和导出时要确认单位。当导入文件无单位时，系统会默认与系统单位一致，建模过程中一般不改变系统单位（改变系统单位不会影响模型的建立，但会给使用者带来不便，甚至会影响最终的视觉效果）。

（1）创建地面和路缘石

① 单击命令面板中的"创建 \ 图形 \ 矩形"按钮（图14-3），在顶视图，按住鼠标左键拖动，松开鼠标，创建一个矩形。

图14-3 命令面板创建图形

② 在命令面板，将矩形的名字"Rectangle001"改为"地面001"，修改其参数为长75000mm，宽65000mm，如图14-4所示。操作过程中应动作连续，不进行其他操作，否则此处创建过程会自动结束，需要在编辑状态修改参数。

图14-4 地面名称和参数设置

③ 单击右下角视图控制区的"所有视图最大化显示选定对象"按钮，如图14-5所示。最大化显示选定对象，"地面001"在各个视图

完整显示，如图14-6所示。

图14-5 视图控制区

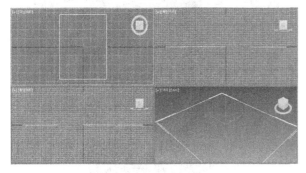

图14-6 地面001

④ 选定"地面001"，右击，在弹出的快捷菜单，选择"转换为"\"转换为可编辑样条线"，然后，单击命令面板的"修改"，按"Ctrl"键＋"C"键，再按"Ctrl"＋"V"键，弹出"克隆选项"对话框，如图14-7所示。在克隆对话框中，选定复制，名字"地面002"改为"路缘石001"，在命令面板，单击"可编辑样条线"前面的"＋"，选中"样条线"层级，如图14-8所示。按住鼠标左键，滑动命令面板，找到"几何体栏"内的"轮廓"（图14-9），输入数值"－100"，然后，在下拉修改器列表中选择"挤出"，赋值120mm，路缘石创建完成。

图14-7 克隆选项

图14-8 展开样条线子层级

图14-9 样条线-轮廓

⑤ 单击工具栏的"按名称选择工具"，弹出按名称选择对话框，如图14-10所示。双击"地面001"，在命令面板，修改器下拉列表选择"挤出"，赋值100mm，如图14-11所示。

图14-10 按名称选择对话框

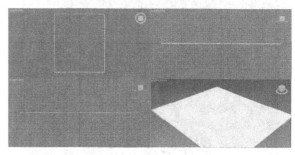

图14-11 地面建模-挤出

(2) 创建草坪和围牙石

① 草坪001及围牙石建模。顶视图处于激活状态，在命令面板，单击"创建 \ 图形 \ 线"，如图14-12所示。在顶视图，按照图形比例绘制样条线，命名为"草坪001"，如图14-13所示。在命令面板，单击"修改"，在命令面板，单击"可编辑样条线"前面的"＋"，选中"点"层级，如图14-14所示。选择工具栏的"移动工具"，在顶视图，移动调整节点，如图14-15所示。按住鼠标左键，滑动

第14章 3DS Max 2012园林效果图建模实例

命令面板，找到"圆角"，按下"圆角"按钮，如图14-16所示。在顶视图，按住鼠标左键，向上方推动鼠标，对各个角点进行圆角操作，操作结果如图14-17所示。单击命令面板的"Line"，退出点层级。按Ctrl+C键，再按Ctrl+V键，弹出"克隆选项"对话框，如图14-7所示。在"克隆"对话框中，选定复制，名字"草坪001"改为"草坪围牙石001"，在命令面板，单击"Line"前面的"+"，选中"样条线"层级，参照图14-8所示。按住鼠标左键，滑动命令面板，找到"几何体栏"内的"轮廓"参照图14-9所示，输入数值"-80"，然后，在下拉修改器列表中选择"挤出"选项，赋值130mm。在透视图中，观察，草坪围牙石创建完成。

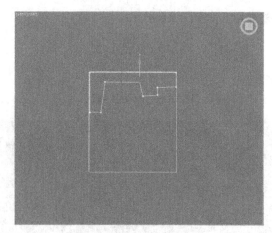

图14-15　编辑样条线

图14-12　创建线

图14-16　圆角命令

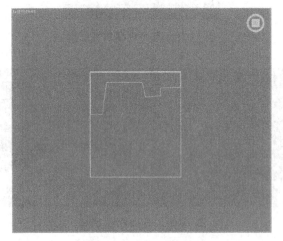

图14-13　创建样条线

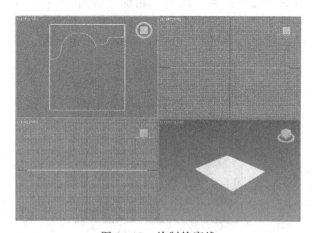

图14-17　绘制轮廓线

图14-14　顶点层级

单击工具栏的"按名称选择工具"，弹出按名称选择对话框，参照图14-10，双击"草坪001"，在命令面板，修改器下拉列表选择"挤出"选项，赋值120mm，如图14-17所示。

② 草坪002及围牙石建模。单击命令面板的"创建\图形\矩形"，在顶视图，按住鼠标左键拖动鼠标，创建矩形，修改矩形名称"Rectangle001"为"草坪002"，在顶视图，右击，弹出快捷菜单，选择"转换为"\"转换为可编辑样条线"，然后，单击命令面板的"修改"

，按"Ctrl"+"C"键，再按"Ctrl"+"V"键，弹出"克隆选项"对话框，参照图14-7所示，在克隆对话框中，选定复制，名字"草地002"改为"围牙石002"，在命令面板，单击"可编辑样条线"前面的"+"，选择"点"层级，圆角内侧角点。然后，选中"样条线"层级，参照图14-8所示。按住鼠标左键，滑动命令面板，找到"几何体栏"内的"轮廓"参照图14-9，输入数值"-80"，然后，在修改器下拉列表中选择"挤出"，赋值130mm，围牙石创建完成。

单击工具栏的"按名称选择工具"，弹出按名称选择对话框，参照图14-10，双击"草坪002"，在命令面板，修改器下拉列表选择"挤出"，赋值120mm，如图14-18所示。

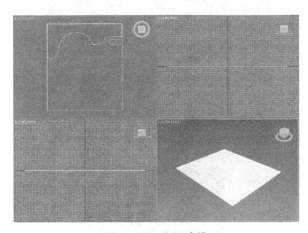

图14-18 地面建模

③ 草坪003及围牙石建模。参照草坪001和草坪002建模方法，完成草坪003和其他建模，结果如图14-19所示。

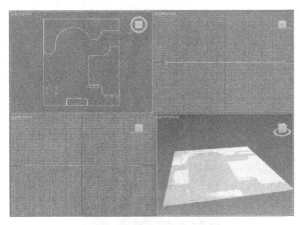

图14-19 地面建模结果

14.1.2 材质贴图及参数调整

(1) 地面材质贴图及参数调整

① 单击工具栏的"材质编辑器" 按钮，或按键盘上的"M"键，打开材质编辑器，在"材质编辑器"对话框的示例窗中选择一个空白的示例球，将其命名为"地面001"，如图14-20所示。

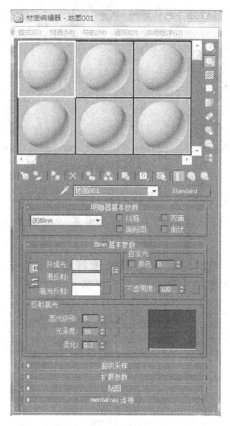

图14-20 地面001材质

② 在"明暗器基本参数"中选择（B）Blinn类型，在基本参数卷展栏中，单击"环境光"和"漫反射"前面的锁定按钮，解锁它们的关联，单击"环境光"右侧的取色框，弹出取色对话框，如图14-21所示。选取黑色，单击"确认"按钮退出。同样方法，将"漫反射"设置为灰白色，将"高光反射"设置成白色。

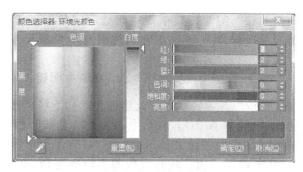

图14-21 环境光颜色

③ 在基本参数栏中，单击"漫反射"右侧的材质贴图按钮，弹出"材质/贴图浏览器"对话窗，如图14-22所示。单击"贴图\标准\位图"按钮，弹出位图浏览对话窗，选择地面材质贴图，单击"确认"按钮，关闭对话框。

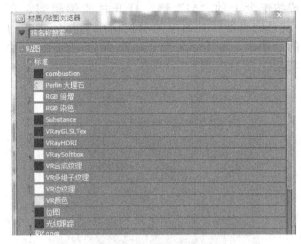

图 14-22 贴图浏览器

④ 在材质编辑器面板，单击"转到父对象" 按钮，返回到主界面，设置"高光级别"的值为 8，设置"光泽度"为 15，单击材质编辑器中的"视口中显示明暗处理器材质"，使材质能在视口中能时时显示（图 14-23）。

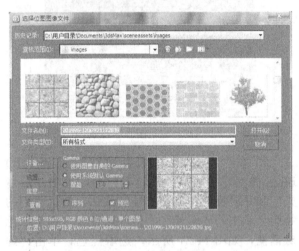

图 14-23 选择材质

⑤ 选择视图中的"地面"模型，单击"材质编辑器"的"将材质指定给选定对象"，地面 001 贴图在透视图中的地面 001 模型显示出来。

⑥ 在视图中选定地面 001，在命令面板，单击"修改"，在"修改器列表"的下拉栏里选择"UVW 贴图"，在命令面板的"参数"栏，贴图项，选定"长方体"，调整"U 向平铺"和"V 向平铺"的值，观察透视图窗口的地面 001，使地面 001 呈自然态为止，如图 14-24 和图 14-25 所示。

（2）路缘石材质贴图及参数调整

与地面材质贴参数图调整步骤和方法基本相同，仅在漫反射贴图选择相应的贴图材质即可。

（3）其他材质贴图及参数调整

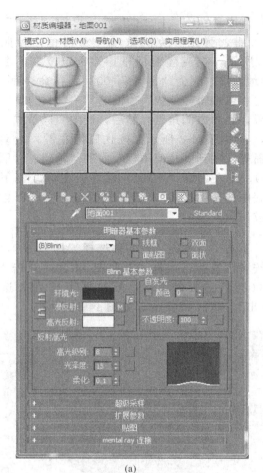

(a)

(b)

图 14-24 广场材质

图 14-25　场面建模效果

与地面材质贴参数图调整步骤和方法基本相同,仅在漫反射贴图选择相应的贴图材质即可。最终效果见图 14-26 所示。

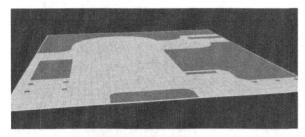

图 14-26　场地建模渲染结果

14.1.3　场景灯光和摄影布局

在 3DS Max 中,灯光和摄影机的设置根据实际场景的需要进行。

(1) 创建摄影机

① 在命令面板,依次单击"创建 \ 摄影机 \ 目标",在顶视图,按住鼠标左键向场景拖动创建一架摄影机,在顶视图,用"移动工具"移动摄影机,如图 14-27 所示调整摄影机的位置;在前视图,用"移动工具",根据场景调整摄影机的高度和角度。

② 选定摄影机,在命令面板"修改 \ 参数"卷展栏下,设置摄影机的"视野"为 45°,其余参数保持默认值。

③ 单击透视视图窗口,激活透视视图活动窗口,按键盘上的"C"键,透视图窗口由透视图状态转换为摄影机视图。在右下角的摄影机控制区调整摄影机的视觉效果。摄影机控制如图 14-27 所示。

图 14-27　摄影机控制

(2) 设置灯光

① 在命令面板,单击"创建 \ 灯光 \"按钮,在命令面板的卷展栏中选择光度学,单击"目标灯光"按钮,弹出对话窗,提示"你正在创建一个光度学灯光"建议您使用对数曝光控制,单击"是"按钮,对话窗关闭。在顶视图摄影机的左侧,按鼠标左键自外并向场景拖动,创建一盏灯光。在顶视图,用"移动工具"移动灯光的位置和目标位置。在前视图和左视图,用"移动工具"移动灯光的位置和目标位置,观察照明效果,初步确定灯光位置,使灯光位置和角度符合照明需要。

② 选定灯光,依次单击"修改",设定灯光参数,在"强度"栏,选择"lx"(勒克斯)选项,赋值,如图 14-28 所示。

图 14-28　灯光参数

③ 用同样方法,在摄影机右侧创建一盏灯光作为辅助灯光,赋值如图 14-29 所示。用同样方法,在摄影机相对的另一面,创建一盏灯光作为辅助灯光,赋值如图 14-30 所示。

图 14-29　灯光参数 (1)

图 14-30　灯光参数 (2)

④ 反复调整 3 盏灯光的位置和参数。

14.1.4　渲染成图

在透视图,按快捷键"C",视图转为相机

视图,在工具栏,单击"渲染设置",弹出渲染设置对话窗,在"公用参数"栏,设置保持默认,时间输出选定"单帧",输出大小选定"自定义",宽度值1200,高度值800,单击"渲染"按钮,弹出渲染窗口。

14.2 建筑小品场景创建

14.2.1 创建花架模型

打开3DS Max 2012软件,主菜单\重置,弹出对话窗提示,选定"不保存修改"和"确实要重置",打开菜单"自定义\单位设置(U)",弹出"单位设置"对话窗口,选择"公制"选项,单击下拉列表按钮,从下拉列表中选择"毫米"(图14-31),然后单击"系统单位设置",弹出系统单位设置对话窗,单击"系统单位比例"的下拉列表按钮,选择"毫米"选项,如图14-32所示。

图 14-31 创建面板

图 14-32 长方体参数

(1) 创建花架立柱

① 在命令面板,单击"创建 \ 几何体 ○ \ 长方体"(图14-31),在顶视图中,按住鼠标左键拖动创建一个长方体,在命令面板设置其长度为200mm,宽度为200mm,高度3000mm,命名为"花架柱001"。

② 选定"花架立柱001",单击"工具"菜单选择"阵列",弹出阵列对话框,如图14-33所示设置参数,"y"增量赋值3000mm,1D赋值10。再次单击"工具"菜单选择"阵列",弹出阵列对话框,设置参数,"y"增量赋值0.0mm,"X"增量赋值2500mm,1D赋值2。建模结果如图14-34所示。

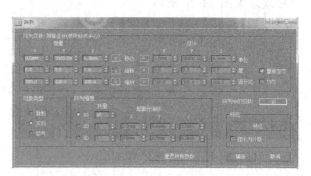

图 14-33 阵列对话框

图 14-34 花架建模-花架柱

(2) 创建花架纵梁

在命令面板,单击"创建 \ 几何体 ○ \ 长方体",如图14-31所示。在顶视图中,按住鼠标左键拖动创建一个长方体,在命令面板设置其长度为28000mm,宽度为200mm,高度250mm,"长度分段"值80,命名为"花架纵梁001"。单击工具栏的"移动工具",在前视图,将花架纵梁001移动到花架柱顶部,轴线对齐。在顶视图,按住 Shift 键,拖动纵梁001,弹出克隆对话框,选择复制,复制纵梁002,对齐到另一排柱,如图14-35所示。

(3) 创建花架格子条

在命令面板,单击"创建 \ 几何体 ○ \ 长方体",在顶视图中,按住鼠标左键拖动创建一个长方体,长度120mm,宽度为3200mm,高度250mm,"宽度分段"值10,命名为"花架格子条001"。单击工具栏的"移动工具"

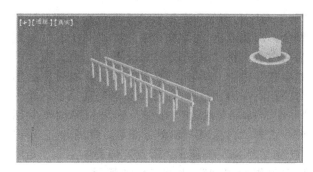

图 14-35　花架柱建模

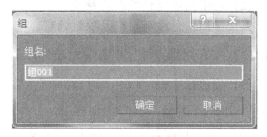，在顶视图，将花架格子条 001 移动到花架柱、梁位置，并对齐，然后，在前视图，移动"格子条 001"到"纵梁 001"上，对齐，如图 14-36 所示。在顶视图，选定"花架格子条 001",单击"工具"菜单选择"阵列",弹出阵列对话框，如图 14-33 设置参数，"y"增量赋值 600mm，1D 赋值 46，如图 14-37 所示。

图 14-36　花架建模——格子条（1）

图 14-37　花架建模——格子条（2）

(4) 花架构架成弧形

① 选择视图中的所有，花架柱、纵梁和格子条，单击菜单"组 \ 成组"，弹出组对话框，修改"组 001"为"花架构架 001"，如图 14-38 所示。

图 14-38　成组对话框

② 顶视图，选中"花架构架 001"，单击"创建 \ 修改"，单击修改器下拉列表，选择"弯曲"命令，如图 14-39 所示。设置参数弯曲度 \ 角度值为 90，弯曲轴"Y"，如图 14-40 所示。

图 14-39　弯曲修改器列表中

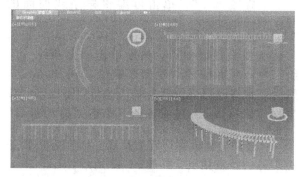

图 14-40　花架建模——弯曲后

(5) 台明创建

单击命令面板的"创建 \ 图形 \ 弧形"，在顶视图，按住鼠标左键自弧形花架右下角拖动鼠标至弧形花架右上角，创建一条弧形，如图 14-41 所示。右击，在弹出的快捷菜单中，选择"转换为 \ 转换为可编辑样条线"。单击"创建 \ 修改"，单击可编辑样条线前面的"+"，选择"样条线"层级，在命令面板的"轮廓"赋值"-3400mm"，然后，在修改器下拉列表中，选择"挤出"，"数量""-200mm"，如图 14-42 所示。

(6) 坐凳板创建

单击命令面板的"创建 \ 图形 \ 弧形"，在顶视图，按住鼠标左键自弧形花架的右下角花架柱拖动鼠标至弧形花架右上角的花架柱，创建一条弧形，命名为"坐凳板 001"参照图 14-41。右击，在弹出的快捷菜单中，选择"转换为 \ 转换为可编辑样条线"。单击"创建

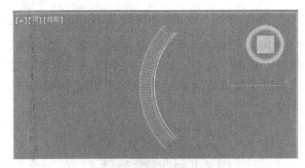

图 14-41 花架建模-弯曲

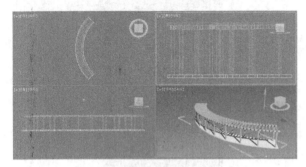

图 14-42 花架建模

" \ 修改 ",单击可编辑样条线前面的"+",选择"点层级",单击"移动工具"，移动调整坐凳线的点。然后单击"样条线"层级，在命令面板的"轮廓"赋值"-250mm"，然后，在修改器下拉列表中，选择"挤出"，"数量""120mm"。在前视图，单击"移动工具"，移动坐凳板到适宜的高度。同样方法创建花架另一侧坐凳板，如图 14-43 所示。

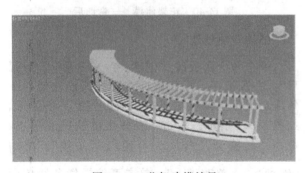

图 14-43 花架建模效果

14.2.2 花架材质贴图和参数调整

(1) 花架构架白涂料材质

① 单击工具栏的"材质编辑器"按钮，或快捷键 M，打开材质编辑器，在"材质编辑器"对话框的示例窗中选择一个空白的示例球，将其命名为"白色涂料"。

在"明暗器基本参数"中选择 (B) Blinn 类型，在基本参数栏中，单击"环境光"和"漫反射"前面的"锁定按钮"，解开它们的锁定。单击"环境光"右侧的取色框，弹出取色对话框，选取黑色，确认退出。同样方法，将"漫反射"设置为灰白色，将"高光反射"设置成白色。在"基本参数"栏中，单击"漫反射"右侧的材质贴图"按钮"，弹出"材质/贴图浏览器"对话窗，单击"贴图 \ 标准 \ 位图"按钮，弹出位图浏览对话窗，选择"白涂料"贴图（任意白色图片），单击"转到父对象"按钮。"高光"值为"8"，"光泽度"设置为"15"，如图 14-44 所示。

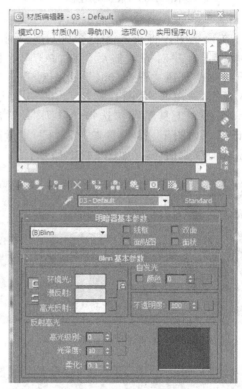

图 14-44 材质编辑器面板

② 选择视图中的花架柱模型，单击"材质编辑器"的"将材质指定给选定对象"，按下"视口中显示明暗处理材质"按钮。白色贴图在透视图中的花架模型显示出来。

③ 在命令面板，单击"修改器列表"，选定"UVW 贴图"，在命令面板的"参数"栏，"贴图"选定为"长方体"，调整"U 向平铺"和"V 向平铺"值的大小，观察透视图窗口的花架柱的贴图，使其呈自然态为止。

④ 同样方法完成其他花架柱、纵梁、格子条和坐凳板的贴图。

(2) 台明的锈红色花岗岩材质

方法参照白色涂料材质及参数调整。

14.2.3 花架摄影机和场景灯光布局

(1) 创建摄影机

① 在命令面板，单击"创建 \ 摄影机 \ 目标"，在顶视图中，单击并拖动，创建

一架目标摄影机，在顶视图，用"移动工具"调整摄影机的位置，在前视图，用"移动工具"，调整摄影机的高度等。

② 选定摄影机，在命令面板，"修改\参数"卷展栏下，设置摄影机的"视野"为45°，其余参数保持默认值。

③ 单击透视视图窗口，按键盘上的"C"键，透视图窗口由透视图状态转换为摄影机视图状态。

(2) 设置灯光

① 在命令面板，单击"创建\灯光\"，在命令面板中，选择光度学，单击选择"目标灯光"，弹出对话窗，提示"你正在创建一个光度学灯光"建议您使用对数曝光控制，单击"是"按钮，对话窗关闭。在顶视图，按住鼠标左键并拖动，创建一盏灯光。在顶视图，用"移动工具"，移动灯光的位置和目标位置，使其符合场景需要。

② 选定灯光，单击"修改"，在灯光参数栏设定灯光参数，如图14-45所示。

图14-45　灯光参数

14.2.4　花架渲染成图

在透视图窗口，输入快捷键"C"，视图转为相机视图，在工具栏，单击"渲染设置"，弹出渲染设置对话窗，在"公用参数"栏，设置保持默认，时间输出选定"单帧"，输出大小选定"自定义"，宽度值1200，高度值800。单击"渲染"按钮，弹出渲染对话框，渲染过程持续几秒到几十分钟不等。渲染完成，将文件另存为所需要的格式，如图14-46所示。

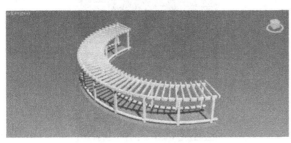

图14-46　花架建模效果

14.2.5　喷泉模型创建

打开3DS Max 2012软件，选择主菜单\重置，弹出是否保存修改和重置确认对话窗，选定"不保存修改"和"确实要重置"，打开"自定义"菜单，选定"单位设置（U）"，"显示单位比例"项选定mm，单击"系统单位设置"，弹出系统单位设置对话窗，"系统单位比例"选定"mm"。

(1) 创建水池

① 在命令面板，单击"创建\图形\圆"，如图14-47所示。在顶视图中，按住鼠标左键拖动创建一个圆形，设置其半径为3000mm，命名为"水池水面001"。

图14-47　样条线绘制面板

② 选定"水池水面001"，右击，选定"转换为\转换为可编辑样条线"，单击"修改"，按组合键"Ctrl"+"C"键复制，然后按"Ctrl"+"V"键粘贴，弹出"克隆选项"对话窗，选定"复制"，名称为"水池壁001"（图14-48）单击"确认"按钮。在命令面板，单击"修改"，单击"可编辑样条线"前面的"+"号，选定"样条线"子层级，如图14-49，在命令面板的几何体栏，"轮廓"，赋值-250mm，如图14-50所示。单击修改器列表，选定"挤出"，数量"450mm"（图14-51）。

图14-48　克隆选项面板

图 14-49 样条线子层级

图 14-50 轮廓

图 14-51 池壁效果

图 14-52 粒子系统面板

图 14-53 设置超级喷射参数（1）

③ 在顶视图，单击"按名称选择"，弹出选择对话框，选择"水池水面001"，单击"修改器列表"按钮，选择"挤出"选项，数量为400mm。

(2) 喷水创建

① 在命令面板，单击"创建 \ 几何体 \ 粒子系统"，单击"超级喷射"。在顶视图，水池上，按住鼠标左键轻拖，创建一个超级喷射，命名为"喷泉001"，如图14-52所示。

② 单击"修改"，设置超级喷射参数，如图14-53和图14-54所示。

③ 在命令面板，单击"创建 \ 空间扭曲 \ 重力"，如图14-55所示。在顶视图，喷泉附近，按住鼠标左键轻拖，创建一个"重力"，修改参数，强度设置为0.5。如图14-56所示，为重力参数。

图 14-54 设置超级喷射参数（2）

图 14-55　空间扭曲面板

图 14-56　重力参数面板

④ 在工具栏，单击"绑定到空间扭曲"工具，在顶视图，按住鼠标左键自重力拖动至"喷泉 001"，完成重力和喷泉粒子系统的绑定。在命令面板的修改栏，调整重力参数，使喷泉呈喇叭状喷射，如图 14-57 所示。

图 14-57　绑定重力效果

⑤ 复制喷泉 001。单击工具栏"移动"工具，按住"Shift"键，移动"喷泉 001"，弹出"克隆选项"对话框，选择"复制"选项，单击"确定"按钮，共复制八个。复制一个在水池中央，单击"修改"，在场景列表中，鼠标放在"重力绑定"上（图 14-58），右击，选择"删除"选项。重新建一个"重力"，重新绑定，调整修改"超级喷射"参数，如图 14-59 所示。建模结果如图 14-60 所示。

图 14-58　重力绑定

图 14-59　超级喷射参数设置

图 14-60　喷泉建模效果

14.2.6 喷泉材质贴图和参数调整

(1) 制作水池壁材质

① 单击工具栏的"材质编辑器"按钮，或快捷键"M"，打开材质编辑器，在"材质编辑器"选择一个空白的示例球，将其命名为"水池壁材质"。

② 在"明暗器基本参数"中选择（B）Blinn 类型，在基本参数栏中，单击"环境光"和"漫反射"前面的锁定，解开它们的锁定。单击"环境光"右侧的取色框，弹出取色对话框，选取黑色，按回车键确认退出。同样方法，将"漫反射"设置为灰白色，将"高光反射"设置成白色。

③ 在基本参数栏中，单击"漫反射"右侧的"材质贴图"按钮，弹出"材质/贴图浏览器"对话窗，在对话框，单击"贴图\标准\位图"，弹出位图浏览对话窗，选择"锈红色花岗岩"贴图。

④ 选择视图中的"水池壁"模型，单击"材质编辑器"框的"将材质指定给选定对象"，单击"视口中显示明暗处理材质"按钮。锈红色花岗岩贴图材质在透视图中的水池壁模型显示出来。

⑤ 在视图中选定水池壁，在命令面板，单击"修改"按钮，在"修改器列表"选定"UVW 贴图"，在命令面板的"参数"栏，贴图项，选定"长方体"，调整"U 向平铺"和"V 向平铺"值的大小，观察透视图窗口的水池壁，使水池壁呈自然态为止。

(2) 水材质制作

① 单击工具栏的"材质编辑器"，打开材质编辑器，在"材质编辑器"选择一个空白的材质球，命名为"水面"。在"明暗器基本参数"中选择"半透明明暗器"，在基本参数栏中，单击"环境光"和"漫反射"前面的"锁定"，解开它们的关联。单击"环境光"右侧的取色框，弹出取色对话框，选取黑色，按回车键确认退出。同样方法，将"漫反射"设置为灰白色，将"高光反射"设置成白色。高光级别设置为"8"，光泽度设置为"16"，选择"双面"选项，如图 14-61 所示。

② 在基本参数栏中，单击"漫反射"右侧的"材质贴图"按钮，弹出"材质/贴图浏览器"对话窗，在对话框，单击"贴图\标准\位图"按钮，弹出位图浏览对话窗，选择"水面"贴图。

③ 在材质编辑器，单击"贴图"按钮，展开贴图栏。在贴图栏，单击"凹凸"栏，弹出贴

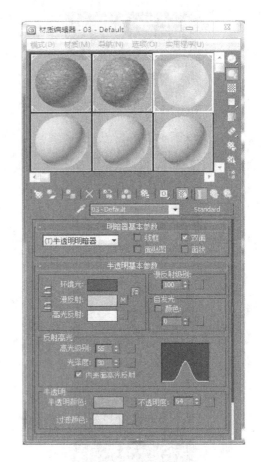

图 14-61 材质明暗器参数设置

图对话，选择"噪波"选项，修改噪波参数，如图 14-62 所示。

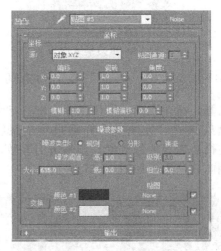

图 14-62 凹凸贴图对话框

④ 选择视图中的"水面"模型，单击"材质编辑器"框的"将材质指定给选定对象"，单击"视口中显示明暗处理材质"按钮。"水面"材质贴图在透视图中的水面模型显示出来。

⑤ 在视图中选定水面，在命令面板，单击修改，在"修改器列表"选定"UVW 贴图"，在命令面板的"参数"栏，贴图项，选定"长方体"，

调整"U向平铺"和"V向平铺"值的大小，观察透视图窗口的水面，使水面呈自然态为止。

(3) 制作水滴材质

① 单击工具栏的"材质编辑器"，打开材质编辑器，在"材质编辑器"选择一个空白的材质球，命名为"水滴"。在"明暗器基本参数"中选择"半透明明暗器"，在基本参数栏中，单击"环境光"和"漫反射"前面的"锁定"按钮，解开它们的关联。单击"环境光"右侧的取色框，弹出取色对话框，选取黑色，按回车键确认退出。同样方法，将"漫反射"设置为灰白色，将"高光反射"设置成白色。高光级别设置为"8"，光泽度设置为"16"，选择"双面"。在基本参数栏中，修改"自发光"值为"20"，如图14-63所示。

图14-64 喷泉视图显示

① 在命令面板，单击"创建 \ 摄影机 \ 目标"，在顶视图中单击左键拖动，创建一架摄影机，在顶视图，用"移动工具"调整摄影机的位置和角度，在前视图，用"移动工具"，调整摄影机的高度和角度等。

② 选定摄影机，在命令面板，"修改 \ 参数"栏下，设置摄影机的"视野"为45°，其余参数保持默认值。

③ 单击透视视图窗口，透视视图作为活动窗口，按快捷键"C"，透视图窗口由透视图状态转换为摄影机视图。

(2) 设置灯光

① 在命令面板，单击"创建 \ 灯光 \"，选择光度学，单击"目标灯光"按钮，弹出对话窗，"你正在创建一个光度学灯光"建议您使用对数曝光控制，单击"是"按钮，对话窗关闭。在顶视图，按鼠标左键并拖动，创建一盏灯光，在顶视图，用移动工具移动灯光的位置和目标位置。

② 选定灯光，单击"修改"，参照上面所学方法设定灯光参数。

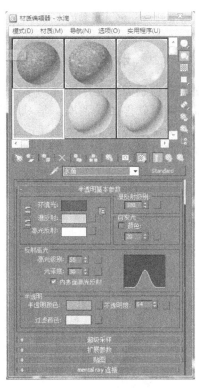

图14-63 材质参数设置

② 选择视图中的"超级喷射"模型，单击"材质编辑器"框，将"水滴"材质指定给选定对象，按下"视口中显示明暗处理材质"按钮。"水滴"材质贴图在透视图中的超级喷射（水柱）模型显示出来。

⑤ 在视图中选定水面，在命令面板，单击修改，在"修改器列表"选定"UVW贴图"，在命令面板的"参数"栏，贴图项，选定"长方体"。如图14-64所示。

14.2.7 喷泉场景摄影机和灯光布局

(1) 创建摄像机

14.2.8 喷泉渲染成图

在透视图，选择喷泉水柱，右击，选择"对象属性"，弹出对象属性对话框，在"运动模糊"栏，选择"启用"和"图像"选项。单击"确定"按钮，关闭窗口。在透视图窗口，输入快捷键"C"，视图转为相机视图，在工具栏，单击"渲染设置"，弹出渲染设置对话窗，在"公用参数"栏，设置保持默认，时间输出选定"单帧"，输出大小选定"自定义"，宽度值1200，高度值800，渲染图如图14-65所示。

图 14-65　喷泉渲染图

14.3　综合场景

场景合并：

① 打开场地模型。

② 单击主菜单的"导入\合并"，弹出合并文件对话框，浏览找到"花架模型"文件，单击"打开"按钮，弹出"合并—花架"对话框，单击"全选"，弹出"材质重复选项"对话框，选择"自动重命名"选项。打开菜单"组\成组"，将花架成组。

③ 单击主菜单的"导入\合并"，弹出合并文件对话框，浏览找到"喷泉"文件，单击"打开"选项，弹出"合并—喷泉"对话框，单击"全选"按钮，弹出"材质重复选项"对话框，选择"自动重命名"选项。打开菜单"组\成组"，将导入的喷泉成组。

④ 调整灯光，删除多余的灯光。

⑤ 渲染，如图 14-66 所示。

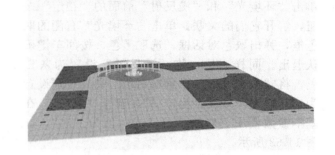

图 14-66　场景渲染图

本章小结

建立综合场景需要循序渐进的学习过程。目前也有很多针对软件的模型库，学习用户需要掌握的学习方法是整体宏观处整理建模思路，为设计做出最好的效果模拟。

第3篇 Photoshop CS6

第15章 Photoshop CS6入门

15.1 认识图像

15.1.1 图像种类

计算机处理的图像可以分为两类，分别是矢量图与位图，不同的计算机软件处理的图像种类不同。

(1) 矢量图

矢量图使用直线和曲线来描绘图形，这些图形的元素是一些点、线、矩形、多边形、圆和弧线等等，它们的计算都是通过数学公式获得。

矢量图不受分辨率的限制，可以将图形进行任意的放大或缩小，而不会影响它的清晰度和光滑度。矢量图只能靠软件生成，文件占用内在空间较小。如 CorelDRAW、Adobe Illustrator、Flash、AutoCAD 等都是常用的矢量软件。

但矢量图不能绘制出逼真的图像以及图像处理，不易于在不同软件之间交换使用。

(2) 位图

位图是指以点阵形式保存的图像文件，这些图像由许多像素点组成。

位图可以逼真地表现自然界的景物。由于系统在保存位图时保存的是图像中各点的色彩信息，因此，这种图形画面细腻、逼真，色彩与色调变化丰富，易于在不同软件之间进行交换。主要用于保存各种图像资料。

位图图像受分辨率的限制，当放大到一定程度后图像将变得模糊。图像越清晰所需要的储存空间越大。

Photoshop是位图软件的代表。它的主要优点在于具有强大的位图图像处理功能。并且，在Photoshop中使用路径工具也可绘制出矢量对象。

15.1.2 位图的相关概念

为了制作高质量的图像，大家需要理解图像资料是如何被测量与显示的，这里主要涉及如下几个概念：

(1) 像素

如果把影像放大数倍，会发现这些连续色调其实是由许多色彩相近的小方点组成，这些小方点就是构成影像的最小单位，称为"像素"。

(2) 分辨率

分辨率是指图片中单位距离所含像素点的数量，即像素/英寸（ppi）用于表示图片的清晰度。像素数越多，图片分辨率越高。

分辨率决定图像文件的大小，分辨率提高一倍，图像文件将增大四倍，所需要的存储空间增大，计算机处理起来速度就越慢。

(3) 显示器分辨率

在显示器中，每单位长度显示的像素数通常用"点/英寸"（dpi）来表示。显示器的分辨率依赖于显示器尺寸与像素设置，个人电脑显示器的典型分辨率是96dpi。当图像以1:1比例显示时，每个点代表一个像素。当图像放大或缩小时系统将以多个点代表一个像素。

(4) 打印机分辨率

与显示器分辨率类似，打印机分辨率也以"点/英寸"来衡量。如果打印机的分辨率为300~600dpi时，则图像的分辨率最好为72~150ppi；如果打印机的分辨率为1200dpi或更高，则图像分辨率最好为200~300ppi。

一般情况下，如果图像仅用于显示，可将其分辨率设置为72ppi或96ppi（与显示器分辨率相同）；如果图像用于印刷输出，则应将其分辨率设置为300ppi或更高。

15.1.3 色彩属性

(1) 色相

色相，即各类色彩的相貌称谓，如大红、普蓝、柠檬黄等。色相是色彩的首要特征，是区别各种不同色彩的最准确的标准。

(2) 明度

明度是指图像的明暗程度或者亮度，不同的

颜色具有不同的明度，例如黄色就比蓝色的明度高，在一个画面中如何安排不同明度的色块也可以帮助表达画作的情感，如果天空比地面明度低，就会产生压抑的感觉。任何色彩都存在明暗变化，其中黄色明度最高，紫色明度最低，绿、红、蓝、橙的明度相近，为中间明度。

(3) 饱和度

饱和度是指色彩的鲜艳程度，也称色彩的纯度。饱和度取决于该色中含色成分和消色成分（灰色）的比例。含色成分越大，饱和度越大；消色成分越大，饱和度越小。饱和度为 0 时图像呈现灰色，饱和度为 100 时则图像完全饱和。

(4) 对比度

对比度是画面黑与白的比值，也就是从黑到白的渐变层次。比值越大，从黑到白的渐变层次就越多，从而色彩表现越丰富。对比度对视觉效果的影响非常关键，一般来说对比度越大，图像越清晰醒目，色彩也越鲜明艳丽；而对比度小，则会让整个画面都灰蒙蒙的。

15.1.4 颜色模式

颜色模式决定了用于显示和打印图像的颜色类型，它决定了如何描述和重现图像的色彩。常见的颜色模式包括 HSB（色相、饱和度、亮度）、RGB（红、绿、蓝）、CMYK（青、洋红、黄、黑）和 Lab 等。

(1) RGB 颜色模式

RGB 是 Photoshop 中最常用的颜色模式。R 表示红色（Red）；G 表示绿色（Green）；B 表示蓝色（Blue），RGB 亦称为色光三原色。利用这三种基本颜色进行混合，可以配制出绝大部分肉眼能看到的颜色。彩色电视机的显像管以及计算机的显示器，都是以这种方法来混合出各种不同颜色效果的。

RGB 颜色也称 24 位真彩色，它由 3 个颜色通道组成，每个通道使用 8 位颜色信息，该信息是用从 0~255 的亮度值来表示的。当 R、G、B 数值都为 0 时，混合后的颜色为纯黑色，当 R、G、B 都为 255 时，混合后的颜色为纯白色。每一种色彩最小值为 0，最大值为 255，所以 RGB 的颜色模式共有 256×256×256 种颜色。

(2) CMYK 颜色模式

CMYK 颜色模式是一种印刷模式。C 表示青色（Cyan）；M 表示洋红色（Magenta），也称品红；Y 表示黄色（Yellow）；K 表示黑色（Black）。该颜色模式对应的是印刷用的四种油墨颜色。

C、M、Y、K 的数值范围是 0~100，当 C、M、Y、K 数值都为 0 时，混合后的颜色为纯白色；数值都为 100 时，混合后的颜色为纯黑色。

在处理图像时，一般不采用 CMYK 模式，因为这种模式的图像文件占用的存储空间较大。此外，在这种模式下，Photoshop 提供的很多滤镜都不能使用。因此，人们只在印刷前才将图像颜色模式转换为 CMYK 模式。

(3) Lab 颜色模式

Lab 颜色模式是以一个亮度分量 L（Lightness）和两个颜色分量 a 和 b 来表示颜色的。其中 L 的取值范围为 0~100，a 分量代表由深绿-灰-粉红的颜色变化，b 分量代表由亮蓝-灰-焦黄的颜色变化，a 和 b 的取值范围均为 -120~$+120$ 之间。

(4) 索引颜色模式

索引颜色模式又称图像映像色彩模式，这种颜色模式的像素只有 8 位，即图像只有 256 种颜色。这种颜色模式可极大地减小图像文件的存储空间，因此常用于网页图像与多媒体图像，以提高网上传输速度。

15.1.5 图像文件格式

Photoshop CS6 提供了多种图像文件格式用于图像的输入和输出，每一种格式都有其特点和用途。在选择输出的图像文件格式时，要考虑图像的应用目的和图像文件格式对图像数据类型的要求。

(1) PSD 格式

Photoshop 专用格式，支持图层、通道存储等功能，能将所编辑的图像文件中的所有图层和通道的信息记录下来。因此在编辑图像的过程中，通常将文件保存为 PSD 格式，以便重新读取和继续编辑信息。但 PSD 格式的图像文件很少被其他软件和工具所支持，且图像若未经过压缩，尤其当图层较多时，会占用很大的硬盘储存空间，文件扩展名为 psd。

(2) BMP 格式

BMP 是标准 Windows 图像格式，非压缩格式。文件存储容量较大。彩色图像存储为 BMP 格式时，每一个像素所占的位数可以是 1 位、4 位、16 位和 32 位，相对应的颜色数是从黑白一直到真彩色，文件扩展名为 bmp。

(3) JPEG 格式

JPEG 格式是在互联网及其联机服务器上常用的一种压缩文件的格式，其压缩率是目前各种图像格式中最高的一个。压缩级别越高，得到的图像品质越低；压缩级别越低，得到的图像品质越高。例如，大小为 4M，格式为 BMP 的位图，压缩成 JPEG 格式大小为 200KB。文件扩展名为 jpg 或 jpeg。

(4) GIF 格式

GIF 格式是在互联网及其联机服务器上常用

的一种 LZW 压缩文件格式。常用于网页数据传输的图像文件。GIF 压缩格式，可用于静态图像；也可支持图像内的多画面循环显示，来制作小型动画。

(5) EPS 格式

EPS 格式与各种排版软件的相容性最高，是一种通用的行业标准格式，可同时包含像素信息和矢量信息。如果要将图像置入 InDesign、PageMaker、Quark Xpress 等排版软件中，就可以将图像的格式保存为 EPS 格式。

(6) PNG 格式

PNG 格式出现的目的是代替 GIF 和 JPEG，它结合了 GIF 与 JPEG 格式的优点，可以储存非破坏性压缩、全彩的图片，并且可以支持透明背景的效果。

15.2 操作界面

启动 Photoshop CS6 后，打开任意一幅图像，就会看到如图 15-1 所示的操作界面。

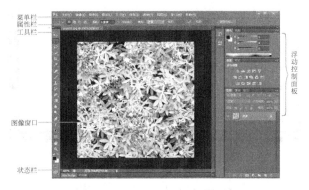

图 15-1　Photoshop CS6 操作界面

15.2.1 菜单栏

Photoshop CS6 的菜单栏中共有 10 个菜单，要打开某项主菜单，既可单击菜单，也可以使用快捷键，按 Alt 键和菜单名中带下划线的字母键。Photoshop CS6 的菜单栏如图 15-2 所示。

图 15-2　Photoshop CS6 的菜单栏

15.2.2 工具栏

工具栏用于存放 Photoshop 软件常用工具，使用时只需单击工具即可。执行"窗口/工具"命令，可以隐藏和打开工具栏；单击工具栏上方的双箭头，可以双排显示工具栏；再单击一次按钮，恢复工具栏单行显示。将鼠标放在工具按钮上停留一段时间，就会显示该工具的名称。有的工具按钮右下角带有黑色的小三角，表示这些工具还有其他隐藏的同类工具，在这些按钮上单击不放或是右击，就可以看到隐藏的工具按钮。图 15-3 是工具栏中的所有工具。

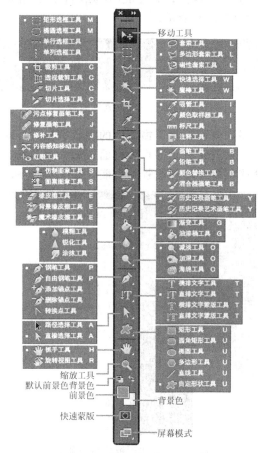

图 15-3　Photoshop CS6 工具栏

(1) 属性栏

属性栏也可称为工具选项栏，当选择不同的工具时，会有相应的工具选项栏显示其不同的选项设定。图 15-4 为"矩形选框"工具的属性栏。

图 15-4　"矩形选框"工具的属性栏

(2) 状态栏

状态栏位于窗口的最底部，主要用于显示图像处理的各种信息，图 15-5 为图像文件的状态栏。最左侧区域用于显示图像的显示比例；中间区域用于显示图像文件的大小。单击小三角按钮可在弹出的菜单中选择需要显示的图像文件信息。

图 15-5　状态栏

第 15 章　Photoshop CS6 入门

(3) 浮动控制面板

控制面板可以根据使用者的需要显示或隐藏，可通过"窗口"菜单来实现，并可将多个面板上下或左右叠放。控制面板使 Photoshop 的操作更为灵活多样，是 Photoshop 重要的组成部分，如图 15-6 所示。

图 15-6　左右叠放的面板

每一个面板除了窗口中的参数选项外，单击其右上角的小三角即可弹出面板的命令菜单，利用这些菜单可增强面板的功能，如图 15-7 所示。

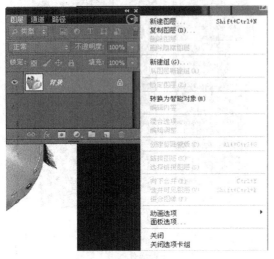

图 15-7　弹出面板的命令菜单

15.3　文件管理

15.3.1　新建文件

在建立一个新的图像文档时，执行菜单栏"文件/新建"命令，此时会弹出"新建"对话框，如图 15-8 所示。

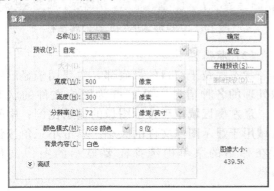

图 15-8　"新建"对话框

各个选项说明如下：

① 名称：是指所建图像文档的名称，新建的文档名默认为"未标题1"，再新建则以"未标题2"设定，依次类推。自行命名时最好做到"见名知意"，这样下次就能很方便快捷地找到这个图像文档。

② 预设：是用来设定图像文档的大小尺寸的，单位有"像素""厘米""英寸""点"等，通常习惯于用"像素"或"厘米"做单位。

③ 分辨率：在前面已经阐述过，这里不再说明。

④ 颜色模式：是指新建的图像的色彩模式，有"RGB""位图""灰度""CMYK"等，其中"RGB"是我们在设计时使用的屏幕色，因此，通常情况下新文件的颜色模式都设为"RGB"模式。

⑤ 背景内容：是指新建的图像文档的背景颜色，设有"白色""背景色"和"透明"三个选项。

单击"确定"按钮后即可依照设定建立一个新的图像文档。如图 15-9 所示，"未标题1"即为新建立的 500×300 像素、背景为白色的图像文档。

图 15-9　新建图像文档

15.3.2　打开文件

在打开已经存在的图像进行编辑时，可执行菜单栏"文件/打开"命令，或在"工作区"双击鼠标左键，此时会弹出如图 15-10 所示的对话框。在"查找范围"选项中找到图像所在的文件

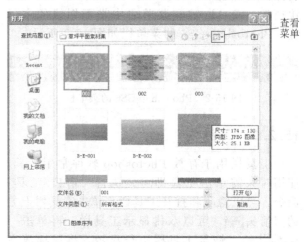

图 15-10　"打开"对话框

夹路径，在项目中找到想要的图像，单击选项中使其处于蓝色背景状态，再单击"打开"按钮即可打开所选中的图像。将"查看菜单"选择"缩略图"可以查看到我们所要选择的图像。

第二种方法是直接选择想要打开的图像文件后，按住鼠标左键将图像拖动至 Photoshop CS6 的"工作区"，松开鼠标左键即可打开。

15.3.3 保存文件

当我们将图像编辑完成后，就要将图像保存起来。在 Photoshop 中除了一般的存储方式外，还可以将图像保存为 JPEG、GIF、PNG 等网页常用的图像格式。其保存方法与其他应用软件没有什么区别，在第一次保存时会提示用户选择保存的地址、文件名和要保存的格式。

15.3.4 退出

当不使用 Photoshop CS6 时，须退出该程序，退出前应先关闭所有打开的图像文件窗口，然后执行以下操作之一：

① 鼠标左键单击 Photoshop CS6 窗口右上角的"关闭按钮"。

② 鼠标左键双击标题栏左上角的"控制窗口"。

③ 在 Photoshop CS6 窗口中，执行"文件/退出"命令。

④ 按下快捷键"Ctrl"+"Q"或者组合键"Alt"+"F4"。

思考与练习

一、选择题

1. 下列哪个是 photoshop 图像最基本的组成单元（　　）？
   A. 节点　　　　　　B. 色彩空间
   C. 像素　　　　　　D. 路径

2. 下面对矢量图和像素图描述正确的是（　　）？
   A. 矢量图的基本组成单元是像素
   B. 像素图的基本组成单元是锚点和路径
   C. Adobe Illustrator 9 图形软件能够生成矢量图
   D. Adobe photoshop CS6 能够生成矢量图

3. 图像分辨率的单位是（　　）？
   A. dpi　　　　　　B. ppi
   C. lpi　　　　　　D. pixel

4. CMYK 模式的图像有多少个颜色通道（　　）？
   A. 1　　　　　　　B. 2
   C. 3　　　　　　　D. 4

5. 下面哪种格式是有损的压缩（　　）？
   A. RLE　　　　　　B. TIFF
   C. LZW　　　　　　D. JPEG

6. 下列哪种格式是 Photoshop 专用格式（　　）？
   A. JPEG　　　　　　B. PSD
   C. PNG　　　　　　D. TIFF

二、问答题

1. 我们在计算机屏幕上看到的图像，其实是有许多细微的小方块组成的，这些小方块称为什么？

2. 图像的分辨率惯用的表达方式是 ppi，而 ppi 代表什么意思？

3. 简述什么是图像的分辨率。

4. 简述 JPEG 图像格式的特性。

第 16 章　Photoshop CS6 基本绘图工具

16.1　选择工具

选择工具在 Photoshop CS6 中是基本的绘图编辑工具，可以对选择区域进行填充、变换或者删除。值得注意的是，如果图像中有选择的工作区域，操作只对当前层选择范围内的图像生效；如果没有则操作对当前整个图层有效。

16.1.1　矩形选框工具组

矩形选框工具组包含了矩形选择工具" "、椭圆形选择工具" "、单行选择工具" "、单列选择工具" "等选择工具。鼠标右键单击矩形选择工具，就会出现其他三个扩展工具。

（1）矩形选择工具

首先创建一个新文件，在新文件内操作如下：

鼠标左键单击矩形选择工具按钮" "，光标在图像窗口变为"＋"字形，按住鼠标左键拖动在图像中画出一个矩形，如图 16-1 所示；出现一个不断闪烁的矩形，这就是选区。如果绘制的同时按住"Shift"键，可以绘制出正方形。

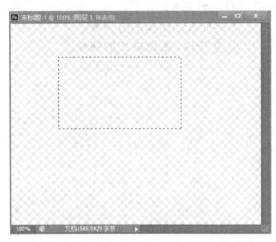

图 16-1　绘制矩形

选择菜单栏命令对其填充。打开菜单栏"编辑/填充"命令，在填充对话框中，内容选择"前景色"，单击"确定"按钮，完成填充后的图像如图 16-2 所示。

（2）椭圆形选择工具

鼠标左键在图像窗口中单击一点，然后拖动鼠标，画出一个椭圆形选择区域，如图 16-3 所

图 16-2　填充矩形

示；如果按住"Shift"键可以绘制正圆。

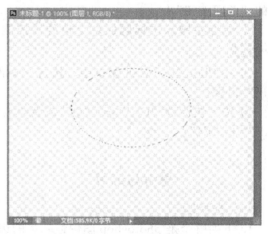

图 16-3　绘制椭圆

还可以用工具箱中的油漆桶工具" "对其进行填充，填充的颜色为前景色，如图 16-4 所示。

图 16-4　填充椭圆

(3) 单行和单列选择工具

单行选择工具"⬚"和单列选择工具"⬚"用于选择单行和单列像素对象，选取工具后，单击图像中某一点，即可选中通过该点的行或列。

同时选择多个选区的方法是：先选择一个选区，然后按住"Shift"键，再选取其他的一个或多个选区。本例中先选取单行，然后按住"Shift"键，再选择单列，如图16-5所示。

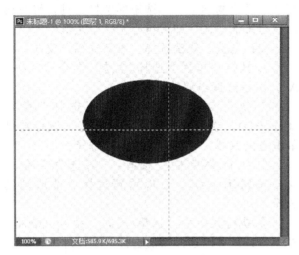

图16-5 选择单行或单列

16.1.2 套索工具组

在选择较为复杂的图形区域时，需要用到套索工具组，它包括套索工具"○"、多边形套索工具"▽"和磁性套索工具"◯"三种，如图16-6所示。

图16-6 套索工具组

(1) 套索工具

套索工具"○"，就好比一支画笔，所画的区域为选择区域，具体操作如下：

第一步：鼠标左键单击工具箱中的套索工具按钮"○"，进入图像文件区域，鼠标光标变为套索形状。

第二步：按住鼠标左键，在图像中选择需要编辑的区域周围勾画轮廓。

第三步：勾画停止时，系统自动封闭勾画的选区，如图16-7所示。

图16-7 套索工具勾选区域

(2) 多边形套索工具的使用

多边形套索工具"▽"，建立的选区是由直线围成的多边形，其方法如下：

第一步：在工具箱中，鼠标右键单击套索工具按钮"○"，出现如图16-6所示的套索工具组。

第二步：移动鼠标到多边形套索工具按钮"▽"上，单击鼠标左键。

第三步：移动鼠标到图像区域，鼠标光标变成多边形套索形状。

第四步：选择的多边形顶点依次单击鼠标左键，在最后一个顶点双击鼠标左键，系统将用直线自动连接起点和终点，如图16-8所示。

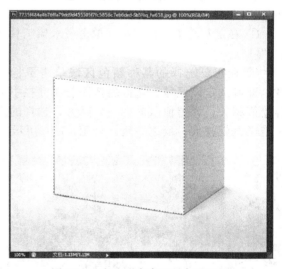

图16-8 多边形套索工具勾选区域

(3) 磁性套索工具的使用

磁性套索工具能自动捕捉复杂图形的边缘，用磁性套索工具建立的控制点具有吸附性，可以更加方便地建立复杂选取，操作如下：

第一步：单击鼠标右键套索工具按钮"○"，出现套索工具组。

第二步：鼠标左键单击磁性套索工具按钮"◯"上，松开鼠标。

第三步：移动鼠标到图像区域，鼠标光标变

成磁性套索形状。

第四步：在要建立选区的图像边缘用鼠标依次取点，移动鼠标时可以见到磁性套索对选区边缘的自动吸附，在最后一个顶点双击鼠标左键，系统用直线连接起点和终点，如图 16-9 中的选区所示。

图 16-9　磁性套索工具勾选区域

16.1.3　魔术棒工具

魔术棒工具根据颜色相似的原理，可以选择颜色相似的区域，其操作如下：

① 在工具箱中，鼠标左键单击魔术棒工具按钮"　"。

② 在想要选择的某种颜色区域单击鼠标左键，即可选定该区域，选择的范围与属性栏中的容差值相关，容差值（0～255）越大，选择的颜色范围也就越大；反之亦然，如图 16-10 所示。

图 16-10　魔术棒勾选区域

16.1.4　选区控制

建立选区以后，有时还不能完全符合要求，可以通过工具属性栏以及"选择"菜单中的命令，对选区进行调整。

（1）选区的添加、减去和相交

在每种选择工具的属性栏中都有如下几个选择项。

"　　　"：分别代表绘制选区、在已有的选区中添加选区（Shift）、在已有的选区中删除选区（Alt）、选择两个选区的交集（Shift＋Alt）。每种选择工具之间可以交互使用。例如，先用椭圆形工具绘制圆形，再选矩形选择工具，修改属性栏为添加选区，即可再绘制一个矩形。

（2）全选、取消选择、重新选择、反向

① 执行菜单栏"选择/全选"命令（Ctrl＋A），可以选择当前整个图层。

② 执行菜单栏"选择/取消选择"命令（Ctrl＋D），或者在选择工具的状态下鼠标左键单击空白区域，都可以取消当前选择。

③ 执行菜单栏"选择/重新选择"命令（Ctrl＋Shift＋D），可以重新选择之前取消的选择。

④ 执行菜单栏"选择/反向"命令（Ctrl＋Shift＋I），可以选择当前选择区域以外的区域。

第一步：打开两幅图像文件，如图 16-11、图 16-12。

图 16-11　图例 1

图 16-12　图例 2

第二步：用魔棒工具属性栏容差设置为 40，鼠标左键单击白色区域，如图 16-13 所示。

第三步：执行菜单"选择/反向"命令（图 16-14），选中小黄人。

第四步：使用移动工具，把小黄人移动到

图 16-13　选择区域

图 16-14　反向选择

图 16-12 中，如图 16-15 所示。

图 16-15　移动图形

(3) 选择所有图层、取消选择图层、查找图层

① 执行菜单栏"选择/选择所有图层"，可以选择当前文件中除了背景层的其他图层。

② 执行菜单栏"选择/取消选择图层"，可以取消选择所有图层。

③ 执行菜单栏"选择/查找图层"，可以在图层面板中通过输入图层的名字，选择到需要的图层。适用于图层比较多的时候。

④ 执行菜单栏"选择/色彩范围"命令，选择现有选区或整个图像内指定的颜色或色彩范围。如果要替换选区，在应用此命令前确保已取消选择所有内容。但"色彩范围"命令不可用于 32 位/通道的图像。

(4) 修改

① 边界：用于创建将原选区边界分别向内外扩展指定宽度后生成的区域。执行菜单栏"选择/修改/边界"命令，打开"边界选区"对话框，输入取值范围为 1～200（像素）的宽度值，就会在原选区框架上产生指定宽度的选区。

② 平滑：用于清除选区中的杂散像素以及平滑尖角和锯齿。执行菜单栏"选择/修改/平滑"命令，打开"取样半径"对话框，输入取值范围为 1～100（像素）的半径值，就会将原选区尖角处变得较为圆滑。

③ 扩展：用于将原选区沿边界向外扩大指定的宽度。执行菜单栏"选择/修改/扩展"命令，打开"扩展量"对话框，输入取值范围为 1～100（像素）的数值，就会将原选区向外扩充指定的像素宽度。

④ 收缩：收缩刚好与扩展相反，是将原选区沿边界向内缩小指定的宽度。执行菜单栏"选择/修改/收缩"命令，打开"收缩量"对话框，输入取值范围为 1～100（像素）的数值，就会将原选区向内缩小指定的像素宽度。

⑤ 羽化：用于在选择图片或填充图形的时候，让选择边界有一个内外衔接虚化过渡的效果。从而达到自然衔接的作用。羽化的值在 0～1000 之间。如图 16-18 所示，通过对比两朵向日葵左边羽化与右边没有羽化的效果，能清楚地了解羽化的涵义。

羽化有两种方式：

• 选择前羽化：在选择工具的属性栏中，有羽化选项，可以在选择之前设置羽化半径。设置好后再进行选择，如果选择矩形选择工具，这时矩形框四周变为了圆角，圆角越大表示羽化半径越大，选区边缘过渡的范围也越大。

• 选择后羽化：适用于选择后再对选区进行羽化，执行菜单"选择/修改/羽化"命令（Shift＋F6）。

注意：羽化半径与图像像素相关，如果图像分辨率大，羽化的半径像素就应设置大些，才有效果，如果图像分辨率小，则羽化半径像素值可适当设小。

在图 16-16 选择向日葵花，移动到图 16-17 中，图 16-18 左边的向日葵是被羽化的效果，右边的向日葵是没有被羽化的效果。

图 16-16　图例

图 16-17　图例

图 16-18　羽化效果对比

(5) 选取相似

选取相似可以在整个图像中选择同已有选区相似的图像区域，操作如下：

① 用魔棒工具选择棉花的某一区域。

② 然后在图像区域内任意一点右击，弹出快捷菜单，如图 16-19 所示。

图 16-19　右击鼠标弹出快捷键菜单

③ 单击菜单中的"选取相似项"，则图像中与选择区域相近颜色的区域被选中，如图 16-20 所示。

图 16-20　相似区域被选中

16.2　移动、缩放、平移和裁剪工具

16.2.1　移动工具

Photoshop CS6 能处理多个图像之间的拼接，在我们利用各种选择工具选择好图形后，可以使用移动工具进行两张图片的组合或者某个图像位置的移动。

16.2.2　缩放、平移工具

(1) 视图缩放

① 放大镜工具：用于缩放视图。对图像本身尺寸比例大小没有影响。选择放大镜工具单击为放大，右键会出现如图 16-21 所示的快捷选项。

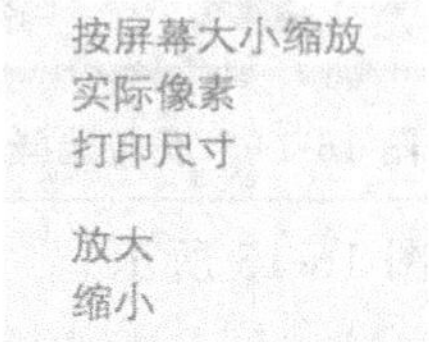

图 16-21　"放大镜"工具快捷选项

- "按屏幕大小缩放"：将图像最大限度地在屏幕上显示。
- "实际像素大小"：将图像按照实际像素尺寸显示。
- "打印尺寸"：将图像大小按照打印尺寸显示。
- "放大"：放大图像。
- "缩小"：缩小图像，也可以使用放大镜工具属性栏中的缩小命令或者使用快捷键"Alt"进行切换。

② 平移工具：当视图放大后，图像局部放大，需要用平移工具拖动画面。也可以使用 Space 键切换使用。

(2) 图像大小变换

① 自由变换（Ctrl+T）：执行菜单栏"编辑/自由变换"命令，即可对整个图层或者所选择的区域进行自由变换。自由变换可以进行如下几个操作：

- 缩放图像大小：拖动四个边，可以改变每个边的大小；把鼠标放在四个角任意一个端点控制点，鼠标变为两个箭头，即可缩放图像大小；如需要等比例缩放在拖动的同时按住"Shift"键。
- 旋转图像：把鼠标放在四个端点控制点靠外一点的位置，鼠标变为一个旋转的图标，旋转的中心为中间的圆，移动圆可以改变旋转的中心。如果按住 Shift 键，每旋转一步为 15°。

● 移动图像：把鼠标放在变换区域中，鼠标变为移动工具，即可移动变换图像。

完成缩放编辑后按"Enter"键确定。

② 变换：执行菜单栏"编辑/变换"命令，会出现如图 16-22 所示的选项。

图 16-22 "变换"选项

● "缩放"：可以执行的缩放、旋转等操作。使用缩放在图像中会出现四个角和四条边的控制点，另外在图像中心也有缩放的中心点，与自由变换不同的是"缩放"工具只能缩放，不能旋转，如图 16-23 所示。

图 16-23 图例

将鼠标放在控制点上，会出现箭头形状，按住鼠标左键拖动就可以改变图像比例大小。其中水平边中间的控制点，可以上下拖动改变垂直比例如图 16-24 所示。

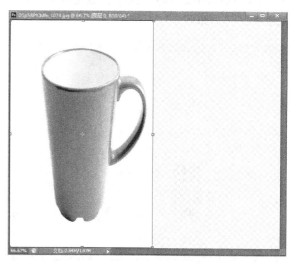

图 16-24 改变垂直比例

垂直边中间的控制点可以水平拖动改变水平比例，如图 16-25 所示。

图 16-25 改变水平比例

(3) 旋转

第一步：左键单击工具箱中矩形选择按钮，选取图像中的两个瓶子，如图 16-26 所示。

图 16-26 选择图形

第二步：执行菜单栏"编辑/变换/旋转"命令，可以见到图像中心、四个角以及四条边中间出现控制点，如图 16-27 所示。

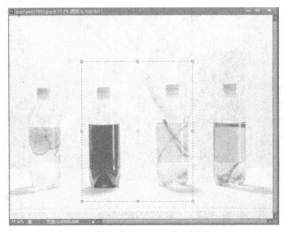

图 16-27　执行"编辑/变换/旋转"命令

第三步：将鼠标放在周围八个控制点上，出现旋转的图标，按住鼠标左键拖动鼠标，选择区域绕中心点旋转，所得的结果如图 16-28 所示。

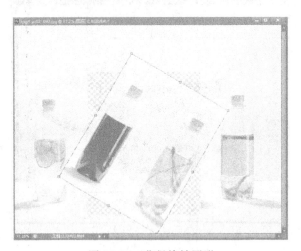

图 16-28　获得旋转图形

第四步：改变旋转的中心点，移动中心点即可（图 16-29）。

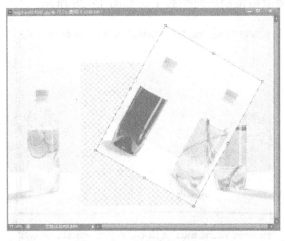

图 16-29　改变旋转中心点

在变换时，如果单击其他命令，会弹出如图 16-30 所示的对话框。所以必须退出或者执行变换工具才能使用其他工具。

图 16-30　对话框

单击"应用"按钮，变形应用到图像，结束本次编辑。

单击"取消"按钮，取消命令，继续本次编辑过程。

单击"不应用"按钮，结束本次编辑，不应用变换到图像文件。

16.2.3　裁切工具

Photoshop CS6 把裁剪工具做了全面的改进，将原本裁切工具裁掉的部分也忠实地保留，可以随时还原，而无须经过返回上一步骤操作方式便可还原图像，即保证了照片编辑的过程完整保留，又节省了因重新编辑照片而浪费的时间，提升了效率。

另外在 Photoshop CS6 的裁切工具中，添加了全新的透视裁切工具。透视裁切工具可以把具有透视的影像进行裁切，并把画面拉直并纠正成正确的视角。

(1) 裁剪工具 ![] 的应用

第一步：打开一幅图像文件如图 16-31 所示。

图 16-31　图例

第二步：在工具栏中，左键单击裁剪选择工具按钮。

第三步：在图像上按住鼠标左键拖动鼠标选择图像裁切范围，范围指定后，可以对选择范围作移动和旋转等操作，选定裁剪区域后，未被裁剪区域的图像被隐藏，如图 16-32 所示。

第四步：按 Enter 键，完成图像裁剪，图像如图 16-33 所示。

图 16-32　选择裁切范围

图 16-33　裁剪图形

(2) 图像修剪

图像裁切是 Photoshop CS6 新增加的功能，与图像裁剪不同，裁剪是截取图像的一部分，而裁切只是将图像中多余的背景（画布）剪掉，在画布上画完图后，将多余的画布剪去。下面以创作 love 图像为例说明裁切操作。

第一步：打开创作的 love 图像，如图 16-34 所示。

图 16-34　图例

第二步：执行菜单"图像/裁切"命令，如图 16-35 所示。

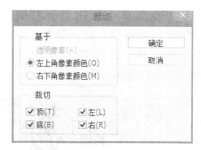

图 16-35　"裁切"对话框

第三步：在对话框中的裁切选项中，顶部、底部、左边、右边四个复选框是指修建时是否将这四方多余的画布背景剪去，本例中全部选中四个复选框。

第四步：左键单击"确定"按钮，完成裁切操作，完成后的图像如图 16-36 所示。

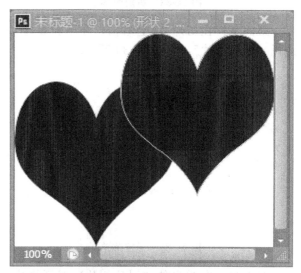

图 16-36　完成裁切

(3) 切片工具

在使用 Photoshop CS6 制作网页图片时常常要用到切片工具。切片就是对图像按照需要进行切割、编辑、并保存，以备在网页上使用。

第一步：打开图像文件如图 16-37 所示。

图 16-37　图例

第二步：在 Photoshop CS6 工具栏中的"裁剪工具框"单击鼠标右键，选择"切片工具"选项。

第 16 章　Photoshop CS6 基本绘图工具

第三步：在图片上按住鼠标左键不放，拉动，把图片分为两部分。放开鼠标，发现图片被切为了两个片，每一片的左上方分别有序号 01 和 02，如图 16-38 所示。

图 16-41　执行纵向切片命令

图 16-38　切割图形

第四步：在切片 01 上右击，在下拉菜单中选择"划分切片"，如图 16-39 所示。

图 16-39　下拉菜单

第五步：在弹出的"划分切片"对话框中，把"水平划分为"前面打钩，在下面输入 3，确定。在切片 1 被平均分为 3 部分，把光标放到切片的边上，当光标变成一个双向箭头时，还可以拖动边线调节切片的大小，如图 16-40、图16-41 所示。

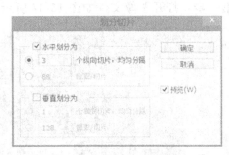

图 16-40　数值设置

第六步：左键单击菜单栏中的"文件"按钮，在下拉菜单中选择"存储为 web 和设备所有的格式"，在弹出的对话框中，单击"切片选择工具"按钮，选择切片 01 和 02，在右侧单击小黑三角，选择"png-8"格式，单击存储，如图16-42、图16-43所示。

图 16-42　下拉菜单

图 16-43　图形储存

16.3　画笔工具

16.3.1　画笔工具

画笔工具可以根据画笔运行轨迹，通过载入画笔图形的方式添加需要的图像。具体操作步骤如下：

第一步：打开或新建要使用画笔的图像文件，新建一个背景透明文件。

第二步：左键单击工具栏中的画笔工具按钮，选定画笔工具。

第三步：在选项栏中显示画笔工具，从左到右，第一个列表框为选择画笔列表框，第二个列表框是画笔与原图像的叠加模式，不透明度是指画笔的透明度，单击其右边的三角符号可以弹出滑块，通过拖动滑块指定画笔的透明度。最后一个"动态画笔"按钮用于设置画笔的渐隐步长，如图16-44所示。

图16-44　画笔工具栏选项

第四步：单击选项栏中的选择画笔列表框，显示可选用的画笔，如图16-45所示。

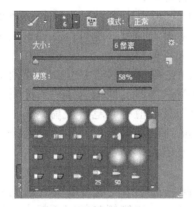

图16-45　可选画笔对话框

第五步：如果觉得缺省的画笔不够丰富，可以装入其他画笔，方法是：左键单击画笔列表框右上角的齿轮符号，弹出画笔菜单，如图16-46所示。

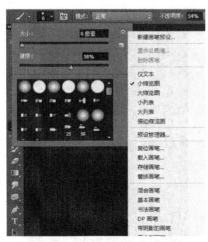

图16-46　画笔菜单

第六步：在画笔菜单中，单击左键"载入画笔…"，弹出如图16-47对话框，选择画笔文件，单击"载入（L）"按钮，载入画笔，或者双击左键画笔文件载入画笔。

图16-47　载入画笔

载入画笔后选项栏中的画笔选项列表如图16-48所示，通过画笔调板右边的滚动条可以查看所有装入的画笔。

图16-48　画笔选项列表

第七步：在画笔列表中，单击左键选择某种画笔。

在画笔调板中，单击左键最左边的"画笔"按钮，在图16-49所示的列表框中的颜色动态中的控制选项中可以设置喷枪画笔的渐隐步长，也可以完全关闭渐隐步长；也可以设置渐隐步长，画笔在作图时逐渐消失，产生由深至浅的过渡效果。

第八步：如果需要将画笔图案画入图像文件中，单击左键，如图16-50所示；或按住左键拖动鼠标可以用画笔画图，如图16-51所示。

16.3.2　画笔面板

该面板中有"画笔预设"列表，可在该列表中设置画笔笔尖形状、形状动态、散布、纹理、双重画笔、颜色动态、其他动态、杂色、湿边、

图 16-49 设置画笔

图 16-50 图例

图 16-51 用画笔画图

喷枪、平滑和保护纹理，也可删除和增加画笔等，如图 16-49 所示。

(1) 画笔笔尖形状

画笔笔尖形状选项，可以对画笔图案、直径、翻转 X/Y、角度、圆度、硬度和间距等进行调整，如图 16-52 所示。

● 直径：在该文本框中可以根据需要设定画笔大小，直径的取值范围为 1～5000PX。

● 翻转 X/翻转 Y：可以改变画笔在 X 轴与 Y 轴的方向，选中"翻转 X"复选框，可以使用画笔水平翻转；选中"翻转 Y"复选框，可以使

图 16-52 画笔预设列表

用画笔垂直翻转。

● 角度：可以用来设置画笔的旋转角度，在该文本框中设置角度，也可以在调整区域单击并拖动箭头进行调整。

● 圆度：在该文本框中可以设置画笔长轴与短轴的比率，当圆度的值为 100％时画笔为正圆形，设置为其他值时画笔将变扁。

● 硬度：在该文本框中可以设置画笔硬度的大小，该值越大，画笔笔尖硬度越大，反之，越柔和。

● 间距：选中该复选可以设置画笔笔尖的间距，该值越大，画笔笔尖的间距越大；反之，画笔笔尖的间距越小。

(2) 形状动态

在"画笔"面板中选择该选项后即可显示设置的选项，包括大小抖动、最小直径、角度抖动、圆度抖动和最小圆度、翻转 X 抖动/翻转 Y 抖动等，如图 16-53 所示。

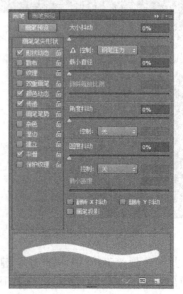

图 16-53 显示设置选项

● 大小抖动：在该文本框中可设置画笔笔迹的大小，该值越大，画笔的笔迹越不规则，该选项下方包含"控制"下拉列表框，可以通过其中的选项对画笔的大小抖动进行设置。例如，选择"关"选项为不控制画笔笔迹的大小，选择"渐隐"选项表示可以按照设置的数量在初始直径和最小直径之间对画笔进行渐隐，产生淡出的效果。

● 最小直径：该选项是在设置了大小抖动后进行设置的选项，该值越大，画笔笔尖的变化越小；反之，画笔笔尖的变化越大。

● 角度抖动：可以设置画笔的旋转角度，也可在该选项的下方"控制"下拉列表中设置选项。

● 圆度抖动和最小圆度：圆度抖动可以用来设置画笔在描边中的圆度变化方式，在设置了圆度抖动后才可以对最小圆度进行设置。

● 翻转 X 抖动/翻转 Y 抖动：可以设置画笔笔尖在 X 轴与 Y 轴上的旋转方向。

（3）散布

该选项可以设置画笔的分散程度，该值越大，画笔分散的范围越大；反之，分散范围越小，如果选中"两轴"复选框，画笔笔迹以中间为中心，同时向两侧分散。

● 散布：选择"散布"选项后，可以对散布、数量和数量抖动、画笔的数量和位置进行设置，在画笔中形成不规则的一片画笔区域，如图 16-54 所示。

图 16-54 "散步"设置

● 数量：在该选项中可以设置画笔的数量。

● 数量抖动：在该选项中可以设置画笔的数量与间距之间的变化方式。

（4）纹理

单击左键纹理缩略图右侧的向下箭头，在弹出的下拉面板中可以选择准备设置为纹理的填充图案，选中"相反"复选框后可以将纹理图案中的亮点和暗点互换。

选择"纹理"选项后，可以在画笔中填充图像，包括纹理、缩放、"为每个笔尖设置纹理"复选框、模式、深度、最小深度和深度抖动，如图 16-55 所示。

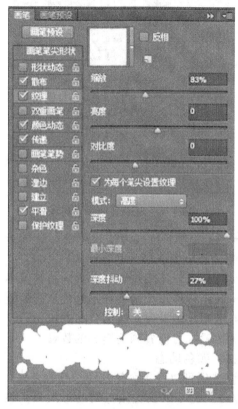

图 16-55 "纹理"设置

● 缩放：可以调整纹理图案的显示大小。

● "为每个笔尖设置纹理"复选框：选中该复选框可以设置下方的最小深度和深度抖动选项，为每个画笔笔尖设置纹理。

● "模式"下拉列表框：可以设置纹理图案与前景色的混合模式。

● 深度：该选项可以设置纹理图案渗入画笔的深度，当该值为 0% 时，隐藏纹理图案；当该值为 100% 时，最大范围的显示纹理图案。

● 最小深度：可以设置纹理图案渗入的最小深度。

● 深度抖动：可以设置纹理图案渗入画笔的抖动大小。

（5）双重画笔

该选项是将画笔预设与双重画笔中的画笔重叠使用，通过设置两个画笔的模式、直径、间距、散布与数量等参数创建画笔笔迹，如图 16-56 所示。

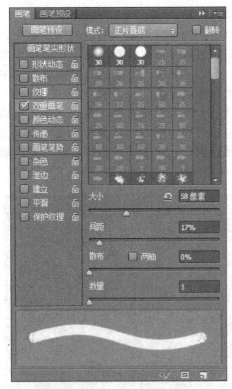

图 16-56 "双重画笔"设置

- **前景/背景抖动**：可设置前景色与背景色的变化程度，该值越大，变化的颜色越接近背景色；反之，变化的颜色越接近前景色。
- **色相抖动**：可设置画笔颜色的变化范围，该值越大，色相变化越丰富。
- **饱和度抖动**：可设置画笔颜色饱和度的变化范围，该值越小，饱和度越接近前景色；反之，色彩饱和度越高。
- **亮度抖动**：可设置画笔颜色亮度的变化范围，该值越小，亮度越接近前景色；反之，亮度越大。
- **纯度**：可设置画笔颜色的纯度，该值越小，画笔的颜色越接近黑白色；反之，颜色饱和度越大。

（7）传递

该选项可以调整油彩或效果的动态建立，通过对不透明度抖动、流量抖动、湿度抖动、混合抖动设置动态效果，如图 16-58 所示。

- **"模式"下拉列表框**：可以在该列表框中设置两种画笔组合后的混合模式。
- **直径**：可用来设置组合后的画笔大小。
- **间距**：可设置两种画笔笔尖之间的距离。
- **散布**：可设置画笔的分布方式。
- **数量**：可设置画笔笔尖的数量。

（6）颜色动态

该选项可以设置画笔的动态颜色变化，通过前景/背景色可以设置颜色的动态效果，包括前景/背景抖动、色相抖动、饱和度抖动、亮度抖动和纯度等，如图 16-57 所示。

图 16-58 设置动态效果

不透明度抖动：控制部分有下拉菜单，包括关、渐隐、钢笔压力、钢笔斜度、光笔轮选项。根据图像编辑需要选择，不透明度值越高越不透明；反之，越透明。

流量抖动：控制部分有下拉菜单，包括关、渐隐、钢笔压力、钢笔斜度、光笔轮选项。流量抖动值越高，越不清晰；反之，越清晰。

（8）画笔笔势

选择"画笔笔势"选项可以调整倾斜 X、倾斜 Y、旋转、压力的动态建立，如图 16-59 所示。

倾斜 X 的范围值 －100％—0—100％，可根据需要选择选项"覆盖倾斜 X"。

图 16-57 "颜色动态"设置

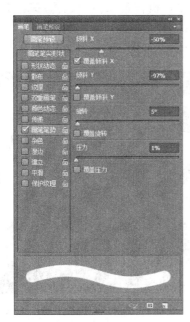

图 16-59　设置"画笔笔势"

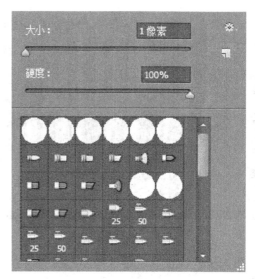

图 16-60　"铅笔工具"设置

倾斜 Y 的范围值 -100%—0—100%，可根据需要选择选项"覆盖倾斜 Y"。

旋转的范围值 0~360°，可根据需要选择选项"覆盖旋转"；压力范围值 0~100%，可根据需要选择"覆盖压力"选项。

(9) 其他选项

其他选项包括杂色、湿边、喷枪、平滑和保护纹理，这些选项没有可以设置的数值，仅须选中相应的复选框即可。

- 杂色：可以设置画笔笔尖增加随机性，在使用柔化笔尖时，该选项最为有效。
- 湿边：可以沿着画笔的边缘增大油彩量。
- 建立：可以启用喷枪样式的建立效果。
- 平滑：使画笔的边缘产生平滑的曲线。
- 保护纹理：可以将图案与缩放比例应用在具有纹理的画笔中，选中该复选框后，可以在绘制时保持与画布纹理一致。

16.3.3　铅笔工具

该工具与画笔工具相似，使用铅笔工具的弱点是：绘制出的图形为硬边的线条，将图形放大后会出现锯齿，具体方法如下：

第一步，在 Photoshop CS6 工具栏中选择"铅笔"工具。

第二步，在画笔工具属性栏中单击左键画笔下拉面板右侧的下拉箭头。

第三步，在弹出的下拉面板中选择准备应用的铅笔样式，如图 16-60 所示。

第四步，使用铅笔工具进行绘制。

16.3.4　历史记录画笔工具

使用历史记录画笔工具可以恢复图像到编辑前的状态，而且历史刷还可以只恢复图像的一部分到编辑前的状态。操作方法如下：

第一步：打开图像文件，如图 16-61 所示。

图 16-61　图例

第二步：左键单击"滤镜"菜单，单击"风格化"子菜单，单击"风"对图像进行滤镜操作，可以得到如图 16-62 所示效果。

图 16-62　"风格化"滤镜效果

第三步：用矩形选择按钮" "，选取图像左半部分；如图 16-63 所示。

图 16-63　选择图形区域

第四步：在工具栏中单击左键历史刷工具按钮，按住鼠标左键在选择范围内拖动鼠标，直到将整个选择区域图像恢复到编辑前的状态，所得结果如图 16-64 所示，可以明显见到左边选区内的图像已经恢复到刚打开的状态。

图 16-64　选择恢复到打开状态

16.3.5　历史记录艺术画笔工具

Photoshop CS6 历史记录画笔工具，可以将部分图像恢复到某一历史状态，得到特殊的图像效果。

历史记录画笔工具必须与历史记录面板配合使用，它用于恢复操作，但不是将整个图像都恢复到以前的状态，而是对图像的部分区域进行恢复，可对图像进行更加细微的控制。

第一步：首先打开一副素材图像。

第二步：执行菜单栏"滤镜/模糊/高斯模糊"命令，打开"高斯模糊"对话框，设置对话框参数，单击左键"确定"按钮。

第三步：左键单击打开"历史记录"面板，在打开的历史状态的左侧图标上单击，使"历史记录画笔的源"图标显示出来，将该状态设置为"历史记录画笔"的源（如果在面板区没有"历史记录"面板，可以执行"窗口/历史记录"命令，打开历史记录面板。)

第四步：执行菜单栏"滤镜/风格化/拼贴"；在弹出的拼贴对话框中保持默认设置，左键单击"确定"按钮，如图 16-65 所示。

图 16-65　"滤镜/风格化/拼贴"命令

在"历史记录"面板需要设置历史记录画笔源（历史画笔源就是要把图像的某部分恢复到所选择源图像时候）。

选择工具栏"历史记录画笔工具"，设置合适画笔大小，在需要恢复的部分，按住鼠标左键拖动涂抹，这时被涂抹的部分将恢复到所选"历史记录画笔源"的图像时的状态。效果如图 16-66所示。

图 16-66　部分图形恢复到历史记录

16.3.6　颜色替换工具

颜色替换工具能够简化图像中特定颜色的替换。可用校正颜色在目标对象颜色上绘画。在选项栏中选取画笔笔尖。具体操作步骤如下：

第一步：打开图像文件，如图 16-67 所示。

第二步：选择要替换颜色的区域，如图 16-68所示。

第三步：选择好前景色后，在图像中需要更改颜色的地方涂抹，即可将其替换为前景色，如图 16-69 所示。

图 16-67　图例

图 16-68　选择区域

图 16-69　替换颜色

● "取样"选项："连续"：在拖移时对颜色连续取样；"一次"：只替换第一次点按的颜色所在区域中的目标颜色；"背景色板"：只抹除包含当前背景色的区域。

● "限制"选项："不连续"：替换出现在指针下任何位置的样本颜色；"邻近"：替换与紧挨在指针下的颜色邻近的颜色；"查找边缘"：替换包含样本颜色的相连区域，同时更好地保留形状边缘的锐化程度。

● "容差"：输入一个百分比值（范围为 1～100 之间）或者拖移滑块。选取较低的百分比可以替换与所点按像素非常相似的颜色，而增加该百分比可替换范围更广的颜色。

● 消除锯齿：要为所校正的区域定义平滑的边缘，可以实用该工具。

16.4　图像修饰工具

(1) 修复画笔工具

修复画笔工具可以利用图像或图案中的样本像素来绘画。但是修复画笔工具还可以将样本像素的纹理、光照和阴影与原像素进行匹配，使修复后的像素自然融入图像中。左键单击修复画笔工具，用于校正瑕疵，工具选项栏如图 16-70 所示。

图 16-70　"修复画笔"工具栏选项

具体操作如下：

第一步：打开图 16-71 图片。

第二步：选择工具栏的修复画笔工具，按住 Alt 键用鼠标左键选取一个取样点，如图 16-71 所示。

图 16-71　选取取样点

第三步：在需要去掉的部分按住左键拖动鼠标进行涂抹，效果如图 16-72 所示。

图 16-72　修复效果

(2) 污点修复画笔工具

该可以利用图像或图案中的样本像素来绘画,并将样本像素的纹理、光照、透明度和阴影与所修复的像素相匹配,工具选项栏如图 16-73 所示。

图 16-73 "污点修复画笔"工具栏

确定样本像素有"近似匹配""创建纹理"和"内容识别"三种类型。

① 选中"近似匹配"类型,如果选中污点,则样本采用选区外围的像素;如果没有为污点建立选区,则样本自动采集样本外部四周的像素。

② 选中"创建纹理"类型,则使用选区中的所有像素创建一个用于修复该区域的纹理。若纹理不起作用,可再次拖过该区域。

③ 选中"内容识别"类型,则系统会通过自动识别功能修复当前图像。

污点修复画笔工具的使用方法如下:

第一步:打开要修复的图片,如图 16-74 所示。

图 16-74 图例

第二步:选择工具栏中的污点修复画笔工具,在选项栏中选取比要修复区域稍大一点的画笔笔尖。

第三步:在要处理的香蕉污点的位置左键单击或拖动即可去除污点,如图 16-75 所示。

图 16-75 修复效果

(3) 修补工具和红眼工具

① 修补工具。修补工具可以用其他区域或图案中的像素来修复选中的区域,同样可以将样本像素的纹理、光照和阴影与光源像素进行匹配。修补工具在修复人脸部的皱纹或污点时显得尤其有效。具体操作如下:

第一步:打开图片,如图 16-76 所示。

图 16-76 图例

第二步:选择工具栏中的修补工具,在要修补的区域中按住左键拖动鼠标,定义选区,如图 16-77 所示。

图 16-77 选定选区

第三步:将鼠标移动到选区中,按住鼠标左键,拖动选区到取样区域,然后松开鼠标,如图 16-78 所示。

第四步:对其余瑕疵进行处理方法同上,如图 16-79 所示。

② 红眼工具。红眼工具可以移去闪光灯拍摄的人物照片中的红眼,也可以移去闪光灯拍摄的动物照片中白色或绿色的反光。红眼工具的使用方法如下:

第一步:打开图 16-80 所示图片。

第二步:选择红眼工具,在要处理的红眼位置进行拖拉,即可去除红眼,效果如图 16-81 所示。

图 16-78　取样区

图 16-79　修补效果

图 16-80　图例

图 16-81　去除红眼

（4）图案图章工具和仿制图章工具

① 仿制图章工具。仿制图章工具是一种复制局部图像的工具，在要复制的图像上取一点，而后复制整个图像。工具选项栏如图 16-82 所示。

图 16-82　"仿制图章"工具栏

具体操作步骤如下：

第一步：打开图 16-83。

图 16-83　图例

第二步：选择工具栏上的仿制图章工具，按下 Alt 键，选择要复制的起点单击（此时选择的是左侧草莓中心处），然后松开 Alt 键。

第三步：按住左键拖动鼠标在图像的任意位置开始复制，效果如图 16-84 所示。

图 16-84　复制图形

② 图案图章工具。图案图章工具是以预先选定的图案为复制对象进行复制，可以将选定的图案复制到图像中。可以从图案库中选择图案或者创建自己的图案，工具选项栏如图 16-85 所示。

图 16-85　"图案图章"工具栏选项

第 16 章　Photoshop CS6 基本绘图工具

单击"图案"下拉列表框右边向下的小三角按钮，弹出"图案"下拉列表，在这里可以选取已预设的图案，如图 16-86 所示。也可以单击其右上角的"⚙"按钮，从弹出的快捷菜单中选择"新建图案""载入图案""储存图案""删除图案"等命令，如图 16-87 所示。载入图案时，除了从图案库载入外，还可以从现有的图像中自定义全部或局部区域为新的图案。

图 16-88　图例

第四步：在选项栏的画笔列表中选定橡皮工具将要使用的一种画笔。

第五步：用橡皮工具，擦去 Cup 图像中的杯子的杯柄；如图 16-89 所示。

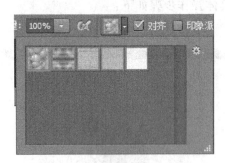

图 16-86　"图案"下拉列表

图 16-89　擦去选定区域

从图 16-89 中可以看到，橡皮擦是以缺省的背景色白色去填充被擦去的杯柄部分。

（6）模糊、锐化和涂抹工具

模糊工具是对图像进行模糊处理，锐化工具是对图像进行锐化处理、涂抹工具是对图像中的数据进行涂抹。

① 模糊工具。模糊工具和锐化工具、涂抹工具在工具箱中是一组，模糊工具组如图 16-90 所示。

图 16-87　菜单命令

（5）橡皮擦工具

橡皮工具用于擦除图像，实际上是利用背景色对图像着色，具体操作如下：

第一步：打开要编辑的"Cup"图像文件，如图 16-88 所示。

第二步：单击窗口左下角"▪"默认背景色和前景色按钮，设置当前前景色和背景色为缺省的黑色和白色。

第三步：单击工具栏中的橡皮工具按钮"🩹"。

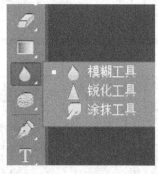

图 16-90　模糊工具组

模糊工具具体操作如下：

第一步：打开要编辑的图像文件。

第二步：左键单击模糊工具按钮"💧"，如果该工具在工具栏中见不到，右键单击模糊工具组中的任何一个工具，弹出如图 16-90 所示的工具组后，拖动鼠标到模糊工具按钮"💧"上，即可选定它。

第三步：模糊工具的选项栏，如图 16-91 所示。设置模糊工具的强度选项为 100%，这个压力值越大，使用模糊工具后的图像就越模糊。

图 16-91 "模糊工具"工具栏选项

选项栏中还可以设置模糊工具使用的画笔，图像叠加模式，以及是具体作用于所有图层还是当前层。

第四步：用模糊工具在如图 16-92 所示萌芽上来回拖动鼠标，以模糊图像的硬边。效果如图 16-93 所示。

图 16-92 图例

图 16-93 模糊图像后效果

② 锐化工具。锐化工具的使用方法与模糊工具相似，具体操作如下：

第一步：打开要编辑的图像文件。

第二步：左键单击锐化工具按钮"△"，如果该工具在工具箱中找不到，右键单击模糊工具组中的任何一个工具，弹出如图 16-94 所示的工具组后，拖动鼠标到锐化工具按钮"△"上，即可选定它。

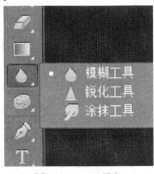

图 16-94 工具组

第三步：锐化工具的选项栏，如图 16-95 所示。缺省时锐化工具的强度选线为 50%，这个压力值越大，使用锐化工具后的图像对比就越强烈。

图 16-95 "锐化"工具栏选项

选项栏中还可以设置锐化工具使用的画笔，图像叠加模式，以及是作用于所有图层还是仅对当前层做模糊操作。

第四步：用锐化工具在如图 16-96 所示，来回拖动鼠标，以锐化图像的边缘。所得的结果如图 16-97 所示。

图 16-96 图例

图 16-97 锐化后效果

③ 涂抹工具。涂抹工具的使用步骤如下。

第一步：打开要编辑的图像。

第二步：左键单击涂抹工具按钮"✍"。

第三步：在涂抹工具的属性栏，可以查看和设置涂抹工具的相关选项，如图 16-98 所示。

图 16-98 "涂抹"工具栏选项

第四步：涂抹工具在图 16-99 中来回拖动鼠标，以产生涂抹的效果，所得结果如图 16-100 所示。

第 16 章 Photoshop CS6 基本绘图工具

图 16-99　图例

图 16-100　涂抹后效果

(7) 减淡、加深和海绵工具。

① 减淡和加深工具。减淡工具和加深工具、海绵工具在工具箱中是一个工具组，如图 16-101 所示。减淡、加深工具是用于改变图像的亮调和暗调。

图 16-101　工具组

具体操作如下：

第一步：打开图例。

第二步：在工具栏中，左键单击"减淡工具"按钮 。

第三步：用减淡工具在图 16-102 的右侧附近来回拖动鼠标，以减淡该区域的颜色，使该区域变亮。

第四步：在工具栏中，左键单击"加深工具"按钮 。

第五步：用加深工具在水杯的右侧附近来回按住左键拖动鼠标，以加深该区域的颜色，使该区域变暗，最后所得的结果如图 16-103 所示，从图中可以看到减淡和加深工具对图像作用的效果。

图 16-102　图例

图 16-103　加深减淡后效果

② 海绵工具。海绵工具的使用方法同"减淡工具"按钮和"加深工具"按钮相似，它对彩色图像的效果明显，主要用于改变颜色的饱和度和对比度等。可以参照上例操作。

图 16-104（a）是原图，图 16-104（b）是用海绵工具处理后的图像。

(a) 图例

(b) 海绵工具处理后效果

图 16-104

16.5 填充及渐变工具

16.5.1 渐变工具

使用渐变工具，可以使用多种颜色填充，并且使图像产生渐变效果。

具体操作步骤如下：

第一步：打开或新建要填充的图像文件。

第二步：在工具栏内左键单击渐变工具按钮，在属性栏中有：从左往右依次有线性渐变、径向渐变、角度渐变、对称渐变和菱形渐变等五种渐变的方式，如图16-105所示。

图 16-105　"渐变"工具栏选项

第三步：左键单击"线性渐变工具"按钮，选择线性渐变工具。

第四步：左键单击选项栏左边的渐变选项下拉列表，显示可供选择渐变方式，如图16-106所示。

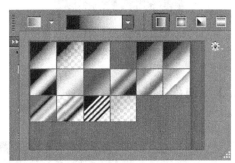

图 16-106　渐变选项下拉列表

第五步：在预设中选定一种渐变颜色。

第六步：选取缺省的第一种"前景色到背景色渐变"方式。

第七步：将鼠标移入图像区域，鼠标变成"+"光标，按住左键拖动鼠标从图像的左边到右边，图像会在两点之间，按鼠标拖动的方向和范围，用选择的颜色渐变填充。

图 16-107 中，是由黑到白的线性渐变填充。

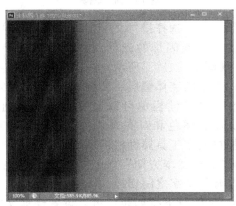

图 16-107　线性渐变填充

其他渐变工具的使用，同线性渐变工具相似，图 16-108 分别是径向渐变、角度渐变、对称渐变和菱形渐变工具的填充效果。

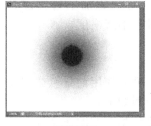

径向渐变　　　　　　角度渐变

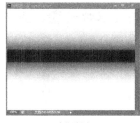
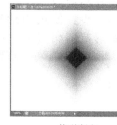

对称渐变　　　　　　菱形渐变

图 16-108　渐变填充效果

16.5.2 渐变编辑器

在填充渐变前，首先要选择渐变色。可以在渐变工具选项栏中选择系统预置的渐变色，但大多数情况下需要自己编辑渐变色。在渐变工具选项栏中单击 （可编辑渐变），可打开渐变编辑器，如图16-109所示。

图 16-109　渐变编辑器

使用渐变编辑器编辑渐变色时，应注意以下几点：

① "添加或删除色标"方法：在渐变条下方单击，可添加一个色标。选择色标，单击"删除"按钮，或者直接将色标拖出渐变条，可删除该色标。

② "设置色标的颜色"方法：选择色标，然后单击下方的颜色块，或者直接双击色标，在弹出的"拾色器"对话框中即可选择颜色。

③ "调整色标的位置"方法：用鼠标拖动色

标，或者选中色标，然后在"位置"文本框中输入位置比例值。

④ "设置渐变色的不透明度"方法：在渐变条上方的合适位置单击，可以添加不透明度色标，然后在窗口下方设置其不透明度。

16.5.3 油漆桶工具

使用油漆桶填充时，可以使用前景色或定义的图案填充，具体操作步骤如下：

第一步：打开或新建要填充的图像文件，新建一个背景透明文件。

第二步：使用矩形选择工具按钮 ▭，选择一个矩形范围如图16-110所示。

图16-110 选择选区

第三步：在图16-111中，左键单击工具栏中的油漆桶工具（渐变工具与油漆桶工具在一组）按钮 ，然后将鼠标移入矩形选区，单击左键。

图16-111 填充工具组

第四步：执行菜单栏"选择/取消选择"命令，或使用快捷键Ctrl+D。图16-112为填充后的图像。

图16-112 填充图形

16.6 文字工具

在图形创作过程中，文字作为最直接的表达形式，创造者需要对作品添加必要的文字，Photoshop CS6 提供创建文章、编辑文字、设置字符格式、行距、字体、字距、旋转缩放字体、设置文字段落、创建文字效果等功能，满足创作的需要。

16.6.1 文字工具组

文字工具由横排文字工具、直排文字工具、横排蒙版文字工具和直排文字蒙版工具组成，如图16-113所示。使用"横/直排文字"工具可以创建横向和纵向排列的文字，可以用来创建点文字、段落文字、路径文字和变形文字。使用"横/直排文字蒙版"工具可以创建文字选区。

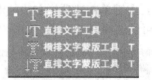

图16-113 文字工具组

16.6.2 创建横排文字

第一步：打开素材图16-114。

图16-114 图例

第二步：选择横排文字工具，在图中单击鼠标左键，出现闪烁的光标后可以输入文字"划船"，如图16-115(a)所示。在图层面板中会自动生成一个新的字体图层，如图16-115(b)所示。

在工具属性栏中可以设置文字的系列、样式、大小、颜色和对齐方式等。如图16-116所示为横排文字工具属性栏：

- "更改文本方向"按钮：文字可以在横排文字与竖排文字之间切换。
- "字体"下拉列表：可以设置当前文字的

(a) 输入横排文字

(b) 生成新的字体图层

图 16-115　选择横排文字

图 16-116　横排文字工具属性栏

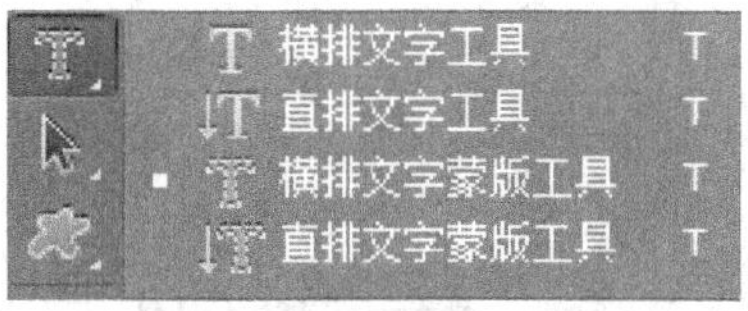

图 16-117　文字工具组

图 16-118　输入直排文字

图 16-119　设置字体工具栏属性

字体。

- "字体样式"下拉列表框：该下拉列表框仅对部分英文字体有效，可设置英文字体的样式。

图 16-120　更换字体

- "字体大小"下拉列表框：可以设置当前文字的大小。
- "消除锯齿"下拉列表框：在该下拉列表框中可以设置消除文字边缘的方法，Photoshop CS6 自动填充边缘像素产生平滑的文字。
- "文本对齐"按钮：可以设置文本的对齐方式。
- "文本颜色"按钮：可以设置当前文本的颜色。
- "创建文字变形"按钮：可以在弹出的"变形文字"对话框中设置文字的形状，例如扇形和拱形等。
- "显示/隐藏字符和段落面板"：可以隐藏"字符"和"段落"面板。

16.6.3　创建直排文字

在工具栏中选择直排文字工具如图 16-117 所示。

第一步：打开文件，选中文字工具，输入直排文字，如图 16-118 所示。

第二步：选中文本，更换字体为"楷体"，大小为150点，颜色为白色，如图16-119所示。设置效果如图16-120所示。

16.6.4 调整文字格式

文字格式的调整可以通过Photoshop CS6中多种编辑工具对文字样式进行修改，创作出丰富多样的文字效果。

(1) 字符面板

该面板可以对文字进行更多的设置，例如，字体系列、字体大小、字体样式、字体颜色和消除锯齿等，如图16-121。

图16-121 字符面板

- 字体系列：可以设置文字的字体。
- 字体大小：可以设置文字的字体大小。
- 垂直缩放/水平缩放：垂直缩放可以调整字符的高度；水平缩放可以调整字符的宽度。当两个百分比相同时，可以进行等比缩放；反之，可以进行不等比缩放。
- 比例间距：可以调整字符间距的比例。
- 字距调整：可以调整字符的间距。
- 基线偏移：可以控制文字与基线的距离，升高或降低所选文字。
- 字形调整：可以调整所选文字的字形，例如，加粗、倾斜、转换大小写和设置下划线等。

图16-122 段落面板

- 语言：可以设置有关连字符和拼写规则。
- 字体样式：设置字体的样式。
- 行距：可以设置各个文字行之间的垂直间距，在一个段落中可以设置不同的行距。

(2) 段落面板

在段落文字中，末尾带有回车符号的任何文字均为一段，在"段落"面板中可以设置段落的属性，在"字符"面板中切换"段落"面板，如图16-122所示。

- 对齐方式：在"段落"面板中包括"左对齐文本"按钮、"居中对齐文本"按钮、"右对齐文本"按钮、"最后一行左对齐"按钮、"最后一行居中对齐"按钮、"最后一行右对齐"按钮和"全部对齐"按钮，单击这些按钮，可以设置不同对齐方式。
- 缩进：可以设置段落的缩进方式。
- 添加空格：可以设置段前、段后添加。
- 版式：可以设置"段落"文字版式。
- 避头避尾设置：可以设置文字开头结尾的方法。
- 间距组合：可以设置文字内部间距。
- 连字：可以设置换行后是否添加连字符。

(3) 在形状区域内输入文字

第一步：打开素材文件，用钢笔工具在图像上创建工作路径，绘制路径创建描点，如图16-123所示。

图16-123 创建工作路径

第二步：选择横排文字工具，在路径附件点击鼠标左键，输入文字，如图16-124(a)所示；并设置字距等相关参数进行调整，如图16-124(b)所示。

(4) 变形文字

在Photoshop CS6中可以对创建的文字变形效果，单击"变形"按钮，弹出"变形文字"对话框，可以对文字进行变形。变形工具参数介绍如图16-125所示。

- 水平/垂直：设置样式所作用的方向。
- 弯曲：设置文字的弯曲幅度。
- 水平扭曲：设置文字水平扭曲的幅度。
- 垂直扭曲：可以设置文字垂直扭曲的程度。

第一步：在"图层"面板选中准备设置的文字图层，如图16-126所示。

第二步：在"文字工具"选项栏中单击"变形文字"按钮。

第三步：系统弹出"变形文字"对话框，在"样式"下拉列表中选择准备应用的样式，如图

(a) 输入文字

(b) 调整参数

图 16-124

图 16-125 "变形文字"对话框

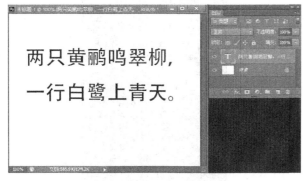

图 16-126 选择图层

16-127 所示。

第四步：设置弯曲、水平扭曲和垂直扭曲的

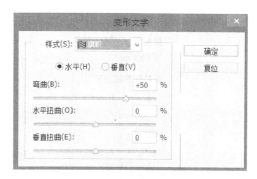

图 16-127 设置"变形文字"参数

数值，单击"确定"按钮，效果如图 16-128 所示。

图 16-128 "变形"后效果

(5) 转换文字

文字工具为矢量工具，如果需要对文字图层进行编辑，可以栅格化文字图层，把文字图层转换为普通图层；或者将文字转换为形状，进行图形调整。

① 栅格化文字图层：创建文字的时候，会自动生成一个文字图层，如图 16-129 所示。这个图层中，不能使用画笔工具等对图层进行操作，如果想对文字进行图像编辑，需要将文字图层转换为普通图层，在图层面板中，把鼠标放在在需要栅格化文字图层上右击选择"栅格化文字"即可，如图 16-130 所示。

图 16-129 生成文字图层

第 16 章 Photoshop CS6 基本绘图工具　**211**

图 16-130　选项菜单

② 将文字转换为形状：输入基本文字（图 16-131），将文字转换为形状，选择文字图层中"转换为形状"命令，可用直接选择工具调整文字形状，获得相应的图形效果，如图 16-132 所示。

图 16-131　图例　　　图 16-132　文字转换为图形

16.7　路径和形状工具

Photoshop CS6 路径和形状工具为矢量工具，不论进行任何操作，图像都不会变得模糊，而是依然保持了相同的清晰度。利用形状工具可以制作出各种形状，可以将形状转换为选区；也可以将选区转换为路径再次进行编辑。

(1) 钢笔工具选项栏

钢笔工具是所有路径工具中最精确的工具，主要用来绘制直的或弯曲的路径，如图 16-133 所示。以下操作皆用钢笔工具绘制路径。

图 16-133　"钢笔"工具栏选项

- 创造工作路径：左键单击此按钮，绘制路径时，在路径面板中只会产生工作路径，不会在图层面板中生成形状图层。
- 创造形状图层：左键单击此按钮，绘制路径时，不但可以绘制路径，而且还可以建立一个形状图层，路径内的颜色默认为前景色填充，此颜色可以通过左键双击图层面板中形状图层的图层缩略图来改变。
- 填充像素：左键单击此按钮，绘制路径时，既不会产生工作路径，也不会生成形状图层，但会在当前图层中绘制出一个由前景色填充的形状。
- 建立选区：选中绘制路径，在选项栏中单击"建立选区"按钮，弹出"新建选区"对话框，在该对话框中设置羽化半径值为 2，左键单击"确定"按钮，此时的路径就立即转换为选区，如图 16-134 所示。

图 16-134　设置"羽化半径"参数

- 建立蒙版：选中绘制路径，在选项栏中单击按钮，在图层面板可以看到，选中的图层自动的添加了蒙版，如图 16-135 所示。

图 16-135　建立蒙版

- 建立形状：选中绘制路径，在选项栏中左键单击按钮，在图层面板可以看到选中的图层上方出现了一个命名为"形状 1"的图层，其颜色是默认的前景色，如图 16-136 所示。

图 16-136　建立形状

- 橡皮带：在钢笔工具选项栏的弹出菜单中，点击  出现像皮带选项，勾选橡皮带，在图像上移动鼠标左键，会出现一条假想的线条，只有单击鼠标时，线条才会真正存在。
- 自动添加/删除：选中此项后，"钢笔工具"就具有增加和删除节点的功能。
- 路径操作：

"合并形状"可在已有基础上增加新的路径，形成两个路径的合并。

"剪去顶层形状"可在已有路径中减去新的路径和旧的路径相交的部分，形成新的路径；"与形状区域相交"使新的路径与旧的路径相交的部分为最终路径。

"排除重叠形状"可在旧的路径基础上增加新的路径，然后再剪去新旧相交的部分，形成最终路径。

（2）钢笔工具

选择"钢笔工具"后，可以绘制各种形状，在工作区中单击确定第一个点，在第二个位置左键单击并拖动鼠标确定图形的形状，按照同样的方法继续绘制，如图16-137所示。

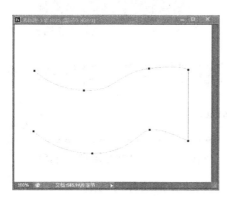

图 16-137　绘制形状

① 自由钢笔工具：选择"自由钢笔工具"后，可以任意绘制图形，使用方法与"套索工具"相似，在工作区域左键单击并拖动，即可使用该工具绘制图形，在自由钢笔工具选项栏中选中"磁性的"复选框，该工具将转换为"磁性钢笔"工具，功能与"磁性套索"工具相似，如图16-138所示。

图 16-138　绘制图形

② 形状工具组：该组包括"矩形"工具、"圆角矩形"工具、"椭圆"工具、"多边形"工具、"直线"工具和"自定形状"工具等。

- "矩形"工具：可以用来绘制矩形与正方形，选择该工具后，在工作区中左键单击并拖动鼠标即可绘制矩形，同时，按住Shift键，左键单击并拖动鼠标可绘制正方形。
- "圆角矩形"工具：可以在圆角矩形工具选项栏中色设置圆角的半径值，左键单击并拖动鼠标绘制圆角矩形，如图16-139所示。

圆角半径=100　　圆角半径=20　　圆角半径=0

图 16-139　绘制图形

- "椭圆"工具：左键单击并拖动鼠标绘制椭圆，按住Shift键的同时进行绘制，可以绘制为圆形。
- "多边形"工具：可以在多边形工具选项栏中设置绘制边的数量，然后绘制图形，也可以为其应用样式。
- "直线"工具：可以创建带有箭头的直线与不带箭头的直线，在工作区中单击并拖动鼠标即可创建直线，在键盘上按住Shift键的同时进行绘制直线的操作，即可绘制水平、垂直或45°角的直线，可以在直线工具选项栏中设置直线的粗细。如图16-140所示。

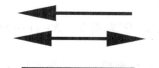

图 16-140　创建（不）带箭头的直线

- "自定形状"工具：可以在自定形状工具选项栏中选择可以应用的形状，在工作区域中左键单击并拖动鼠标即可绘制该形状，也可以将喜欢的图案等保存为自定义形状。

（3）路径选择工具组

路径选择工具组是对已经绘制的路径进行进一步的编辑和调整。

① 路径选择工具：选择"路径选择工具"可以移动和改变整个路径的位置，可以选择一个或多个路径，并对其进行移动、组合、对齐、分布和变形。

② 直接选择工具：该工具可以用来移动和调整路径中的一个节点、一段路径或是全部路径的位置，也可以调整方向线和方向点，可以让绘制的形状进行精确定位。在调整时，对其他未选择节点和线段毫无影响，而且在调整节点时，也

不会改变节点的性质，如图 16-141 所示。

选中该工具时，可以按住 Alt 键同时单击，选择整条路径或某个路径组件。

图 16-141　直接选择工具

图 16-142　创建路径

(4) 路径面板

该面板中，可以通过描绘和填充路径得到各种图像，也可以将路径与选区相互转换。因为使用路径制作图像和建立选区的精度较高，且便于调整，在图像处理中的应用较多。

"路径"面板还可以储存当前工作路径和图层剪切路径。执行"窗口/路径"命令，将打开"路径"面板，当创建路径后，便会在路径面板中显示出来。

创建路径：创建新的路径。

删除路径：删除当前路径。

图 16-143　自动生成新工作路径

工作路径：在"路径"面板中，若路径栏为深灰色，则表示改路径为当前工作路径。

填充路径：使用前景色填充路径所包围的区域。

描边路径：用当前绘画工具使用前景色对径进行描边。

图 16-144　"新建路径"对话框

将路径转化为选区：将当前路径转化为选取。

将选取转化为路径：将当选区转化为路径。

路径预览图：用来显示某路径的预览缩略图，处理路径时快速参考。

具体操作方法如下：

① 创建、复制和删除：

● 创建路径的具体方法有以下三种：

方法 1：左键单击"路径"面板右上角的三角形按钮"≡"，在弹出的菜单中选择"新建路径"命令，输入新路径的名称，单击"确定"按钮，创建路径，如图 16-142 所示。

方法 2：当路径面板中没有路径时，可以使用工具箱中的钢笔工具在图像中勾勒出路径。"路径"面板中会自动产生用来记录新路径工作的工作路径，如图 16-143 所示。

方法 3：在路径面板底部按 Alt 键的同时单击"创建新路径"按钮，会弹出"新建路径"对话框，会出现默认的名称"路径 1"，如图16-144 所示。

● 复制路径的具体方法有：

方法 1：按住"Alt"键并拖动路径，出现复制的路径后松开"Alt"键和鼠标，即可得到复制的路径，这两个路径在同一个路径层上，如图 16-145 所示。

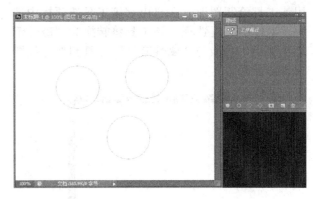

图 16-145　复制路径

方法 2：将路径拖到面板下方的"创建新路径"按钮上，得到"路径 1 副本"，如图 16-146

所示。

方法3：在路径面板中选择一个路径，然后在路径面板控制菜单中选择"复制路径"命令，为复制的路径重新命名，产生新的路径。

图16-146　获得"路径1副本"

② 显示和隐藏路径：左键单击路径面板中的路径名，即可显示路径，一次只能显示一个路径。

隐藏选中的路径，在路径面板的空白区域单击，即可隐藏选中的路径。

③ 选区转换为路径：左键单击"路径"面板中的"从选区生成工作路径"按钮 ，即可以将已有的选区转换为路径。

若要修改设置，当建立完选区后，选择"路径"面板控制菜单中的"建立工作路径"命令，弹出"建立工作路径"对话框，如图16-147所示。"容差"大小可以用来控制转换后路径的平滑度，范围是0.5～10.0像素，值越大，所产生的锚点越少，线条越平滑。设置完成后，左键单击"确定"按钮，即可将选取转换成路径。路径面板会自动添加"工作路径"。

图16-147　"建立工作路径"对话框

④ 将路径转换为选区：通过路径面板可以将一个闭合路径转换为选区。单击"路径"面板中的"将路径作为选区载入"按钮 ，即可将已有的路径转换为选区。也可以通过路径工具制作出许多复杂的选区范围。另外，也可以选择路径面板下拉菜单中的新建选区命令，会出现一个对话框，如图16-148所示。

● 羽化半径：定义羽化边缘在选区边框内外的扩展范围。变化范围0～250像素。如图16-149所示。

● 消除锯齿：可以使转换后选取范围的边缘更光滑。

● 新建选区：选择此项后，路径转换后的选

图16-148　下拉菜单对话框

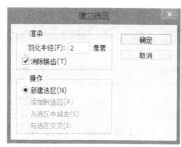

图16-149　设置羽化半径

区将取代当前的选区。

● 添加到选区：选择此项后，路径转换后的选区与当前选区叠加成为新的选区。

● 从选区中剪去：选择此项后，路径转换后的选区剪去当前选区形成新的选区。

● 与选区交集：选择此项后，路径转换后的选区与当前选区相交的部分为最终选区。

设置好参数后，左键单击"确定"按钮，完成将路径转换为选区的操作。

⑤ 储存路径：可以将工作路径名称直接拖移到路径面板底部的"新建路径"按钮上，即可保存。

若要储存并重命名，请可在路径控制面板中路径名称处双击左键，或从路径面板弹出菜单中选择"储存路径"，就会弹出"存储路径"对话框，可输入名称，默认的名称是"路径1"，左键单击"确定"按钮，路径就被保存了。

⑥ 描边路径：

第一步：打开图片，建立选区。

第二步：左键单击路径面板中的"工作路径"，在画面中显示路径，如图16-150所示。

第三步：在工具箱中选中"画笔工具"，并设置好画笔大小。

第四步：左键单击图层面板底部的"创建新图层"按钮，新建一个图层。将前景色设置为白色，左键单击路径面板底部的"描边路径"按钮，便会以默认方式进行描边；如果想对描边进行设置，可选择路径面板弹出式菜单中的"描边路径"命令，如图16-151所示。

第16章　Photoshop CS6基本绘图工具　　**215**

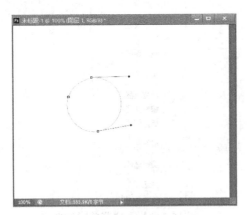

图 16-150　显示路径

图 16-151　设置"描边路径"

第五步：此时会出现"描边路径"对话框，选择一种描绘工具后，可用以设置好的画笔效果进行描边，效果如图 16-152 所示。

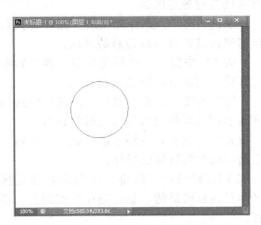

图 16-152　描边效果

16.8　图像的调整

16.8.1　图像色彩的调整

对图像色彩的调整，Photoshop CS6 提供了多个命令，通过这些命令可以轻松创作出多种色彩效果。但是，这些命令的使用会使原图像或多或少丢失一些颜色数据。所有色彩的调整都是在原图基础上进行的，因而不可能产生比原图更多的色彩。

(1) 色彩平衡

在彩色图像中改变颜色的混合，使整体图像的色彩达到平衡。

具体操作步骤如下：

第一步：打开要处理的图片，如图 16-153 所示。

图 16-153　图例

第二步：执行菜单中"图像/调整/色彩平衡"命令，弹出"色彩平衡"对话框，如图 16-154 所示。在该对话框中包含三个滑块，分别对应上面"色阶"的三个文本框，拖动滑块或直接在文本框中输入数值（变化范围均为 $-100\sim +100$ 之间）调整色彩。

图 16-154　"色彩平衡"对话框

第三步：选择"中间调"选项，调整滑块的位置，如图 16-155 所示。左键单击"确定"按钮，效果如图 16-156 所示。

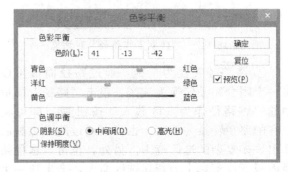

图 16-155　设置"中间调"

第四步：选择"高光"选项，调整滑块的位置，如图 16-157 所示。左键单击"确定"按钮，效果如图 16-158 所示。

(2) 色相/饱和度

该命令主要用于改变像素的色相和饱和度，还可以通过给像素指定新的色相和饱和度，给灰

图 16-156　调整后效果

图 16-157　设置"高光"

图 16-158　调整后效果

度图像添加色彩。在 Photoshop CS6 中还可以存储和载入"色相/饱和度"的设置，供其他图像反复使用。

具体操作步骤如下：

第一步：打开要处理的图像，如图 16-159 所示。

第二步：执行"图像/调整/色相/饱和度"命令，弹出对话框如图 16-160 所示。"全图"选项栏可设置"色相/饱和度"命令是作用于整幅图像或是单个通道中，"色相"（范围－180～＋180 之间）、"饱和度"（范围－100～＋100 之间）和"明度"（范围－100～＋100 之间）滑块

图 16-159　图例

和文本框，分别用来调整图像的色相、饱和度和明度。

图 16-160　"色相/饱和度"对话框

第三步：选中"全图"选择框，然后调整滑块的位置，如图 16-161 所示。效果如图 16-162 所示。

图 16-161　设置"全图"

第四步：也可以调整单色通道的颜色。如回到第二步，将"全图"改设为"红色"，调整滑块的位置，如图 16-163 所示。效果如图 16-164 所示。

(3) 自动颜色

自动颜色命令可以对色偏或者饱和度过高的图像进行调整。

具体操作如下：

第一步：打开要处理的图像，如图 16-165 所示。

第 16 章　Photoshop CS6 基本绘图工具

图 16-162 调整后效果

图 16-163 设置单色通道

图 16-164 调整后效果

第二步：执行菜单中的"图像/自动颜色"命令，效果如图 16-166 所示。

(4) 替换颜色

替换颜色命令可以先定义某种颜色，然后改变该颜色的色相、饱和度和亮度。

具体操作如下：

第一步：打开要处理的图像，如图 16-167 所示。

第二步：执行菜单"图像/调整/替换颜色"命令，弹出"替换颜色"对话框，可以选择预览"选区"或预览"图像"，如图 16-168 所示。

第三步：选取"吸管工具"，在图像中左键

图 16-165 图例

图 16-166 调整后效果

图 16-167 图例

单击花朵的位置，确定选区范围，如图 16-169 所示。利用"添加到取样"或者"从取样中减去"，在取样区域中增加或者减少当前的选择区域，白色代表选择区域，黑色代表未选择区域。

第四步：拖动"颜色容差"滑块可以调整选区的大小。容差越大，选取范围越大，如图 16-170 所示。在"替换"选项组中，调整所选中颜色的"色相""饱和度""明度"，如图 16-170 所

图 16-168 "替换颜色"图像对话框

图 16-170 调整"颜色容差"

图 16-169 "替换颜色"选区对话框

图 16-171 调整后效果

示。然后左键单击"确定"按钮,效果如图 16-171 所示。

(5) 可选颜色

可选颜色命令可校正不平衡的色彩和调整颜色,在图像中的每个原色中添加和减少 CMYK 印刷色的量。

具体操作步骤如下:

第一步:打开图像,如图 16-172 所示。

第二步:执行菜单中的"图像/调整/可选颜色"命令,弹出"可选颜色"对话框。在该对话框中(图 16-173)有针对性地选择红色、绿色、蓝色、青色、洋红色、黄色、黑色、白色和中性色进行调整;

图 16-172 图例

第三步:如果选择"中性色"选项,调整滑块的位置,如图 16-174 所示。最后单击"确定"按钮,效果如图 16-175 所示。

第 16 章 Photoshop CS6 基本绘图工具

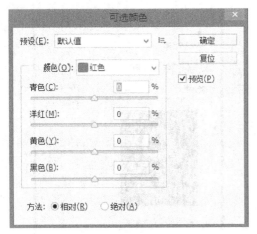

图 16-173 "可选颜色"对话框

图 16-174 调整滑块位置

图 16-175 调整后效果

图 16-176 图例

器"命令，弹出对话框，将"输出通道"设为"红"，在"绿色"文本框中输入"50"，如图 16-177 所示。单击"确定"按钮，效果如图 16-178 所示。

图 16-177 设置颜色

图 16-178 调整后效果

(6) 通道混合器

通道混合器命令可以通过从每个颜色通道中选取各自所占的百分比，创建高品质的灰度图像、棕褐色调或其他彩色图像。使用"通道混合器"命令可以通过源通道向目标通道加减灰度数据。

具体操作步骤如下：

第一步：打开要处理的图像，如图 16-176 所示。

第二步：执行菜单"图像/调整/通道混合

第三步：如果勾选对话框底部的"单色"复选框，彩色图像将变成灰度图像。此时拖动"常数"滑块可以改变当前指定通道的不透明度。在 RGB 颜色中，不透明度为负值时，通道的颜色偏向黑色；反之，通道的颜色偏向白色。

(7) 匹配颜色

该命令通过更改亮度和色彩范围来调整图像中的颜色。用于匹配不同图像之间、多个图层之间或者多个颜色选区之间的颜色,即将原图像的颜色匹配到目标图像上,使目标图像虽然保持原来的画面,却有与原图像相似的色调。

具体操作如下:

第一步:打开图像文件,如图 16-179、图 16-180 所示。

图 16-181　设置颜色参数

图 16-179　图例

图 16-182　调整后效果

图 16-180　图例

第二步:将"图 16-179"匹配为"图 16-180"的颜色,首先选择图 16-179,执行"图像/调整/匹配颜色"命令,弹出"匹配颜色"对话框,然后左键单击"源"右侧的小三角,从中选择图 16-180,并调整其余参数,如图 16-181 所示。最后左键单击"确定"按钮,效果如图 16-182 所示。

(8) 阴影/高光

阴影/高光命令用于校正由于太接近相机闪光灯而有些发白的焦点的图像。

具体操作步骤如下:

第一步:打开图像,如图 16-183 所示。

第二步:执行菜单"图像/调整/阴影/高光"命令,在对话框中设置参数,如图 16-184 所示。左键单击"确定"按钮,效果如图 16-185 所示。

(9) 渐变映射

图 16-183　图例

渐变映射命令的主要功能是将相等的图像灰度范围映射到指定的渐变填充色上。

调整图像色彩的具体操作如下:

第一步:打开要处理的图像,如图 16-186 所示。

第二步:选中左侧图片,选择菜单中的"图像/调整/渐变映射"命令,弹出如图 16-187 所示对话框。

第 16 章　Photoshop CS6 基本绘图工具

图 16-184　设置"阴影/高光"参数

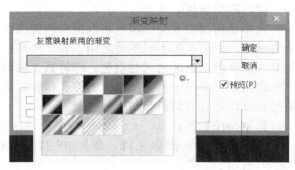

图 16-188　设置"渐变映射"

图 16-185　调整后效果

图 16-189　调整后效果

图 16-186　图例

(10) 照片滤镜

该命令可以模仿在相机镜头前面加彩色滤镜，以便调整通过镜头传输的光的色彩平衡和色温。

具体操作步骤如下：

第一步：打开要处理的图像，如图 16-190 所示。

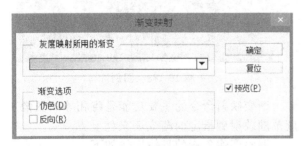

图 16-187　"渐变映射"对话框

图 16-190　图例

第三步：左键单击"渐变映射"对话框中的渐变条右边的小三角，在弹出的渐变填充列表中选择相应的渐变填充色，如图 16-188 所示。左键单击"确定"按钮，效果如图 16-189 所示。

第二步：选中图片，执行菜单中的"图像/调整/照片滤镜"命令，在弹出的"照片滤镜"对话框中选择"颜色"选项（图 16-191），然后左键双击右侧颜色块，在"拾色器"对话框中选择一种颜色，左键单击"确定"按钮，效果如图 16-192 所示。

图 16-191　设置"照片滤镜"参数

图 16-193　图例

图 16-192　调整后效果

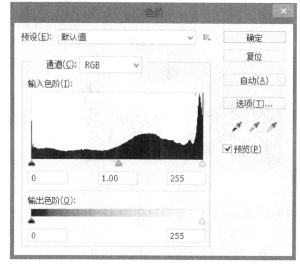

图 16-194　"色阶"对话框

16.8.2　图像色调的调整

该命令主要是对图像进行明暗度和对比度的调整，通过对色调的调整可以表现明快或者阴暗。主要有"色阶"命令、"曲线"命令、"自动色阶"命令、"亮度/对比度"命令、"去色"命令、"相反"命令、"色调均化"命令、"阈值"命令和"色调分离"命令，具体使用方法如下：

(1) 色阶

可以通过调整图像的暗调、中间调和高光调等强度级别，校正图像的色调范围和色彩平衡。

具体操作如下：

第一步：打开要处理的图片，如图 16-193 所示。

第二步：执行菜单中的"图像/调整/色阶"命令，弹出"色阶"对话框，如图 16-194 所示。

● 通道：在该下拉列表框中，用于选定要进行色调调整的通道。

● 输入色阶：在"输入色阶"后面有三个文本框，分别对应通道的暗调、中间调和高光。缩小"输入色阶"的范围可以可以提高图像的对比度。

● 输出色阶：可以限定处理后的图像的亮度范围。缩小"输出色阶"的范围会降低图像的对比度。

● 吸管工具：对话框从左到右依次是"设置黑场"、"设置灰点"和"设置白场"。选择其中任何一个吸管，然后将鼠标指针移到图像窗口中，鼠标指针变成相应的吸管形状，此时左键单击即可进行色调调整。

● "自动"按钮：将以系统所设置的自动校正选项对图像进行调整。

● "存储预设"按钮：可以将当前所做的色阶调整保存起来。

● "载入预设"按钮：可以载入以前的色阶调整。

第三步：设置"输入色阶"的值，如图 16-195 所示。然后左键单击"确定"按钮，效果如图 16-196 所示。

(2) 曲线

这是使用非常广泛的色调控制方式。"色阶"命令只是用三个变量（高光、暗调、中间调）进行调整，而"曲线"命令可以调整 0~255 范围

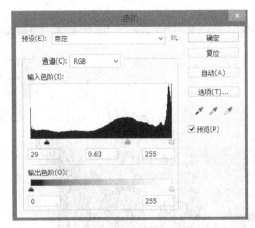

图 16-195　设置"色阶"参数

图 16-196　调整后效果

内的任意点，最多可同时使用 16 个变量。

具体操作如下：

第一步：打开图片，如图 16-197 所示。

图 16-197　图例

第二步：选择菜单中的"图像/调整/曲线"命令，弹出如图 16-198 所示的对话框。

第三步：将鼠标移动到曲线上的某个位置，此时鼠标变为"＋"，左键单击后在该点形成新的节点，色彩会随节点变化而发生变化。同理，改变颜色也可以添加另一个节点，然后调整节点的位置，如图 16-199 所示。

第四步：左键单击"确定"按钮，效果如图 16-200 所示。

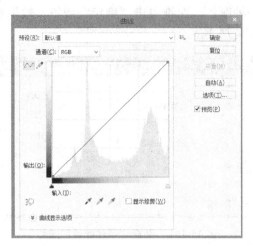

图 16-198　"曲线"对话框

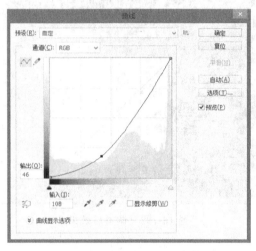

图 16-199　调整节点位置

图 16-200　调整后效果

（3）自动色阶

自动色阶命令可以自动移动色阶滑块以设置高光和暗调。

具体操作步骤如下：

第一步：打开要处理的图像，如图 16-201 所示。

第二步：执行菜单中的"图像/调整/色阶/

自动"命令，效果如图 16-202 所示。

图 16-201　图例

图 16-202　调整后效果

（4）亮度/对比度

该命令主要用来调节图像的亮度和对比度。可以简便、直观的完成亮度和对比度的调整。

具体操作步骤如下：

第一步：打开图像，如图 16-203 所示。

图 16-203　图例

第二步：执行菜单中的"图像/调整/亮度-对比度"命令，在弹出的对话框中设置参数，如图 16-204 所示。左键单击"确定"按钮，效果如图 16-205 所示。

（5）去色

"去色"命令的主要作用是去除图像中的饱和色彩，即将图像中所有颜色的饱和度都变为 0，使图像转变为灰色色彩的图像。

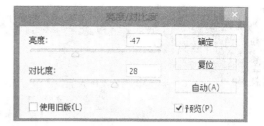

图 16-204　设置"亮度/对比度"参数

图 16-205　调整后效果

与"灰度"命令不同，用"去色"命令处理后的图像不会改变颜色模式，只不过失去图像的色彩。"去色"命令可以只对图像的某一选择范围进行转换，"灰度"命令是对整个图像产生作用。

（6）相反

使用"相反"命令可以将像素颜色转变为它的互补色，在不损失图像色彩信息的转变命令下，黑变白、白变黑等。

具体操作如下：

第一步：打开图片，如图 16-206 所示。

图 16-206　图例

第二步：执行菜单中的"图像/调整/相反"命令，效果如图 16-207 所示。

（7）色调均化

该命令可以使图像中像素的亮度值更均匀的呈现出所有范围的亮度级。

具体操作步骤如下：

第 16 章　Photoshop CS6 基本绘图工具

图 16-207　调整后效果

第一步：打开图像，如图 16-208 所示。

第二步：执行菜单中的"图像/调整/色调均化"命令，如图 16-209 所示。

图 16-208　图例

图 16-209　调整后效果

(8) 阈值

该命令可以将一幅彩色图像或灰度转换为只有黑、白两种色调的高对比度的黑白图像。

使用"阈值"命令的具体操作如下：

第一步：打开图像，如图 16-210 所示。

第二步：执行菜单中的"图像/调整/阈值"命令，在"阈值色阶"文本框中输入亮度的阈值，如图 16-211 所示。然后左键单击"确定"按钮，效果如图 16-212 所示。

图 16-210　图例

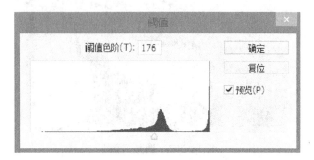

图 16-211　设置"阈值"参数

图 16-212　调整后效果

(9) 色调分离

"色调分离"命令与"阈值"命令的功能相似，所不同的是"阈值"命令在任何情况下都只考虑两种色调，而"色调分离"的色调可以指定 0～255 的任何一个值。

具体操作如下：

第一步：打开图像，如图 16-213 所示。

图 16-213　图例

第二步：执行菜单中的"图像/调整/色调分离"命令，在弹出的"色调分离"对话框中设置参数，如图 16-214 所示。左键单击"确定"按钮，如图 16-215 所示。

图 16-214　设置"色调分离"参数

图 16-215　调整后效果

16.8.3　特殊色彩的调整

特殊色彩的调整是针对一些特殊要求的图像，比如，一张普通摄影照片，希望被处理为油画风格的图像效果，可以通过添加滤镜、调整色彩饱和度、色彩平衡等方式增强图像效果。举一个特色色调的例子，具体操作步骤如下：

第一步：打开要处理的图像，如图 16-216 所示。

图 16-216　图例

第二步：在菜单中执行"滤镜/油画"命令，弹出如图 16-217 对话框。在对话框中可以调整样式化、清洁度、缩放、硬毛刷细节等进行调整。效果如图 16-218 所示。

图 16-217　设置"滤镜/油画"参数

图 16-218　调整后效果

第三步：执行菜单中的"图像/调整/色相-饱和度"命令，弹出"色相-饱和度"的对话框。将"编辑"设为"青色"，如图 16-219 所示对图像进行调整。效果如图 16-220 所示。

图 16-219　设置"色相/饱和度"参数

图 16-220　调整后效果

第四步：执行菜单中的"图像/调整/色彩平衡"命令，弹出"色彩平衡"对话框。如图 16-221 对图像进行调整，效果如图 16-222 所示。

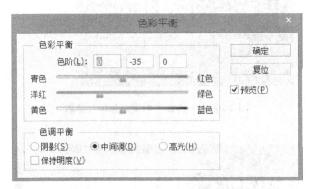

图 16-221　设置"色彩平衡"参数

图 16-222　调整后效果

当然，特殊图像地调整还要根据具体要求，合理地运用图像调整工具，或者结合多个操作命名完成图像调整。

思考与练习

① 选择工具有哪几种？如何在已有的选区中添加和删除选区？

② 如何绘制正圆和正方形？

③ 魔棒工具的选择范围与什么因素有关？

④ 使用钢笔工具选择图 16-223 中的娃娃，并把它移动到图 16-224 中的合适位置调整其大小。

图 16-223

图 16-224

⑤ 利用图像修饰等工具去掉图 16-225 中的蜜蜂。

图 16-225

⑥ 制作出如图 16-226 所示的字体。

图 16-226

⑦ 运用图像的调整改善图 16-227 的明暗度。

图 16-227

第 17 章 图层的应用

Photoshop 提供了两种编辑图像的方式：破坏性图像编辑和非破坏性图像编辑。破坏性图像编辑指在编辑过程中要改变原始图像文件，只有通过历史记录来返回到之前的步骤。破坏性图像编辑是永久的。非破坏性图像编辑指在编辑过程中，不需要破坏原始图像文件，可以在任何时候返回到之前到步骤。图层就属于非破坏性图像编辑，任何一个图像文件都是由一个或多个图层叠加而成。

17.1 图层的基础

图层就好比一张张叠在一起，各自独立，并且透明的纸。在每个图层上作画，通过调整图层顺序、复制图层、删除图层、图层样式和图层蒙板等工具的使用，使画面达到理想的效果。从图 17-1 中能清楚地理解到图 17-2 中图像的图层构成情况。上面图层会遮挡与下面图层重叠的部分。

图 17-2 图层构成情况

图层面板如图 17-3 所示。

图 17-1 图层叠加图

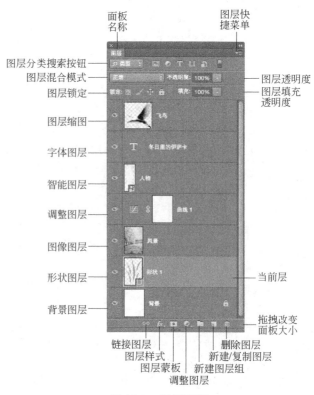

图 17-3 图层面板

17.1.1 图层面板

在 Photoshop 中如未显示图层面板，可在 Photoshop 菜单栏中执行"窗口/图层"命令。

17.1.2 图层类型

（1）图像图层

这类图层是像素（位图）图层，可以通过打

开一副图像，或者在新建的空白图层上绘图和填充，来创建这类图层。

（2）字体图层

在 Photoshop 中，字体工具是矢量工具，不属于位图。每当使用字体工具时，Photoshop 会自动创建一个字体图层。

（3）调整图层

能改变调整图层以下的一个或者多个图层，而这个改变只是在调整图层，下面的图层本身没有发生任何变化。比如说，把一个彩色的图像变为黑白，就可以在调整图层中选择"黑白"。Photoshop 会自动在这个彩色图像的上方新建一个黑白的调整图层，对下面的图层进行改变。因此，调整图层属于非破坏性的图层。

（4）智能图层

包括栅格图像或矢量图像中的图像数据。智能对象将保留图像的源内容及其所有原始特性，能够对图层执行非破坏性编辑。

① 可以用以下几种方法创建智能对象：使用"打开为智能对象"命令；置入文件；从矢量软件中粘贴图像；将一个或多个 Photoshop 图层转换为智能对象。

② 可以利用智能对象执行以下操作：执行非破坏性变换。可以对图层进行缩放、旋转、斜切、扭曲、透视变换或使图层变形，而不会丢失原始图像数据或降低品质，因为变换不会影响原始数据。

处理矢量数据，若不使用智能对象，这些数据在 Photoshop 中将进行栅格化。非破坏性应用滤镜。可以随时编辑应用于智能对象的滤镜。

（5）形状图层

它是由路径工具（钢笔工具、形状工具）绘制而成的矢量图层。形状工具能快速创建各种形状，并且改变图形的大小对图像的质量也不会有任何损失。如果要对形状图层进行位图编辑必须将其栅格化。将形状图层转化为普通图层。

（6）背景图层

在 Photoshop 中打开和新建任何一个图像文件，都会有一个背景图层在图层面板的最底部，并且是锁定的。如要对背景图层进行编辑需将其变为普通图层。双击背景图层，在弹出的对话框中单击"确定"按钮，即可。

17.1.3 创建图层

以下三种方法可以创建图层：

① 单击图层面板下方"创建新图层"按钮，就能在当前图层上方创建一个新图层。

② 使用快捷键 Ctrl+Shift+N。

③ 在菜单栏中执行"图层/新建"命令。

注意：新创建的图层都是空的、透明的图层。可以左键双击图层的名称来对图层重新命名。

17.1.4 选择图层

要对某个图层进行编辑，一定要选择该图层作为当前图层，才能对其编辑。

① 在图层面板中把鼠标放在图层上，单击，选择图层。

② 把鼠标放在图像中需要选择的图层上方，右击，选择最上面一个图层。

③ 按住 Ctrl 键，同时在图像中单击需要的图层。

17.1.5 隐藏和显示图层

左键单击图层面板中每个图层前面的眼睛 即可隐藏图层，再次单击即可显示图层。

17.1.6 改变图层顺序

图层与图层之间的顺序可以通过在图层面板中拖动位置来改变，上面的图层会遮挡与下面图层重叠的部分。移动时要把图层拖动到图层与图层之间的交界处方能移动，如图 17-4 所示。

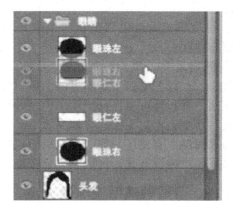

图 17-4 移动图层

17.1.7 复制和删除图层

（1）复制图层

① 在图层面板中把要复制的图层作为当前层，单击把当前层拖动到图层面板下方的"创建新图层"图标上，松开鼠标左键，即可复制一个图层副本。注意这种复制在图像中显示是重叠在原来被复制的图层上方，需要拖动图层副本才能看到复制的效果。简称原地复制。

② 使用移动工具，在图像中把鼠标放在需要复制的图层上方，按 Alt+Ctrl 键拖动需要复制的图层即可复制图层。简称移动复制。

（2）删除图层

① 在图层面板中选择需要复制的图层，拖动到面板下方的"删除图层"图标上，即可

删除图层。

② 选择需要删除的图层作为当前层，按 Delete 键也可以删除图层。

17.1.8 拷贝和粘贴图层

在 Photoshop 各个图像文件之间，可以使用常规命令来复制和粘贴整个图层或者图层的某个部分。如要复制粘贴整个图层到另一个图像文件中，可以使用快捷键 Ctrl＋A 全选整个图层，然后按 Ctrl＋C 键复制整个图层，按 Ctrl＋V 键粘贴到另一个图像文件中，则会新建一个新的图层。如果要复制粘贴图层的某个部分到另一个图像文件中，则首先需要在复制的图层中选择复制的对象，然后使用快捷键 Ctrl＋C 复制，按 Ctrl＋V 键粘贴到另一个图像文件或者图层中。

17.1.9 填充图层

图层填充有三种类型：

① 纯色填充，可使用工具箱中油漆桶工具填充，填充的颜色默认为前景色，或者使用快捷键 Alt＋Delete 填充前景色，Ctrl＋Delete 填充背景色。

② 渐变填充，可以用工具栏中的渐变填充工具填充。

③ 图案填充，执行"菜单栏/编辑/选择填充"命令，在打开窗口中有预设的图案，如需要填充其他图案，则可以执行"菜单栏/编辑/先定义图案"命令，再对图层进行填充。

如果图层中有选区，那么填充只对选区内有效，如果图层中没有选，则填充整个图层。

17.1.10 图层的透明度和填充度

① 图层不透明度可以降低图层的透明度，(0～100)%之间，百分比越高越不透明。

② 填充度可以调整图层颜色的饱和程度，(0～100)%之间，百分比越高越饱和。

17.1.11 移动和变换图层

① 移动图层：选择"工具栏/移动工具"，选择需要移动的图层，单击后进行移动。在使用移动工具时，也可以使用键盘"↑、↓、←、→"键，微调距离。

② 变换图层：执行"菜单栏/编辑/自由变换"命令，拖动变换框四个角的任意一个点，可放大或缩小图层，如按 Shift 键可等比例缩放。鼠标放在四个角的任意一个点向外一点的距离即可出现旋转的图标，可对图层进行旋转，按 Shift 键，则旋转的每一个角度为 15°。

17.2 管理图层

17.2.1 图层命名和颜色标记

在图层数量和类型较多时，为了快速地选择需要的图层，用户可以对图层命名或者把同类型的图层标注颜色加以区别。

图层命名：双击新建的"图层 1"（图 17-5）即可输入名字。左键单击命名区域以外的区域即可确定如图 17-6 所示。

图 17-5 双击"图层 1"

图 17-6 输入图层名

颜色标记：对于一些特殊图层，可以通过更改颜色来突出显示，在图层面板中，左键右击图层，则可以选择不同的颜色加以区别。如图 17-7 所示。

17.2.2 链接和锁定图层

（1）链接图层

即把需要一起移动或放大缩小的图层绑在一起。就像一把筷子用绳子捆在一起一样，并非合并图层。在图层面板中选择需要链接的图层，可以按 Shift 键选择多个连续的图层，或按 Ctrl 键选择多个间隔的图层，在图层面板下方单击链接符号 ⊗，即可。

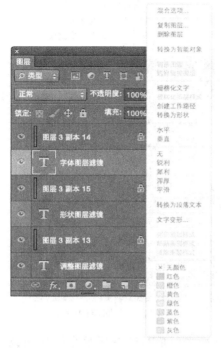

图 17-7　图层颜色标记

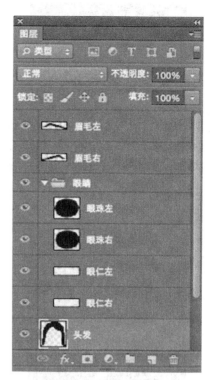

图 17-8　图层组图

图 17-9　"从图层新建组"对话框

图 17-10　图层组

(2) 锁定图层：

① 锁定透明区域：即该图层的透明区域部分不能进行任何编辑，如填充等。

② 锁定笔刷：即在该图层中不能使用笔刷工具绘图。

③ 锁定移动：即该图层不能执行移动命令。

④ 锁定按钮：即包括前面三个锁定命令。

17.2.3　创建图层组

使用图层组功能可以方便对大量的图层进行统一的管理，比如统一设置不透明度、颜色混合模式、选择、移动和锁定等设置。

创建图层组的方法：

① 左键点击图层面板下方的"创建新组"按钮，即可在当前层上方创建一个空白的图层组，如图 17-8 所示。

② 在图层面板中先选中需要创建组的图层，然后单击图层面板的"图层快捷菜单"按钮，在弹出的菜单中选择"从图层新建组"命令。

在"从图层新建组"对话框中可以设置名称、颜色代码、模式和不透明度等参数，如图 17-9 所示。

在图像文件中，用户不仅可以从选定的图层创建图层组，还可以创建嵌套结构的图层组，即在图层组中创建次级图层组，如图 17-10 所示。

③ 在图层面板中有"组 1""组 2"，如图 17-10 所示。

④ 用鼠标拖曳"组 2"到"组 1"中，如图 17-11 所示。

⑤ 松开左键即可把"组 2"添加到"组 1"中，使用这种方法可以嵌套多个图层组（图 17-12）。同样也可以把次级组拖拽移动出来。

17.2.4　拼合图层

在图层面板中左键点击右上方"图层快捷菜单"按钮：

① "向下拼合"：即把当前层与其下面的图层合并为一个图层。快捷键为 Ctrl+E。

图 17-11　拖拽组 2 到组 1

图 17-12　创建次级图层组

②"合并可见图层"：即把图像所有显示的图层拼合为一个图层。快捷键为 Ctrl＋Shift＋E。

③"拼合图像"：即把所有图层包括背景层合并为一个图层。另外，在图层面板中，按住 Ctrl 键选择你需要合并的图层，左键点击向下拼合，即可拼合你需要合并的图层。

注意：拼合图层后，只能通过历史记录返回拼合前的状态。

17.2.5　图层的筛选

如果图层面板中有很多图层，需要滑动右边的滑条来进行选择，这时候就可以用图层筛选根据不同的图层类型来对图层进行快速地选择（图 17-13）。

① 类型：这个选项可选择需要的图层类型。"类型"可以让图层面板中只显示像素图层、调整图层、字体图层、形状图层、或者智能图层。比如，选择类型，选择"T"字体图层过滤器按钮，在图层面板中就只显示字体图层，非字体图层就隐藏起来。也可以同时选择几项。

② 名称：如果图层修改了名字，选择"名称"选项，输入图层的名称，就能在图层面板下出现对应的图层。

③ 效果：是基于图层样式来说的。比如，需要选择所有使用了阴影效果图层样式的图层，就选择效果，阴影。

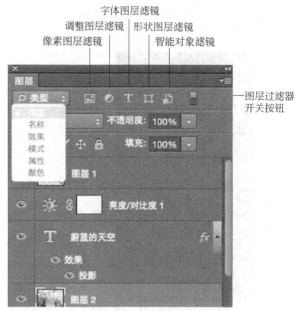

图 17-13　图层的筛选

④ 模式：是基于图层混合模式来说的。选择模式选项，选择相应的图层混合模式，在菜单中就会显示使用了这种混合模式的图层。

⑤ 属性：属性选项，是基于图层过滤是否显示、锁定、空、链接、剪切、图层蒙版、矢量蒙版、图层效果和高级混合。

⑥ 颜色：在图层中右击，可把图层进行颜色的标记，这个颜色选项正是基于这个颜色标记来说的。当图层标记一种颜色后，就会在该图层前面显示眼睛的地方显示出标记的颜色。

17.2.6　图层的对齐与分布

在图层面板中选择两个或两个以上的图层，按住 Shift 键可以选择连续的文件，按住 Ctrl 键可以选择间隔的文件。在选择移动工具时，移动工具的属性栏中的对齐分布工具就会被激活，或者链接的图层也可以进行对齐分布编辑。鼠标选择的第一个图层即为基准图层，其他图层以该层为基准，进行对齐分布，如图 17-14 所示。对齐与分布栏如图 17-15 所示。

图 17-14　图层面板中同时选择两个图层

图 17-15 对齐与分布栏

①"顶对齐"按钮：左键单击该按钮，将所有选中的图层最顶端的像素与基准图层最上方的像素对齐。

②"垂直居中对齐"按钮：左键单击该按钮，将所有选中的图层垂直方向的中心像素与基准图层垂直方向的中心像素对齐。

③"底对齐"按钮：左键单击该按钮，将所有选中的图层最底端的像素与基准图层最下方的像素对齐。

④"左对齐"按钮：左键单击该按钮，将所有选中的图层最左端的像素与基准图层最左方的像素对齐。

⑤"水平居中对齐"按钮：左键单击该按钮，将所有选中的图层水平方向的中心像素与基准图层水平方向的中心像素对齐。

⑥"按顶分布"按钮：左键单击该按钮，从每个图层的顶端像素开始，间隔均匀地分布选中的图层。

⑦"垂直居中分布"按钮：左键单击该按钮，从每个图层的垂直居中像素开始，间隔均匀地分布选中的图层。

⑧"按底分布"按钮：左键单击该按钮，从每个图层的底端像素开始，间隔均匀地分布选中的图层。

⑨"按左分布"按钮：左键单击该按钮，从每个图层的左侧像素开始，间隔均匀地分布选中的图层。

⑩"按右分布"按钮：左键单击该按钮，从每个图层的右侧像素开始，间隔均匀地分布选中的图层。

⑪"自动对齐图层"按钮：左键单击该按钮，可以打开"自动对齐图层"对话框，根据不同图层中的相似内容自动对齐图层。指定一个图层为参考图层，也可以默认 Photoshop 自动选择参考图层。其他图层与参考图层对齐，以便匹配的内容自动叠加。

17.3 图层混合模式

Photoshop 有大量的混合模式将图像混合在一起，许多选项能让图层的透明度发生不同程度的变化和叠加（图 17-16）。混合模式可以产生多种有趣的、神奇的效果。而且更重要的是，可以轻松地使用、改变或取消混合模式的操作。

图 17-16 图层混合模式

下面以两幅图为例（图 17-17、图 17-18），观察在不同模式下两幅图像叠加的效果。

图 17-17 图例

图 17-18 图例

17.3.1 正常模式

① 正常：也是默认的模式。不和其他图层

发生任何混合（图17-19）。

② 溶解：溶解模式产生的像素颜色来源于上下混合颜色的一个随机置换值，与像素的不透明度有关。透明度越低，更强烈的效果、溶解的效果只能与具有小于100%的不透明度设置的层可以看出（图17-20）。

图17-19　正常

图17-20　溶解

17.3.2　加深模式

顾名思义，就是把图像的颜色变深，去掉高光部分，最常用的为正片叠底模式。

① 变暗：分析每一个通道的颜色信息以及相混合的像素颜色，选择较暗的作为混合的结果。颜色较亮的像素会被颜色较暗的像素替换，而较暗的像素就不会发生变化。通过这个模式，可以得到较深像素的颜色，如果叠加扫描的文本或艺术线条，通过它可以让白色的纸张基本上退出，只留下黑色的字母或线条（图17-21）。

图17-21　变暗

② 正片叠底：分析每个通道里的颜色信息，并对下面层的颜色进行正片叠加处理。其原理和色彩模式中的"减色原理"是一样的。这样混合产生的颜色总是比原来的要暗。如果和黑色发生正片叠底的话，产生的就只有黑色。而与白色混合就不会对原来的颜色产生任何影响（图17-22）。

图17-22　正片叠底

③ 颜色加深：让下面层的颜色变暗，根据叠加的像素颜色相应增加下面层的对比度。就像给图像应用了一个黑色的染料，和白色混合没有效果（图17-23）。

图17-23　颜色加深

④ 线性加深：通过降低亮度，让下面层的颜色变暗，类似于正片叠底模式，但是它更倾向于融合画面中纯黑的部分来显示出混合色彩。和白色混合没有效果（图17-24）。

⑤ 深色：当混合两个图层的时候，颜色更深的部分可见（图17-25）。

图17-24　线性加深

图 17-25 深色

17.3.3 减淡模式

把图像中深色部分去掉，从而使画面更亮。在减淡模式组里面，最常用的为滤色模式。

① 变亮：和变暗模式相反，比较相互混合的像素亮度，选择混合颜色中较亮的像素保留起来，而其他较暗的像素则被替代（图 17-26）。

图 17-26 变亮

② 滤色：按照色彩混合原理中的"增色模式"混合。也就是说，对于滤色模式，颜色具有相加效应（图 17-27）。比如，当红色、绿色与蓝色都是最大值 255 的时候，滤色模式混合就会得到 RGB 值为（255，255，255）的白色。而相反的，黑色意味着为 0。所以，与黑色以该种模式混合没有任何效果，而与白色混合则得到 RGB 颜色最大值白色（RGB 值为 255，255，255）。

图 17-27 滤色

③ 颜色减淡：与颜色加深刚好相反，通过降低对比度，加亮底层颜色来反映混合色彩。与黑色混合没有任何效果（图 17-28）。

图 17-28 颜色减淡

④ 线性减淡：类似于颜色减淡模式。但是通过增加亮度来使得底层颜色变亮，以此获得混合色彩（图 17-29）。与黑色混合没有任何效果。

图 17-29 线性减淡

17.3.4 对比模式

去掉图像色彩的中间调，使图像色彩对比强烈，叠加是对比模式组里面使用最多的模式。

① 叠加：像素是进行正片叠底混合还是滤色混合，取决于底层颜色。颜色会被混合，但底层颜色的高光与阴影部分的亮度细节就会被保留（图 17-30）。

图 17-30 叠加

② 柔光：变暗还是提亮画面颜色，取决于上层颜色信息。产生的效果类似于为图像打上一盏散射的聚光灯。如果上层颜色（光源）亮度高于 50% 灰，底层会被照亮（变淡）。如果上层颜色（光源）亮度低于 50% 灰，底层会变暗，就

好像被烧焦了似的。如果直接使用黑色或白色去进行混合的话，能产生明显的变暗或者提亮效应，但是不会让覆盖区域产生纯黑或者纯白（图17-31）。

图17-31　柔光

③ 强光：正片叠底或者是滤色混合底层颜色，取决于上层颜色。产生的效果就好像为图像应用强烈的聚光灯一样。如果上层颜色（光源）亮度高于50%灰，图像就会被照亮，这时混合方式类似于Screen（屏幕模式）。反之，如果亮度低于50%灰，图像就会变暗，这时混合方式就类似于Multiply（正片叠底模式）。该模式能为图像添加阴影。如果用纯黑或者纯白来进行混合，得到的也将是纯黑或者纯白（图17-32）。

图17-32　强光

④ 亮光：调整对比度以加深或减淡颜色，取决于上层图像的颜色分布。如果上层颜色（光源）亮度高于50%灰，图像将被降低对比度并且变亮；如果上层颜色（光源）亮度低于50%灰，图像会被提高对比度并且变暗（图17-33）。

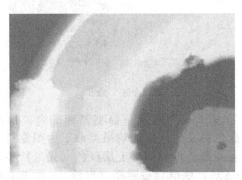

图17-33　亮光

⑤ 线性光：如果上层颜色（光源）亮度高于中性灰（50%灰），则用增加亮度的方法来使得画面变亮，反之用降低亮度的方法来使画面变暗（图17-34）。

图17-34　线性光

⑥ 点光：按照上层颜色分布信息来替换颜色。如果上层颜色（光源）亮度高于50%灰，比上层颜色暗的像素将会被取代，而比较亮的像素则不发生变化。如果上层颜色（光源）亮度低于50%灰，比上层颜色亮的像素会被取代，而比较暗的像素则不发生变化（图17-35）。

图17-35　点光

⑦ 实色混合：根据上下两边颜色的亮度分布，对上下像素的颜色值进行相减处理（图17-36）。比如，用最大值白色来进行Difference运算，会得到反相效果（下层颜色被减去，得到补值），而用黑色的话不发生任何变化（黑色亮度最低，下层颜色减去最小颜色值0，结果和原来一样）。

图17-36　实色混合

17.3.5 比较模式

① 差值：根据上面图层的亮度值产生负的、相反的效果。如果上面图层是黑色，则下面图层没有变化；如果上面的图层是白色，则会反转下面图层的颜色。这个模式有时会产生奇特的效果（图 17-37）。

图 17-37 差值

② 排除：和差值类似，但是产生的对比度会较低。同样的，与纯白混合得到反相效果，而与纯黑混合没有任何变化（图 17-38）。

图 17-38 排除

③ 减去：下面图层的像素值减去上面图层的像素值，负值将显示出黑色（图 17-39）。

图 17-39 减去

④ 划分：从下面图层的像素值来划分上面图层的像素值（图 17-40）。

17.3.6 构成模式

能混合特定的图像通道如在实验室的颜色和明度的混合。颜色和明度是常用的构成模式。

图 17-40 划分

① 色相：决定生成颜色的参数包括：底层颜色的明度与饱和度，上层颜色的色调（图 17-41）。

图 17-41 色相

② 饱和度：决定生成颜色的参数包括：底层颜色的明度与色调，上层颜色的饱和度。按这种模式与饱和度为 0 的颜色混合（灰色）不产生任何变化（图 17-42）。

图 17-42 饱和度

③ 颜色：决定生成颜色的参数包括：底层颜色的明度，上层颜色的色调与饱和度。这种模式能保留原有图像的灰度细节。这种模式能用来对黑白或者是不饱和的图像上色（图 17-43）。

④ 明度：决定生成颜色的参数包括：底层颜色的色调与饱和度，上层颜色的明度。该模式产生的效果与 Color 模式刚好相反，它根据上层颜色的明度分布来与下层颜色混合（图 17-44）。

第 17 章 图层的应用　239

图 17-43 颜色

图 17-44 明度

17.4 图层蒙版

蒙版是合成图像时最常使用的工具之一，利用它可以隐藏图像内容，但又不会删除图像内容。因此，图层蒙版是一种非破坏性的编辑方式。

17.4.1 图层蒙版的原理

图层蒙版是与文件具有相同分辨率的 256 级色阶的灰度图像。在蒙版中，白色表示完全不透明，即显示该图层的图像，遮挡下面的图层；黑色表示完全透明，即隐藏该图层图像，显示下面的图层；灰色表示半透明，越浅的灰色，透明度越小。打个比方来说，图层蒙版相当于一块能使物体变透明的胶片，在胶片上涂黑色时，物体变透明，在胶片上涂白色时，物体显示，在布上涂灰色时，半透明。使用蒙板，可以随时修改蒙板的黑白填充。

17.4.2 添加图层蒙版

① 选择需要添加图层蒙版的图层作为当前层，左键点击图层面板最下方"添加图层蒙版"按钮▣，即可在图层中添加图层蒙版。

② 执行"图层菜单/图层蒙版/从透明选区命令"。"显示全部"和"隐藏全部"命令，分别把蒙版图层全部显示或隐藏。

17.4.3 图层蒙版的作用

① 图像完美融合：如制作倒影、融合图像等。蒙版中使用了由黑到白的渐变填充，其中蒙版填充黑色部分，图像显示为透明，即可透出下面的图层；蒙版填充灰色部分，图像显示半透明，即可与下面图层产生自然过渡效果；蒙版填充白色部分，图像显示不透明。

第一步：打开两幅图像文件，图 17-45 和图 17-46。

图 17-45 图例

图 17-46 图例

第二步：把图 17-46 移动到图 17-45 中。给图层一添加图层蒙版。做黑白渐变填充如图 17-47。两幅画面就能实现无缝拼接。如图 17-48 所示。

② 抠取半透明对象：利用在图层蒙版中填充灰色，图层显示为半透明对象的原理，我们可以抠取半透明图像。

利用图层蒙版抠取婚纱：

第一步：打开一幅图像文件。如图 17-49 所示。

第二步：复制一个背景图层。如图 17-50 所示。

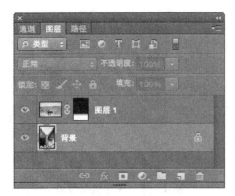

图 17-47　给图层 1 添加图层蒙版

图 17-48　两幅画面无缝拼接

图 17-49　图例

第三步：给背景副本图添加图层蒙版，如图 17-51 所示。

第四步：选择背景副本前面的图层缩览框，Ctrl+A 全选图层，Ctrl+C 复制图层，Alt+左键单击图层蒙版，打开图层蒙版面板，Ctrl+V 粘贴图层到蒙版。这对蒙版呈现的是灰度图（如图 17-52、图 17-53 所示）。

第五步：在图层蒙版中，用钢笔工具选择出人的部分，填充为白色，因为白色为不透明的部分。选择除婚纱和人以外的部分，填充为黑色，因为黑色是透明的部分（如

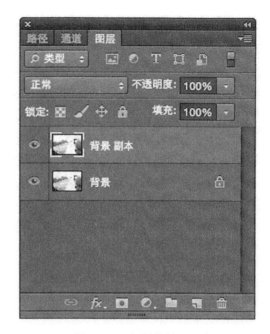

图 17-50　复制背景图层

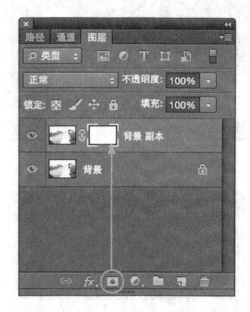

图 17-51　给背景副本添加图层蒙版

图 17-52　复制粘贴背景到图层蒙版

图 17-54、图 17-55 所示）。

第六步：由于灰色是半透明部分，因此，婚纱在图层中显示出半透明状态。添加一个图层在

第 17 章　图层的应用

图 17-53　蒙版呈现灰度图

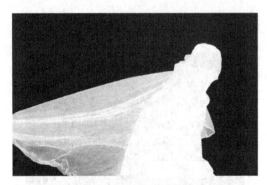

图 17-54　填充人为白色背景为黑色

图 17-55　图层蒙版显示效果

背景副本下方即可看出效果，如图 17-56、图 17-57 所示。

17.4.4　图层蒙版面板

Photoshop CS6 中图层蒙版面板集成到了属性中，可以通过双击蒙版，即可弹出蒙版属性面

图 17-56　最终抠图效果

图 17-57　图层调板显示效果

板，通过蒙版面板可以调节蒙版的浓度、羽化等参数。如图 17-58 所示。

图 17-58　蒙版属性面板

① 图层蒙版：当前选择的蒙版。
② 浓度：按住左键拖动滑杆可以调节蒙版的不透明程度。

③ 羽化：可以使图层蒙版的边缘柔和。与"编辑"菜单羽化的效果一样。

④ 蒙版边缘：可以打开调整蒙版对话框，在其中可对蒙版的边缘进行细微的调整，并针对不同的背景查看蒙版。

⑤ 颜色范围：左键单击可以打开"颜色范围"对话框，在图像中取样并调整颜色容差。

⑥ 反相：可以反转蒙版的遮挡区域。

17.4.5　编辑图层蒙版

（1）复制和移动图层蒙版

按住 Alt 键的同时拖动图层蒙版缩览图，可以复制蒙版到目标图层；如果不按 Alt 键，蒙版将被直接移到目标图层上，原来的图层不再有蒙版。

（2）填充

在图层蒙版中，黑色代表完透明，白色代表完全不透明，灰色代表半透明，越浅的灰透明度越小，也就是说填充的颜色越接近白色就越不透明。利用这个原理，填充渐变色就能产生过渡的效果。

（3）关闭与链接图层蒙版

按 Shift 键同时左键单击蒙版缩览图，即可关闭图层蒙版的效果，再次单击，即可打开蒙版效果。

创建图层蒙版后，蒙版缩览图和图像缩览图中间有一个链接图标，标志图层与蒙版之间处于链接状态，此时进行变换操作，蒙版会与图层一起变换。执行"图层/图层蒙版/取消链接"命令，或者左键单击链接图标，都可以取消链接，取消链接后图层将不再受图层蒙版的影响，并且可以将该图层蒙版复制到另一个图层当中，重新产生链接影响图层。

（4）应用和删除图层蒙版

① 可以直接左键单击蒙版面板中的"应用蒙版"或"删除蒙版"按钮，对图层蒙版进行运用或删除。

② 执行"图层/图层蒙版"/"应用"或者"删除"命令。

③ 在图层面板中把蒙版拖拽到垃圾桶，也可以删除图层蒙版效果。

17.5　图层样式

17.5.1　添加图层样式

有三种方式添加图层样式：

① 选择需要添加的图层，选择菜单栏，执行："图层/图层样式"命令。

② 在图层面板下面选择"添加图层样式"按钮 fx。

③ 左键双击图层，弹出图层样式面板。

打开图层样式对话框，在左边可以添加需要的图层样式，可以同时添加一个或者多个图层样式。点击左键执行添加的命令，右边会出现对应的参数设置。

17.5.2　图层样式命令

① "斜面和浮雕"样式，可以给图层添加高光和阴影组合，使图层显示出立体浮雕效果。在结构样式里有以下五种不同的样式（图17-59）：

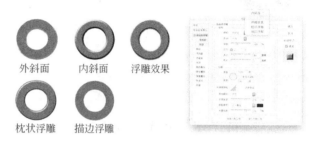

图 17-59　"斜面和浮雕"样式

外斜面：沿对象、文本或形状的外边缘创建三维斜面。

内斜面：沿对象、文本或形状的内边缘创建三维斜面。

浮雕效果：创建外斜面和内斜面的组合效果。

枕状浮雕：创建内斜面的反相效果，其中对象、文本或形状看起来下沉。

描边浮雕：只适用于描边对象，即在应用描边浮雕效果时才打开描边效果。

② "描边"样式，可以在当前图层上描画对象的轮廓（图17-60）。

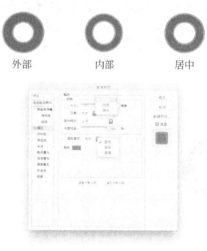

图 17-60　"描边图层样式"

"大小"可以调节描边像素的大小；在"位置"中可以选择对图层的外部、内部、居中进行描边；混合模式可以改变描边的不同模式，可参考图层混合模式;"不透明度"能调节描边颜色的透明程度,100%为不透明;"填充类型"中可以对"颜色""渐变"和图案进行填充,"颜色"可以对颜色的信息进行修改。

③ "内阴影"样式,对当前图层轮廓向内添加阴影效果。让图像产生立体突出的感觉(图17-61)。

度"来达到图层叠加的效果(图17-64)。

图17-64 "颜色叠加图层样式"

⑦ "渐变叠加"样式,可以给图层叠加渐变颜色。渐变颜色可以直接使用Photoshop中预设的颜色,也可以自己设置,通过选择混合模式、不透明度和样式来改变叠加颜色的效果(图17-65)。

图17-61 "内阴影图层样式"

④ "内发光"样式,对当前图层轮廓向内添加发光效果(图17-62)。

图17-65 "渐变叠加图层样式"

⑧ "图案叠加"样式,可以在图层内容上叠加选择的图案效果,可以选择图案中Photoshop预设的图案,通过调整混合模式、不透明度和缩放图案叠加出不同的效果(图17-66)。

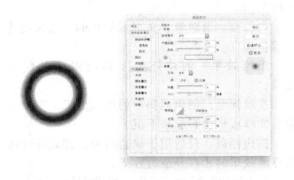

图17-62 "内发光图层样式"

⑤ "光泽"样式,可以创建光滑的内部阴影。为图层添加光泽,可以通过选择不同"等高线"的样式和参数来改变光泽效果(图17-63)。

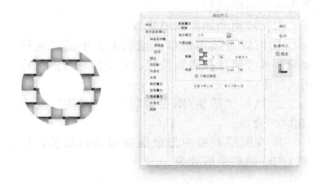

图17-66 "图案叠加图层样式"

⑨ "外发光"样式,给图层外轮廓添加外发光(图17-67)。

⑩ "投影"样式,图层外轮廓添加阴影效果。可以利用"投影"面板中的角度、距离和大小,改变阴影的效果,通过选择不同"等高线"的样式,可以制作出不同的立体感(图17-68)。

图17-63 "光泽图层样式"

⑥ "颜色叠加"样式,可以在图层上叠加指定的颜色。通过改变"混合模式"和"不透明

图 17-67　"外发光图层样式"

 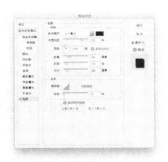

图 17-68　"投影图层样式"

17.5.3　编辑图层样式

(1) 隐藏和显示图层样式

如果要隐藏某个图层样式，左键单击图层面板中图层样式的前面的显示图标👁，这时显示图标会消失；如果要显示图层样式，左键单击图层面板中图层样式名称的前面，就会再次出现显示图标👁。如果要隐藏该图层的全部图层样式，在图层面板中左键单击该图层效果前面的显示图标👁，即可隐藏；反之亦然。

(2) 复制、粘贴和删除图层样式

当多个图层都需要同样的图层样式效果时，复制和粘贴图层样式就是最快捷的办法。

复制图层样式：

① 在已经添加图层样式的图层上，执行"菜单栏图层/图层样式/拷贝图层样式"。

② 直接在已经添加图层样式的图层上，单击右键，选择"拷贝图层样式"。

粘贴图层样式：

③ 选择需要粘贴图层样式的图层，执行"菜单栏图层/图层样式/粘贴图层样式"。

④ 选择需要粘贴图层样式的图层，单击右键，选择"粘贴图层样式"。

删除图层样式：

⑤ 如果要删除某一种图层样式，可以把该图层样式拖拽到"删除图标"🗑上即可删除。

⑥ 如果需要删除某个图层的全部图层样式，则可拖拽"效果"到"删除图标"🗑上即可删除。

⑦ 执行"菜单栏图层/图层样式/清除图层样式"也可以删除图层样式。

17.5.4　图层样式综合运用

运用图层样式可以制作出水晶、火焰、雪等特别的效果。下面通过制作水晶字为例，介绍图层样式的综合运用。

第一步：新建一个文件，设置如图 17-69 所示。

图 17-69　新建文件

第二步：用渐变工具（R：48 G：169 B：225；R：224 G241 B：249），选择属性栏径向渐变填充背景（图 17-70）。

图 17-70　填充图层

第三步：输入文字"Photoshop"，再复制一个文字图层副本。暂时隐藏副本（图 17-71）。

图 17-71　输入文字

第 17 章　图层的应用　　245

第四步：选择 Photoshop 图层，打开图层样式，做如图 17-72～图 17-80 所示的参数设置。

图 17-72　混合选项设置

图 17-75　内阴影设置

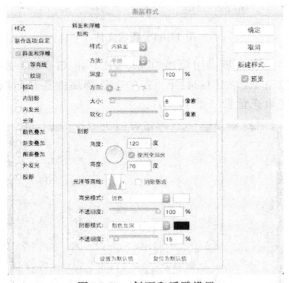

图 17-73　斜面和浮雕设置

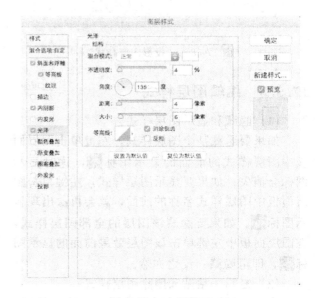

图 17-76　光泽设置

图 17-74　等高线设置

图 17-77　颜色叠加设置

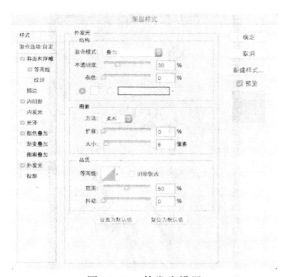

图 17-78　外发光设置

图 17-79　投影设置

图 17-80　效果图

17.6　调整图层

调整图层可以将颜色和色调调整应用于图像，原图像不会发生改变。

执行"图层/新建调整图层"命令次级菜单中的相应命令，在跳出的对话框中设置参数，即可在当前层的上方新建一个调整图层。或在图层面板下方左键单击调整图层按钮" "。选择需要的效果。

调整图层可以影响调整图层下面一层或下面所有的图层，调整图层与编辑菜单中的调整命令的效果一样，不同的是调整图层属于非破坏性图层，没有改变图像本身，而编辑菜单中的调整命令是直接在图像上变换，因此，属于破坏性图层。由于这个优点，调整图层被广泛应用于图像色彩的调整。

结合调整图层和蒙版原理，我们可以调整图像的色相、饱和度和明度。也可以给黑白相片上颜色。

第一步：打开自由女神像黑白图像文件，如图 17-81 所示。

图 17-81　图例

第二步：把自由女神像用钢笔工具选择出来（如图 17-82、图 17-83 所示）。

图 17-82　选择自由女神像

第 17 章　图层的应用　　247

图 17-83 路径调板

第三步：在图层面板中添加"色相/饱和度"调整图层（图 17-84）。

图 17-84 添加"色相/饱和度"调整图层

第四步：调整"色相/饱和度"属性栏参数设置（如图 17-85～图 17-87 所示）。

图 17-85 添加"色相/饱和度"调整图层

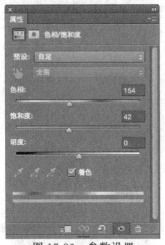

图 17-86 参数设置

图 17-87 添加"色相/饱和度"效果

第五步：选择天空，给天空添加调整图层"色相/饱和度"（如图 17-88、图 17-89 所示）。

图 17-88 选择天空

图 17-89 给天空添加调整图层"色相/饱和度"

第六步：调整"色相/饱和度"属性栏参数设置（如图 17-90、图 17-91 所示）。

图 17-90　天空着色效果

图 17-93　给火炬添加调整图层"色相/饱和度"

图 17-91　天空"色相/饱和度"命令参数设置

第七步：选择火炬，给火炬添加调整图层"色相/饱和度"，并调整其属性栏参数设置，完成（如图 17-92～图 17-95 所示）。

图 17-92　选择火炬

图 17-94　最终着色效果

图 17-95　火炬"色相/饱和度"命令参数设置

通过调整图层我们不仅可以给黑白相片上色，也可以把废片调整为完美的相片。

第一步：打开废片，分析相片的问题在于亮度不足，因此，可以选用调整图层中的曲线进行调整（图17-96）。

图17-96 图例

第二步：执行调整图层"曲线"命令，调整其参数设置，即可把相片变得完美（图17-97～图17-99）。

图17-99 最终效果

第一步：打开多个图层的图像文件，如图17-100、图17-101所示。

图17-97 添加调整图层"曲线"命令

图17-100 图例

图17-98 调整图层"曲线"命令参数调整

如果调整图层只想对下面一层的图层产生影响，则可在调整图层执行"图层快捷菜单/创建粘贴蒙版"命令，只对下面一层产生影响。

图17-101 多个图层

第二步：添加"色相/饱和度"调整图层，调整其参数（图17-102、图17-103）。

图17-102 添加"色相/饱和度"调整图层

图 17-103　调整参数

第三步：左键单击"图层快捷菜单"按钮，执行"创建剪贴蒙版"命令。即可让调整图层只改变这个层，对背景层无影响（图 17-104～图 17-106）。

(a)

(b)

图 17-104　创建剪贴蒙板

图 17-105　最终效果

图 17-106　图层效果

思考与练习

1. 图层有哪几种类型？
2. 如何移动、复制、删除与合并图层？
3. 图层蒙版的原理是什么？利用图层蒙版的原理把图 17-107、图 17-108 做完美的拼合。

图 17-107

图 17-108

第 17 章　图层的应用

4. 利用图层样式制作出水晶字。

5. 利用调整图层给黑白相片（图 17-109）上颜色。

图 17-109

6. 利用调整图层修改相片（图 17-110）效果。

图 17-110

第18章 通道和蒙版

通道是 Photoshop 的高级功能。它以灰度图像的形式保存着存储图像的颜色信息。通过编辑通道，可以方便地编辑图像众多信息，以完成复杂选区的创建、图像颜色的调整和图像的高级合成等。巧妙利用通道可以创作出许多精美的景观图像效果。

18.1 通　道

18.1.1 通道概述

在 Photoshop 中有复合通道、颜色通道、专色通道、Alpha 通道和蒙版与贴图混合通道五种通道。虽然这些通道的某些基本操作是相同的，但其作用和意义却截然不同。包括所有通道在内，一个图像最多可有 24 个通道。

（1）复合通道

复合通道不包含任何信息，是预览并编辑所有颜色通道的一个快捷方式。它通常被用来在单独编辑完一个或多个颜色通道后使通道调板返回到它的默认状态。对于不同模式的图像，其通道的数量是不一样的。在 Photoshop 之中，通道主要有三个模式。RGB 图像，有 RGB、R（红色通道）、G（绿色通道）、B（蓝色通道）四个通道；CMYK 图像，有 CMYK、C（青色通道）、M（洋红通道）、Y（黄色通道）、K（黑色通道）五个通道；Lab 模式的图像，有 Lab、L（明度）、a 和 b 四个通道。选中复合通道，其他通道也显示被选中，如图 18-1～图 18-3 所示。

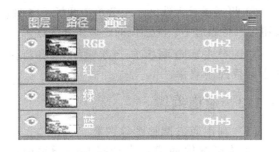

图 18-1　RGB 通道

（2）颜色通道

颜色通道中保存的是图像的颜色信息，当打开或创建一个新的图像文件时，程序自动创建颜色信息，并自动创建相应的颜色信息通道。编辑

图 18-2　CMYK 通道

图 18-3　Lab 通道

Photoshop 中图像时，实际上就是在编辑颜色通道。

（3）专色通道

专色通道是一种特殊的颜色通道，它可以使用除了青色、洋红（品红）、黄色、黑色以外的颜色来绘制图像。专色印刷可以让作品在视觉效果上更具质感与震撼力，但由于大多数专色无法在显示器上呈现效果，所以其制作过程也带有相当大的经验成分。

（4）Alpha 通道

Alpha 通道可以永久的保存选区。通常它是由人们在图像处理过程中人为生成，并从中读取选择区域信息的。因此在输出制版时，Alpha 通道会因为与最终生成的图像无关而被删除。但也有时，比如在三维软件最终渲染输出的时候，会附带生成一张 Alpha 通道，用以在平面处理软件中作后期合成。

第一步，在图像上画一个矩形，设置羽化值为 40。

第二步，执行"选择/载入选区"命令，在弹出的"存储选区"对话框中更改名称为"矩形羽化"，如图 18-4 所示。

第三步，保存后通道调板就出现了一个新的 Alpha 通道，名称为"矩形羽化"，如图 18-5 所示。

（5）蒙版与贴图混合通道

图 18-4 存储选区

图 18-5 存储选区后新出现的通道

蒙版又被称为"遮罩"。在一张图像（或一个图层）上添加一张黑白灰图，黑色部分的图像将被隐去（而不是删除），变为透明；白色部分将被完全显现；而灰色部分将处于半透明状态。

蒙版无论在图像合成还是在特效制作方面，都有不可取代的功用。蒙版也可以应用到三维模型的贴图上面。金属上的斑斑锈迹，玻璃上的贴花图案，这些形状不规则的图形，往往要用矩形贴图加蒙版的方式加以处理。这种类型的蒙版由于需要调整它们在三维表面的坐标位置，所以常常被视为一种特殊形式的贴图，称为"透明度贴图"。

蒙版不仅可以在简单的贴图中使用，更可以在复杂的多维材质中使用。当两种材质在同一表面交错混合时，人们同样需要用通道来处理他们的分布。而与普通蒙版不同的是，这样的"混合通道"是直接应用在两张图像上的：黑色的部分显示 A 图像；白色部分显示 B 图像；灰色部分则兼而有之。可见，混合通道是由蒙版概念衍生而来，用于控制两张图像叠盖关系的一种简化应用。

18.1.2 通道操作

(1) 通道调板的操作

① 打开通道调板："通道"调板位于右侧的调板中，常与图层调板和路径调板放在一起。

执行"窗口/通道"命令可以实现打开通道调板。通道调板中排列着图像中所有的通道。每个通道均显示了缩览图和名称。缩览图前面有眼睛图标，可以进行显示或隐藏通道操作，如图 18-6 所示。

图 18-6 通道调板

② 关闭通道调板：调板中只有通道调板时，可以直接左键单击通道调板右上角的 ⊠ 按钮关闭；调板卡中除了通道调板还有其他调板时，可以先左键单击调板右上角的 ≡ 按钮，然后在弹出的调板控制菜单中左键单击"关闭"按钮，如图 18-7 所示。

图 18-7 关闭通道调板

(2) 通道的操作

① 新建通道：颜色通道在创建图像时由软件自动生成；Alpha 通道可通过调板下方的 按钮创建；蒙版通道可通过调板下方的 新建。

复制通道：左键单击要复制的通道名称，右击，复制通道。

② 删除通道：左键单击要复制的通道名称，右击，删除通道；也可以直接左键单击调板下方的 按钮删除。

③ 将通道载入选区：左键单击调板下方的 按钮可以将通道中较淡颜色的区域载入为选区。

左键单击通道调板右上方 ≡ 按钮将会弹出通道调板控制菜单。

18.1.3 通道编辑

(1) 利用通道调整图像色彩

① 选择图像通道：当选择某一通道时，调整曲线对话框的曲线，只对该通道的颜色编辑。如选择蓝通道，则只对蓝进行编辑。因此，在用曲线对话框编辑图像色彩时，必须先选定通道。如果想对所有色彩进行编辑，则选 RGB 通道，如图 18-8～图 18-11 所示。

第一步，打开图像，并打开通道调板。

第二步，左键单击需要的通道，即显示各通道。如分别单击红通道、绿通道、蓝通道。因为 RGB 是混合通道，当左键单击 RGB 通道进行选择时，所有色彩通道都被选中。

图 18-8　选择"红"通道

图 18-9　选择"绿"通道

图 18-10　选择"蓝"通道

图 18-11　选择"RGB"复合通道

② 利用"曲线"命令编辑图像色彩：执行"图像/调整/曲线"命令，可以进入曲线对话框进行图像色彩的编辑，如图 18-12 所示。也可以按 Ctrl+M 键进入曲线对话框。

当选择某一通道时，调整曲线对话框的曲线，只对该通道的色彩编辑。如分别选择 RGB 通道和红通道，将输出均改为 180，输入均改为 100，效果如图 18-13、图 18-14 所示。

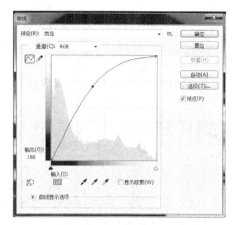

图 18-12　曲线对话框

图 18-13　选择 GRB 复合通道调整曲线

图 18-14　选择红通道调整曲线

③ 利用"阴影/高光"命令编辑图像色彩：执行"图像/调整/高光"命令，可以进入阴影/高光对话框进行图像阴影和高光的编辑，如图 18-15 所示。

当选择某一通道时，调整阴影/高光对话框的相应参数，只对该通道的阴影和高光编辑。如分别选择 RGB 通道和红通道，将阴影数量和高光数量调整均为 80，效果如图 18-16、图 18-17 所示。

④ 利用"色阶"命令编辑图像色彩：执行"图像/调整/色阶"命令，进入色阶对话框进行图像色阶编辑，如图 18-18 所示。

当选择某一通道时，调整色阶参数，只对该

图 18-15 "阴影""高光"对话框

图 18-16 通过 RGB 通道修改阴影/高光

图 18-17 通过红通道修改阴影/高光

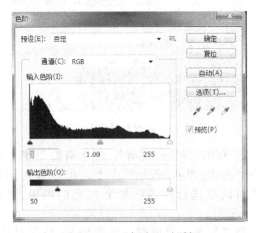

图 18-18 "色阶"对话框

通道的色阶编辑。如分别选择 RGB 通道和红通道，将输入色阶均调整为 50 和 255，效果如图 18-19、图 18-20 所示。

⑤ 利用"亮度/对比度"命令编辑图像色彩

执行"图像/调整/亮度/对比度"命令，进入亮度/对比度对话框进行图像亮度和对比度调整，如图 18-21 所示。

图 18-19 通过 RGB 通道调整色阶（1）

图 18-20 通过 RGB 通道调整色阶（2）

图 18-21 "亮度""对比度"对话框

当选择某一通道时，调整亮度/对比度相应参数，只对该通道的亮度和对比度编辑。如分别选择 RGB 通道和红通道，将亮度和对比度参数均调整为 50，效果如图 18-22、图 18-23 所示。

图 18-22 通过 RGB 通道调整亮度/对比度

图 18-23 通过红通道调整亮度/对比度

(2) 合并与分离通道

合并和分离通道可以根据分离和合并成图像通道。当我们做项目文本时，可以利用这些命令快速绘制文本背景。

① 分离通道：打开图像，左键单击通道调板的▼按钮，选择分离通道，能迅速将图像分离为多个灰度图像（只有在"背景"图层为当前层时才可以）。分离出的灰度图像个数取决于图像的色彩模式。RGB 模式分离为三个灰度图像，CMAK 模式分离为四个灰度图像，Alpha 通道分离为一个灰度图像。

② 合并通道：左键单击通道调板的▼按钮，选择分离合并，指定合并的通道，可以将分离出的灰度图像合并，如图 18-24、图 18-25 所示。

图 18-24　合并通道

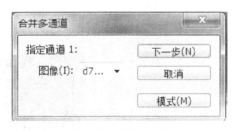

图 18-25　合并多通道

(3) 通道选区

可以利用通道来存储、导入选区。具体操作如下：

第一步：建立选区后，执行"选择/存储选区"命令，就可将选区存储入通道，如图 18-26 所示。

图 18-26　建立选区

第二步：选中建立的通道，左键单击通道调板的▦按钮，就可将通道载入选区，如图 18-27 所示。

图 18-27　将通道载入选区

18.2　蒙　版

蒙版和 Flash 的遮罩层功能相似。都像一块布，临时遮住某一个图层或图层的某个部分，方便对图层进行保护性的操作。在蒙版的基础上进行图层编辑，对图层没有破坏，方便在设计的过程中对图层再次使用。

18.2.1　图层蒙版

详见 17.4。

18.2.2　矢量蒙版

与图层蒙版不同的是，矢量蒙版主要利用矢量工具实现对图层显示的调控，而不是利用黑、白、灰场。

(1) 创建矢量蒙版

选择要编辑的图层，执行"图层/矢量蒙版"或者"图层/显示全部"或者"图层/隐藏全部"命令。在图层调板里，图层名称的左边就会出现一个矢量蒙版的标志。如果是显示全部蒙版，则该标志全部为白色；如果是隐藏全部，则该标志全部为黑色，如图 18-28、图 18-29 所示。

图 18-28　创建矢量蒙版（显示全部）

(2) 使用矢量蒙版

选择要编辑的图层，左键单击该图层对应的矢量蒙版，利用矢量工具，如钢笔、椭圆工具等进行编辑，效果如图 18-30 所示。

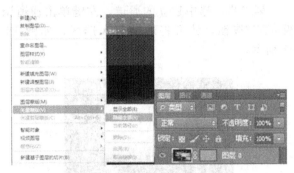

图 18-29 创建矢量蒙版（隐藏全部）

图 18-30 矢量蒙版的使用

(3) 剪贴蒙版

剪贴蒙版和图层蒙版、矢量蒙版一样，都属于蒙版的一类。剪贴蒙版与图层蒙版、矢量蒙版的不同在于，它不是通过黑、白、灰场或矢量工具控制图层的显示，而是利用两图层之间所形成的选区来控制。

18.3 范例操作

18.3.1 利用通道快速抠树

第一步：打开图像 18-31。

图 18-31 素材树

第二步：选择和复制通道。在通道调板中，选蓝色通道（天是蓝色的），复制一张蓝色通道，名称为"蓝副本"。选择通道"蓝副本"，如图 18-32、图 18-33 所示。

第三步：色阶调整。执行"图像/调整/色阶调整"命令（图 18-34），滑动"输入色阶"滑块让白的更白，黑的部分更黑，如图 18-35 所示。

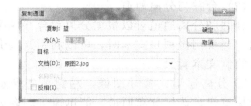

图 18-32

图 18-33 复制通道

图 18-34

图 18-35 色阶调整

第四步：左键单击 ▣ 按钮，建立选区，如图 18-36 所示。

图 18-36 建立选区

第五步：返回 RGB 通道，如图 18-37 所示。

图 18-37　返回 RGB 通道

第六步：按 Delete 键删除背景，如图 18-38 所示。

图 18-38　删除背景

第七步：删去多余部分，完成树的抠图，如图 18-39 所示。

图 18-39　完成树的抠图

18.3.2　树木和草坪的快速处理

第一步：打开要处理的图片，如图 18-40 所示。

第二步：用选择工具选择草坪，按 Ctrl+J 键复制所选择的草坪为新的图层，如图 18-41 所示。

第三步：将复制的草坪图层透明度调整为 50% 如图 18-42 所示。

第四步：将多余的草坪删去，如图 18-43 所示。

第五步：左键单击图层调板，按钮为复制的草坪图层添加蒙版，选择画笔工具，设置不透明度为 50%，前景颜色为黑色（蒙版中不显示），在复制

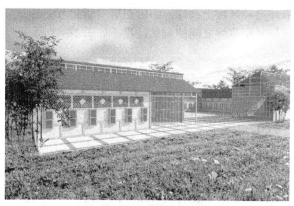

图 18-40　素材草坪

图 18-41　复制所选择的草坪为新的图层

图 18-42　调整复制草坪图层透明度

图 18-43　删除多余草坪

第 18 章　通道和蒙版

草坪边界区域上涂抹，编辑图层蒙版边界，形成草坪与复制草坪之间的自然过渡，如图18-44所示。

图18-44　完成草坪处理

第六步：添加植物、阳光和阴影，丰富画面，完成处理，如图18-45所示。

图18-45　最终效果

本章小结

本章主要介绍了通道和蒙版的基本概念、分类及作用。通过范例操作介绍了通道和蒙版操作和编辑的基本方法。最后利用两个实例演示了通道和蒙版在风景园林计算机辅助设计中的作用。

思考与练习

1. 怎么理解通道和蒙版的概念？
2. 通道和蒙版分别有哪些类型？
3. 通道和蒙版的基本操作有哪些，有什么区别？
4. 除了书上举出的例子，在景观设计过程中，还有哪些地方能利用通道和蒙版进行编辑？

第 19 章 滤镜的使用

19.1 认识滤镜

19.1.1 滤镜的概念

滤镜在图像处理中起着非常重要的作用，通过滤镜能对图像进行各种特殊处理，从而使普通的图像产生神奇的变化。它可对图像中的像素进行分析，按不同滤镜的特殊数学算法进行像素色彩、亮度等参数的调节，从而完成原图像部分或全部像素的属性参数的调节或控制。

滤镜是一种插件模块，能够对图像中的像素进行操作，可以模拟一些特效，使用户无需耗费过多的精力即可实现各种特殊效果。

19.1.2 使用滤镜的注意事项

对图像使用滤镜，首先要了解图像色彩模式与滤镜的关系。GRB 颜色模式的图像可以使用 Photoshop 中的所有滤镜，但位图模式、16 位灰度图模式、索引模式和 48 位 RGB 模式等图像色彩模式则不能使用滤镜。

图像在一些色彩模式下只能使用部分滤镜，例如在 CMYK 模式下不能使用画笔描边、素描、纹理、艺术效果和视频类滤镜等。用户若想对这些图像模式的图像运用滤镜，可将这些图像的图像色彩模式转换为 RGB 颜色模式。其使用方法是执行"图像/模式/RGB 颜色"命令。

滤镜的处理单位是像素，相同的图像在不同分辨率下，会出现不同的图像效果。

不同的滤镜可以产生各种不同的特殊效果，甚至使用同一滤镜时设置的参数不同，也会产生不同的效果。

19.1.3 滤镜的作用范围

滤镜命令只能作用于当前正在编辑的、可见的图层或图层中的选定区域。如果没有选定区域，Photoshop 会将整个图层视为当前选定区域。另外，用户也可以对整幅图像应用滤镜。

19.2 Photoshop CS6 滤镜新增功能

Photoshop CS6 的滤镜功能相对于上一个版本有所扩展和优化，使用起来更加方便高效，主要体现在以下几个方面：

① 增加了自动适应广角滤镜、油画滤镜以及三个模糊滤镜焦点模糊、光圈模糊、移轴模糊，如图 19-1 所示。

图 19-1 Photoshop CS6 新增滤镜

② 改进的滤镜包括液化滤镜、镜头校正滤镜以及光照效果滤镜。

液化滤镜删除了镜像工具、湍流工具以及重建模式；同时设置了"高级模式"复选项，即将液化分解为精简和高级两种模式，如图 19-2 所示。

图 19-2 CS6 改进的滤镜

③ 镜头校正滤镜界面上没发现什么变化，但作为改进的滤镜，对镜头配置文件进行了扩充。光照效果被改造为全新的"灯光效果"滤镜，该滤镜使用全新的 Adobe Mercury 图形引

擎进行渲染，因此对 GPU 的要求很高。其界面表现为工作区的形式，如图 19-3 所示。

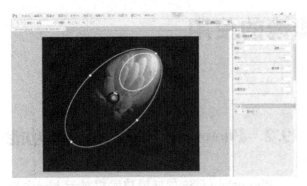

图 19-3　Photoshop CS6 全新的光照效果

④ 滤镜库中滤镜的分布机制进行了调整。在旧版中，滤镜库中的各个滤镜同时也出现在各个滤镜组菜单中；新版中，用户可以通过以下选项设置是否将滤镜库中的滤镜在各个滤镜组的级联菜单中不再显示，如图 19-4 所示。

图 19-4　Photoshop CS6 新增滤镜增效显示选项

19.3　转换智能滤镜

智能滤镜是作为图层效果出现在"图层"面板中的，使用智能滤镜，可以在不修改图像中的像素，不破坏图像的情况下生成特效。

使用非智能滤镜，如使用"高斯模糊"滤镜处理图像，可以在"图层"面板中看到，"背景"图层中的像素被修改了，在保存并关闭图像文件后，将无法恢复到原始效果，如图 19-5 所示。

执行"滤镜/转换为智能滤镜"命令，在弹出的提示对话框中左键单击"确定"按钮，将所选图层转换为智能对象，然后再使用"高斯模糊"滤镜处理图像，就不会破坏"背景"图层中的像素，在保存并关闭图像文件后，单击滤镜名称前的隐藏图标使其隐藏，即可将图像恢复到原始效果，如图 19-6 所示。

图 19-5　非智能滤镜背景图

图 19-6　智能滤镜背景图

智能滤镜方便了用户对滤镜的反复操作，通过它能够及时对画面中的滤镜效果做调整。执行"滤镜/转换为智能滤镜"命令，将图层转换为智能对象，此后用户使用过的任何滤镜都会被存放在该智能滤镜中。

应用智能滤镜后，在"图层"面板中使用智能滤镜，图层下方将出现所有应用过的智能滤镜内容。普通滤镜在设置好后，效果不能再进行编辑，而将滤镜转换为智能滤镜后，就可以对原来应用的滤镜效果进行再编辑。

19.4　滤镜的分类及使用方法

19.4.1　内置滤镜

Photoshop CS6 的系统内置滤镜主要包括滤镜库、独立滤镜和滤镜组。

19.4.1.1　滤镜库

滤镜库：即是一个存放一些常用滤镜的容器。通过滤镜库，操作者可以快速、准确地找到相应滤镜，进行相应的操作和浏览。滤镜库中包含有"风格化""画笔描边""扭曲""素描""纹理""艺术效果"六类滤镜组，每一类滤镜组中又包含有若干种相似的具体滤镜。

（1）风格化滤镜组

只有"照亮边缘"一个滤镜，使用该滤镜将

会产生"边缘发亮、突显轮廓"的效果。具体操作如下所示：

① 在菜单栏中选择"文件/打开……"，选择需要处理的图像文件，再在菜单栏中选择"滤镜/滤镜库"命令，如图19-7所示。

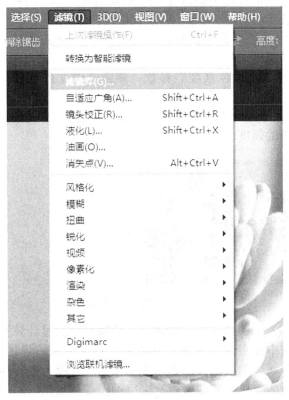

图19-7 滤镜库打开方式

② 在滤镜库窗口中，依次左键单击"风格化/照亮边缘"，在窗口右侧的参数区将会显示显示该滤镜的相关设置参数，其中主要包括"边缘宽度""边缘亮度""平滑度"。窗口右下方可以进行图层的添加和删除，常用语多种滤镜效果的叠加和取消，每一图层前面的眼睛图标控制该图层滤镜效果的显示与隐藏（下同，不再赘述）。左侧的预览窗口可以实时显示不同参数下的效果，左键单击"确定"按钮，退出编辑窗口，保存滤镜效果，如图19-8所示。其中的各个选项区域含义如下：

• "边缘宽度"参数：设置发光轮廓线的宽度。值越大，发光的边缘宽度就越大。

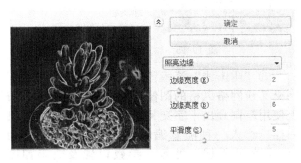

图19-8 "照亮边缘"滤镜

• "边缘亮度"参数：设置发光轮廓线的发光强度。值越大，发光边缘的亮度越大。

• "平滑度"参数：设置发光轮廓线的柔和程度。值越大，边缘越柔和。

(2) 画笔描边滤镜组

主要是通过模拟不同的画笔或油墨笔刷来勾绘图像，产生绘画效果。包括"成角的线条""墨水轮廓""喷溅""喷色描边""强化的边缘""深色线条""烟灰墨""阴影线"八种滤镜。

① "成角的线条"滤镜：该滤镜可以产生斜笔画风格的图像，类似于使用画笔按某一角度在画布上用油画颜料所涂画出的斜线，线条修长、笔触锋利，效果比较好看。参数设置及效果如图19-9所示。

• "方向平衡"参数：调整成角线条的方向控制。

• "线条长度"参数：控制线条的长度。

• "锐化程度"参数：调整锐化程度，数值大它就会把像数颜色变得越亮，效果比较生硬。数值越小，成角线条的就会越柔和。

图19-9 "成角的线条"滤镜

② "墨水轮廓"滤镜：该滤镜可以产生使用墨水笔勾画图像轮廓线的效果，使图像具有比较明显的轮廓。参数设置及效果如图19-10所示。

• "线条长度"参数：调整当前文件图像油墨概况线长的长度。

• "深色强度"参数：调整当前文件图像深色的强度。

• "光照强度"参数：调整当前文件图像光照的强度。

图19-10 "墨水轮廓"滤镜

③ "喷溅"滤镜：该滤镜可以产生如同在画面上喷洒水后形成的效果，或有一种被雨水打湿

的视觉效果。参数设置及效果如图19-11所示。

● "喷色半径"参数：调整当前文件图像喷色半径的程度。

● "平滑度"参数：调整当前文件图像喷色溅的平滑程度。

图19-11 "喷溅"滤镜

④ "喷色描边"滤镜：该滤镜可以产生一种按一定方向喷洒水花的效果，画面看起来有如被雨水冲刷过一样。参数设置及效果如图19-12所示。

● "描边长度"参数：调整当前文件图像喷色线条的长度。

● "喷色半径"参数：调整当前文件图像喷色半径的程度，数值越大喷溅的效果越差。

● "描边方向"参数：右对角线，水平，左对角线，垂直。

图19-12 "喷色描边"滤镜

⑤ "强化的边缘"滤镜：该滤镜类似于我们使用彩色笔来勾画图像边界而形成的效果，使图像有一个比较明显的边界线。参数设置及效果如图19-13所示。

● "边缘宽度"参数：调整当前图像边缘强化的宽度。

● "边缘亮度"参数：调整当前图像强化边缘的亮度。

图19-13 "强化的边缘"滤镜

● "平滑度"参数：调整当前图像强化边缘的平滑度。

⑥ "深色线条"滤镜：该滤镜通过用短而密的线条来绘制图像中的深色区域，用长而白的线条来绘制图像中颜色较浅的区域，从而产生一种很强的黑色阴影效果。参数设置及效果如19-14所示。

● "平衡"参数：调整当前文件深色线条的平衡度。

● "黑色强度"参数：调整当前文件图像黑色的强度。

● "白色强度"参数：调整当前文件图像白色的强度。

图19-14 "深色线条"滤镜

⑦ "烟灰墨"滤镜：该滤镜可以通过计算图像中像素值的分布，对图像进行概括性的描述，进而产生用饱含黑色墨水的画笔在宣纸上进行绘画的效果。它能使带有文字的图像产生更特别的效果，所以有人也称它为"书法"滤镜。参数设置及效果如图19-15所示。

● "描边宽度"参数：调整当前文件图像描边的宽度。

● "描边压力"参数：调整当前文件图像描边的压力。数值越大，图像越生硬。

● "对比度"参数：调整当前文件图像明暗的对比度。

图19-15 "烟灰墨"滤镜

⑧ "阴影线"滤镜：该滤镜可以产生具有十字交叉线网格风格的图像，就如同在粗糙的画布上使用笔刷画出十字交叉线作画时所产生的效果一样，给人一种随意编制的感觉，有人称它为"十字交叉斜线"滤镜。参数设置及效果如图19-16所示。

- "线条的长度"参数：调整阴影线线条的长度。
- "锐化程度"参数：控制阴影线锐化程度。数值越大效果越生硬，数值越小效果越柔和。
- "强度"参数：调整阴影线的强度，可以把像素颜色变亮。

图 19-16 "阴影线"滤镜

(3) 扭曲滤镜组

即是通过对图像应用扭曲变形实现各种效果。主要包括"玻璃""海洋波纹""扩散亮光"三种滤镜。

① "玻璃"滤镜：该滤光镜使图像看上去如同隔着玻璃观看一样。参数、选项设置及效果如图 19-17 所示。

- "扭曲度"参数：控制图像的扭曲程度，范围是 0 到 20。
- "平滑度"参数：平滑图像的扭曲效果，范围四 1 到 15。
- "纹理"选项：可以指定纹理效果，可以选择现成的结霜，块，画布和小镜头纹理，也可以载入别的纹理。
- "缩放"参数：控制纹理的缩放比例。
- "反相"选项：使图像的暗区和亮区相互转换。

图 19-17 "玻璃"滤镜

② "海洋波纹"滤镜：该滤镜使图像产生普通的海洋波纹效果。参数设置及效果如图 19-18 所示。

- "波纹大小"参数：调节波纹的尺寸。
- "波纹幅度"参数：控制波纹振动的幅度。

③ "扩散亮光"滤镜：该滤镜向图像中添加透明的背景色颗粒，在图像的亮区向外进行扩散

图 19-18 "海洋波纹"滤镜

添加，产生一种类似发光的效果。参数设置及效果如图 19-19 所示。

- "粒度"参数：为添加背景色颗粒的数量。
- "发光量"参数：增加图像的亮度。
- "清除数量"参数：控制背景色影响图像的区域大小。

图 19-19 "扩散亮光"滤镜

(4) 素描滤镜组

用于创建手绘图像的效果，简化图像的色彩。主要包括"半调图案""便条纸""粉笔和炭笔""铬黄渐变""绘图笔""基底凸现""石膏效果""水彩画纸""撕边""炭笔""炭精笔""图章""网状""影印"14 种滤镜。各种滤镜的参数设置均大同小异，这里重点选择"绘图笔""炭精笔""图章"三种滤镜进行详细介绍，其他滤镜参照执行即可。

① "绘图笔"滤镜：该滤镜使用线状油墨来勾画原图像的细节，油墨应用前景色，纸张应用背景色。参数、选项设置及效果如图 19-20 所示。

- "线条长度"参数：决定线状油墨的长度。
- "明/暗平衡"参数：用于控制图像的对比度。

图 19-20 "绘图笔"滤镜

● "描边方向"选项：为油墨线条的走向。

② "炭精笔"滤镜：该滤镜可用来模拟炭精笔的纹理效果。在暗区使用前景色，在亮区使用背景色替换。参数、选项设置及效果如图19-21所示。

● "前景色阶"参数：调节前景色的作用强度。

● "背景色阶"参数：调节背景色的作用强度。

● "纹理"选项：我们可以选择一种纹理，通过缩放和凸现滑块对其进行调节，但只有在凸现值大于零时纹理才会产生效果。

● "光照方向"选项：指定光源照射的方向。

● "反相"选项：可以使图像的亮色和暗色进行反转。

图19-21 "炭精笔"滤镜

③ "图章"滤镜：该滤镜适用于简化图像，使之呈现图章盖印的效果，此滤镜用于黑白图像时效果最佳。参数设置及效果如图19-22所示。

● "明/暗平衡"：调节图像的对比度。

● "平滑度"：控制图像边缘的平滑程度。

图19-22 "图章"滤镜

(5) 纹理滤镜组

主要是为了使图像创造各种纹理材质的感觉。主要包括"龟裂缝""颗粒""马赛克拼贴""拼缀图""染色玻璃""纹理化"六种滤镜。

① "龟裂缝"滤镜：该滤镜根据图像的等高线生成精细的纹理，应用此纹理使图像产生浮雕的效果。参数设置及效果如图19-23所示。

● "裂缝间距"参数：调节纹理的凹陷部分的尺寸。

● "裂缝深度"参数：调节凹陷部分的深度。

● "裂缝亮度"参数：通过改变纹理图像的对比度来影响浮雕的效果。

图19-23 "龟裂缝"滤镜

② "颗粒"滤镜：该滤镜模拟不同的颗粒（常规、柔和、喷洒、结块、强反差、扩大、点刻、水平、垂直和斑点）纹理添加到图像的效果。参数、选项设置及效果如图19-24所示。

● "强度"参数：调节纹理的强度。

● "对比度"参数：调节结果图像的对比度。

● "颗粒类型"参数：可以选择不同的颗粒。

图19-24 "颗粒"滤镜

③ "马赛克拼贴"滤镜：该滤镜使图像看起来由方形的拼贴块组成，而且图像呈现出浮雕效果。参数设置及效果如图19-25所示。

● "拼贴大小"参数：调整拼贴块的尺寸。

● "缝隙宽度"参数：调整缝隙的宽度。

● "加亮缝隙"参数：对缝隙的亮度进行调整，从而起到在视觉上改变了缝隙深度的效果。

图19-25 "马赛克拼贴"滤镜

④ "拼缀图"滤镜：该滤镜将图像分解为由若干方形图块组成的效果，图块的颜色由该区域的主色决定。参数设置及效果如图19-26所示。

● "方形大小"参数：设置方形图块的大小。

● "凸现"参数：调整图块的凸出的效果。

图19-26 "拼缀图"滤镜

⑤"染色玻璃"滤镜：该滤镜用于将图像重新绘制成彩块玻璃效果，边框由前景色填充。参数设置及效果如图19-27所示。

- "单元格大小"参数：调整单元格的尺寸。
- "边框粗细"参数：调整边框的尺寸。
- "光照强度"参数：调整由图像中心向周围衰减的光源亮度。

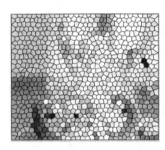

图19-27 "染色玻璃"滤镜

⑥"纹理化"滤镜：该滤镜主要是对图像直接应用自己选择的纹理。

- "纹理"选项：可以从砖形，粗麻布，画布和砂岩中选择一种纹理，也可以载入其他的纹理。参数、选项设置及效果如图19-28所示。
- "缩放"参数：改变纹理的尺寸。
- "凸现"参数：调整纹理图像的深度。
- "光照"选项：调整图像的光源方向。
- "反相"选项：反转纹理表面的亮色和暗色。

图19-28 "纹理化"滤镜

(6) 艺术效果滤镜组

主要用于模拟天然或传统的艺术效果。主要包括"壁画""彩色铅笔""粗糙蜡笔""底纹效果""干画笔""海报边缘""海绵""绘画涂抹""胶片颗粒""木刻""霓虹灯光""水彩""塑料包装""调色刀""涂抹棒"15种滤镜。这里主要选择"彩色铅笔""粗糙蜡笔""塑料包装"三种滤镜进行详细介绍，其他滤镜参照执行即可。

①"彩色铅笔"滤镜：该滤镜使用彩色铅笔在纯色背景上绘制图像。参数设置及效果如图19-29所示。

- "铅笔宽度"：调节铅笔笔触的宽度。
- "描边压力"：调节铅笔笔触绘制的对比度。
- "纸张亮度"：调节笔触绘制区域的亮度。

图19-29 "彩色铅笔"滤镜

②"粗糙蜡笔"滤镜：该滤镜模拟用彩色蜡笔在带纹理的图像上的描边效果。参数、选项设置及效果如图19-30所示。

- "线条长度"：调节勾画线条的长度。
- "线条细节"：调节勾画线条的对比度。
- "纹理"：可以选择砖形、画布、粗麻布和砂岩纹理或是载入其他的纹理。
- "缩放"：控制纹理的缩放比例。
- "凸现"：调节纹理的凸起效果。
- "光照"选项：选择光源的照射方向。
- "反相"：反转纹理表面的亮色和暗色。

图19-30 "粗糙蜡笔"滤镜

③"塑料包装"滤镜：该滤镜将图像的细节部分涂上一层发光的塑料。参数设置及效果如图19-31所示。

- "高光强度"参数：调节高光的强度。
- "细节"参数：调节绘制图像细节的程度。
- "平滑度"参数：控制发光塑料的柔和度。

19.4.1.2 独立滤镜

Photoshop CS6将系统内置滤镜中的部分特殊滤镜单列出来，作为独立滤镜使用，主要包括

图19-31 "塑料包装"滤镜

"自适应广角""镜头校正""液化""油画""消失点"五种滤镜。

(1)"自适应广角"滤镜

在选取素材的过程中，有时难免会使用广角镜头进行拍照，所拍摄的照片就会产生镜头畸变情况，使得照片边角位置出现弯曲变形。而使用Photoshop CS6中的"自适应广角"滤镜，即可对照片中的变形进行处理，从而获得一张完美没有变形的照片。参数设置及效果如图19-32所示。

图19-32 "自适应广角"滤镜

在左侧工具栏选择"约束工具"，然后在Photoshop CS6图像预览中有变形的起始位置单击左键，然后移动鼠标指针到变形终点位置后并单击左键。将会出现一道线，这道线会自动沿着变形曲面计算广角变形，从而修改变形为一条直线。采用同样的方法对其他变形位置进行校正。调整变形完毕后，左键单击"确定"按钮，得到Photoshop CS6最终调整效果。

(2)"镜头校正"滤镜

镜头校正滤镜根据各种相机与镜头的测量自动校正，可以轻易消除桶状和枕状变形、相片周边暗角，以及造成边缘出现彩色光晕的色相差。参数设置及效果如图19-33所示。

在"自动校正"选项卡中的"搜索条件"选项区域中，可以选择设置相机的品牌、型号和镜头型号。在左侧选择"移去扭曲工具"，向图像的中心或偏移图像中心移动，手动校正图像的失真。在左侧选择"拉直工具"，在Photoshop CS6图像中绘制一条线以将图像拉直到新的横轴或纵轴。拉直后即可得到所需效果。左键单击

图19-33 "镜头校正"滤镜

"自定"切换到"自定"选项卡，设置"几何扭曲""色差""晕影""变换"参数值。设置完毕后，左键单击"确定"按钮，即可得到镜头校正滤镜后最终效果图。

(3)"液化"滤镜

液化滤镜可以将图像内容像液体一样产生扭曲变形，在"液化"滤镜对话框中使用相应的工具，可以推、拉、旋转、反射、折叠和膨胀图像的任意区域，从而使图像画面产生特殊的艺术效果。参数设置及效果如图19-34所示。

图19-34 "液化"滤镜

- 向前变形工具：在拖动鼠标时可向前推动像素。选择"向前变形工具"，设置好右侧的"工具选项"参数，在需要变形的地方按住鼠标左键向相应的方向推动，使局部区域获得想要的形变效果。

- 重建工具：用来恢复图像。如感觉变形效果不太满意，可选择"重建工具"在不太满意的变形区域单击或按住鼠标左键拖动鼠标进行涂抹，可以使变形区域的图像恢复为原来的效果。

- 褶皱工具：在图像中单击左键或拖动时可以使像素向画笔区域中心移动，使图像产生向内收缩的效果。选择"褶皱工具"，设置好右侧的"工具选项"参数，在图像中选定的区域单击鼠标左键，使该区域收缩变小。

- 膨胀工具：在图像中单击鼠标左键或拖动时可以使像素向画笔区域中心以外的方向移动，使图像产生向外膨胀的效果。选择"膨胀工

具"，设置好右侧的"工具选项"参数，在图像中选定的区域单击，使该区域膨胀变大。

● 恢复全部：左键单击该按钮，可以恢复所有的液化操作。

(4)"油画"滤镜

使用"油画"滤镜，可以轻松打造油画效果，如图 19-35 所示。

图 19-35 "油画"滤镜

设置"油画"对话框右侧的参数值，左键单击"确定"按钮，即可使用油画滤镜打造油画效果。

(5)"消失点"滤镜

使用"消失点"滤镜可以根据透视原理，在图像中生成带有透视效果的图像，轻易创建出效果逼真的建筑物的"墙面"。另外该滤镜还可以根据透视原理对图像进行校正，使图像内容产生正确的透视变形效果，如图 19-36 所示。

图 19-36 "消失点"滤镜

在左侧选择"创建平面"工具，（默认情况下，打开"消失点"滤镜对话框后，当前选择工具为"创建平面"工具）。在预览窗口中单击，确定平面的第一个角点，接着移动鼠标，在角点附近单击左键，确定第二个角点。接着分别将光标移动到其他两个角点位置单击左键，绘制出一个线框。选择左侧的"选框工具"，将鼠标指针移动到线框内，线框的边界会变粗，双击左键将线框图像转换为选区。

在左侧选择"画笔工具"，并在顶部设置工具选项栏，在选区内涂抹，完毕后左键单击"确定"按钮关闭消失点对话框。在工具栏中选择"多边形套索"工具，在视图窗口中绘制选区，按"Delete"键将选区内图像删除，按"Ctrl＋D"键取消选区。按快捷键"Alt＋Ctrl＋V"键，打开"消失点"对话框；选择左侧的"编辑平面"工具；将鼠标移至角点上，按住鼠标左键拖动角点；在拖动角点时，若拖动的不符合透视效果，线条将出现不同的颜色，其中蓝色的为有效平面。

19.4.1.3 滤镜组

Photoshop CS6 将系统内置滤镜按照功能效果的不同，分别放置在不同类别、功能相近的组中，形成滤镜组。主要包括有"风格化""模糊""扭曲""锐化""视频""像素化""渲染""杂色""其他"等九种类型的滤镜组，如图 19-37 所示。

(1)"风格化"滤镜组

风格化滤镜组主要是对图像的像素进行位移、拼贴和反色等操作，对图像进行错位及变色等操作。主要包括"查找边缘""等高线""风""浮雕效果""扩散""拼贴""曝光过度""凸出"八种滤镜。

图 19-37 风格化滤镜组
(a) 查找边缘；(b) 浮雕效果

①"查找边缘"滤镜：使图像呈现一种使用笔刷勾画轮廓的效果，如 19-37(a) 所示。

②"等高线"滤镜：将会沿图像亮部和暗部区域边缘绘制细线，通过调整图像色阶可使线条发生变化。

③"风"滤镜：是按图像边缘中的像素颜色增加一些小的水平线，使图像产生起风的效果。该滤镜不具有模糊图像的效果，它只影响图像的边缘。

④"浮雕效果"滤镜：将图像中颜色变化大的区域勾画线条并降低周围图像颜色值，以呈现浮雕效果，如 19-37(b) 所示。

⑤"扩散"滤镜：是图像出现小杂点，形成磨砂玻璃的效果。

⑥"拼贴"滤镜：将图像分裂成指定数目的方块，并将这些方块移动一定的距离。

⑦"曝光过度"滤镜：使图像产生摄影中光线过强而曝光过度的效果。

⑧"凸出"滤镜：将图像附着在一系列的三维立方体或锥体上，使图像呈现一种 3D 纹理效果。

第 19 章 滤镜的使用 269

(2) 模糊滤镜组

模糊滤镜组可将图像边缘过于清晰或对比过于强烈的区域运行模糊，产生各种不同的模糊效果，起到柔化图像的作用，产生一种朦胧的效果。主要包括"场景模糊""光圈模糊""倾斜偏移""表面模糊""动感模糊""方框模糊""高斯模糊""进一步模糊""径向模糊""镜头模糊""模糊""平均""特殊模糊""形状模糊"14种滤镜，如图19-38所示。

A.原图 B.平均 C.径向模糊 D.方框模糊 E.特殊模糊
F.镜头模糊 G.表面模糊 H.进一步模糊 I.高斯模糊

图19-38 模糊滤镜组

①"场景模糊"滤镜：可以在图像中添加多个模糊点，分别控制不同地方的清晰或模糊程度。

②"光圈模糊"滤镜：就是用类似相机的镜头来对焦，焦点周围的图像会相应的模糊。

③"倾斜偏移"滤镜：用来模拟移轴镜头的虚化效果。

④"表面模糊"滤镜：是在保留图像边缘的同时对图像运行模糊。

⑤"动感模糊"滤镜：只在单一方向上对图像像素运行模糊处理，模仿物体高速运动时曝光的摄影方法，来表现速度感。

⑥"方框模糊"滤镜：使用相近的像素平均颜色值来模糊图像。

⑦"高斯模糊"滤镜：通过设置值，更细致的应用模糊效果，它是在Photoshop中较常使用的滤镜之一。

⑧"进一步模糊"滤镜：模糊程度大约是"模糊"滤镜的3～4倍，也是一固定的模糊效果，没有选项。

⑨"径向模糊"滤镜：使图像产生一种旋转或放射的模糊效果。

⑩"镜头模糊"滤镜：向图像中添加模糊以产生更窄的景深效果，以便使图像中的一些对象在焦点内，而使另一些区域变模糊。

⑪"模糊"滤镜：使图像产生一些略微的模糊效果，使图像融合。它的模糊效果是固定的，可用来消除杂色。

⑫"平均"滤镜：将找出图像或选区的平均颜色，然后使用该颜色填充图像，以创建平滑的外观。

⑬"特殊模糊"滤镜：可只对颜色相近的区域运行精确的模糊，可将图像中模糊的区域更模糊而清晰的区域不变。

⑭"形状模糊"滤镜：根据形状预设中的形状对图像运行模糊。

(3) 扭曲滤镜组

扭曲滤镜组通过旋转、挤压、置换等方法对图像应用扭曲变形实现各种效果。主要包括"波浪""波纹""极坐标""挤压""切变""球面化""水波""旋转扭曲""置换"九种滤镜。如图19-39所示。

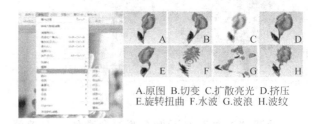

A.原图 B.切变 C.扩散亮光 D.挤压
E.旋转扭曲 F.水波 G.波浪 H.波纹

图19-39 扭曲滤镜组

①"波浪"滤镜：使图像产生波浪扭曲效果。

②"波纹"滤镜：使图像产生类似水波纹的效果。

③"极坐标"滤镜：将图像的坐标从平面坐标转换为极坐标或从极坐标转换为平面坐标。

④"挤压"滤镜：使图像的中心产生凸起或凹下的效果。

⑤"切变"滤镜：可以控制指定的点来弯曲图像。

⑥"球面化"滤镜：使选区中心的图像产生凸出或凹陷的球体效果，类似挤压滤镜的效果。

⑦"水波"滤镜：使图像产生同心圆状的波纹效果。

⑧"旋转扭曲"滤镜：使图像产生旋转扭曲的效果。

⑨"置换"滤镜：可以产生弯曲、碎裂的图像效果。置换滤镜比较特殊的是设置完毕后，还需要选择一个图像文件作为位移图，滤镜根据位移图上的颜色值移动图像像素。

(4) 锐化滤镜组

锐化滤镜组强化图像的边缘像素与相邻像素之间的对比，使图像看起来更清晰。主要包括"USM锐化""进一步锐化""锐化""锐化边缘""智能锐化"五种滤镜，如图19-40所示。

①"USM锐化"滤镜：是通过增强图像边缘的对比度来锐化图像，锐化值越大越容易产生黑边和白边。

②"进一步锐化""锐化"和"锐化边缘"滤镜：是软件自行设置默认值来锐化图像的，结

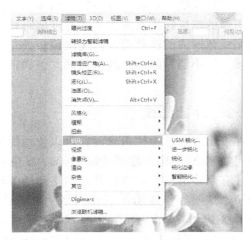

图 19-40　锐化滤镜组

图 19-41　像素化滤镜组

果无法控制，越锐化产生的颗粒就越明显。

③ "智能锐化"滤镜：具有"USM 锐化"滤镜所没有的锐化控制功能，可以设置锐化算法，或控制在阴影和高光区域中的锐化量，而且能避免色晕等问题，起到使图像细节清晰起来的作用。

(5) 视频滤镜组

视频滤镜组属于 Photoshop 的外部接口程序，用来从摄像机输入图像或将图像输出到录像带上。主要包括"NTSC 颜色""逐行"两种滤镜。

① "NTSC 颜色"滤镜：将色域限制在电视机重现可接受的范围内，以防止过饱和颜色渗到电视扫描行中。

② "逐行"滤镜：通过去掉视频图像中的奇数或偶数交错行，使在视频上捕捉的运动图像变得平滑。

(6) 像素化滤镜组

像素化滤镜组将图像分成一定的区域，将这些区域转变为相应的色块，再由色块构成图像，类似于色彩构成的效果。主要包括"彩块化""彩色半调""点状化""晶格化""马赛克""碎片""铜板雕刻"七种滤镜。如图 19-41 所示。

① "彩块化"滤镜：使用纯色或相近颜色的像素结块来重新绘制图像，类似手绘的效果。

② "彩色半调"滤镜：拟在图像的每个通道上使用半调网屏的效果，将一个通道分解为若干个矩形，然后用圆形替换掉矩形，圆形的大小与矩形的亮度成正比。

③ "点状化"滤镜：将图像分解为随机分布的网点，模拟点状绘画的效果。使用背景色填充网点之间的空白区域。

④ "晶格化"滤镜：使用多边形纯色结块重新绘制图像。

⑤ "马赛克"滤镜：形成众所周知的马赛克效果，将像素结为方方块。

⑥ "碎片"滤镜：将图像创建四个相互偏移的副本，产生类似重影的效果。

⑦ "铜板雕刻"滤镜：使用黑白或颜色完全饱和的网点图案重新绘制图像。

(7) 渲染滤镜组

渲染滤镜组使图像产生三维映射云彩图像，折射图像和模拟光线反射，还可以用灰度文件创建纹理进行填充。主要包括"分层云彩""光照效果""镜头光晕""纤维""云彩"五种滤镜。如图 19-42 所示。

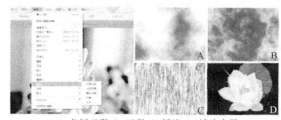

A.分层云彩　B.云彩　C.纤维　D.镜头光晕

图 19-42　渲染滤镜组

① "分层云彩"滤镜：使用随机生成的介于前景色与背景色之间的值来生成云彩图案，产生类似负片的效果。

② "光照效果"滤镜：使图像呈现光照的效果，此滤镜不能应用于灰度。

③ "镜头光晕"滤镜：模拟亮光照射到相机镜头所产生的光晕效果。

④ "纤维"滤镜：使用前景色和背景色创建编织纤维的外观。

⑤ "云彩"滤镜：使用介于前景色和背景色之间的随机值生成柔和的云彩效果，如果按住 Alt 键使用云彩滤镜，将会生成色彩相对分明的云彩效果。

(8) 杂色滤镜组

杂色滤镜组通过添加或移去杂色或带有随机分布色阶的像素。有助于将选区混合到周围的像素中，可创建与众不同的纹理或移去有问题的区域。主要包括"减少杂色""蒙尘与划痕""去斑""添加杂色""中间值"五种滤镜，如图19-43所示。

图19-43　杂色滤镜组

① "减少杂色"滤镜：在基于影响整个图像或各个道通的用户设置保留边缘的同时，移去图像或选区的不自然感。

② "蒙尘与划痕"滤镜：可以捕捉图像或选区中相异的像素，并将其融入周围的图像中去。

③ "去斑"滤镜：检测图像边缘颜色变化较大的区域，通过模糊除边缘以外的其他部分以起到消除杂色的作用，但不损失图像的细节。

④ "添加杂色"滤镜：将添入的杂色与图像相混合。

⑤ "中间值"滤镜：通过混合像素的亮度来减少杂色。

(9) 其他滤镜组

其他滤镜组可用来创建自己的滤镜，也可以用来修饰图像的某些细节部分。主要包括"高反差保留""位移""自定""最大值""最小值"五种滤镜，如图19-44所示。

图19-44　其他滤镜组

① "高反差保留"滤镜：按指定的半径保留图像边缘的细节。

② "位移"滤镜：按照输入的值在水平和垂直的方向上移动图像。

③ "自定"滤镜：根据预定义的数学运算更改图像中每个像素的亮度值，可以模拟出锐化、模糊或浮雕的效果。可以将自己设置的参数存储起来以备日后调用。

④ "最大值"滤镜：可以扩大图像的亮区和缩小图像的暗区。当前的像素的亮度值将被所设定的半径范围内的像素的最大亮度值替换。

⑤ "最小值"滤镜：效果与最大值滤镜刚好相反。

19.4.2　外挂滤镜

在 Photoshop 中使用滤镜，可以使用图像快速获得特殊的效果。除了 Photoshop 自带的滤镜，还有众多的第三方软件开发商生产的各种外挂滤镜，这些外挂滤镜可以在网络上下载获得。如果需要使用，可以直接将第三方滤镜存放在"增效工具"文件夹中，再次启动 Photoshop 时就可以在"滤镜"菜单中找到这些新的滤镜了。外挂滤镜需要用户进行安装，常见的外挂滤镜有 KPT、Eye 等。下载时需要注意下载对应版本的外挂滤镜文件，比如64位的CS软件需要下载64位的外挂滤镜才行。

滤镜文件的扩展名为".8BF"。安装外挂滤镜的方法，一种是已经封装的外挂滤镜程序，直接安装就可以了。另一种是直接将滤镜文件放到 Photoshop 相应的目录下，然后在"编辑/首选项/增效工具"中选择附加的"增效工具"文件夹选项，并指定外挂滤镜存放的目录，如图19-45所示。

图19-45　附加的增效工具文件夹

在 Photoshop CS6 中，没有了早前版本的抽出滤镜。我们就以抽出滤镜为例来讲解滤镜的安装。下面的截图是 Photoshop CS6 中自带的滤镜，如图19-46所示。

图19-46　Photoshop CS6 中自带的滤镜

第一步：下载的滤镜文件，如图 19-47 所示。

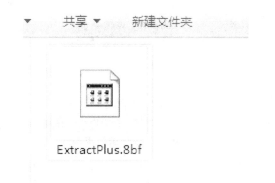

图 19-47　下载的抽出外挂滤镜文件

第二步：复制这个滤镜文件到 X：\ProgramFiles\Adobe\AdobePhotoshop CS6（64Bit）\Plug-ins\Panels 目录中（这个路径视你的 Photoshop CS6 实际安装路径而定），如图 19-48 所示。

图 19-48　外挂滤镜文件存放路径

第三步：重启 Photoshop CS6，就能看到外挂滤镜已经安装好了，如图 19-49 所示。

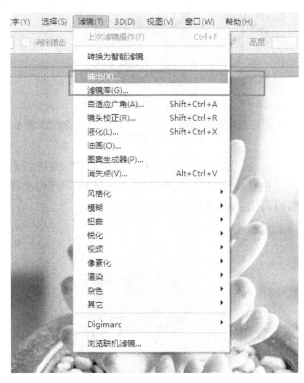

图 19-49　外挂滤镜成功显示

第四步：如果是封装好的外挂滤镜程序，安装时候选择安装在 X：\Program Files\Adobe\Adobe Photoshop CS6（64Bit）\Plug-ins\Panels 目录中就能使用了。

本章小结

本章主要介绍了各种滤镜的功能及滤镜的基本使用方法，内容包含 Photoshop 滤镜的定义、CS6 的新增功能、滤镜的分类和相应的使用方法，以及第三方外挂滤镜的安装方法。滤镜的功能强大而奇妙，这些形形色色几十种滤镜与 Photoshop 的其他工具结合应用，会产生丰富多彩的效果。滤镜的使用并不复杂，只要经常练习，不断的积累经验，就能灵活地选择适宜的滤镜，达到运用自如的程度。

思考与练习

一、选择题

① 如果一张照片的扫描结果不够清晰，可用下列哪种滤镜弥补（　　）？
　A. 中间值　　　　　B. 风格化
　C. USM 锐化　　　　D. 去斑

② 下面哪些滤镜只对 RGB 图像起作用（　　）？
　A. 马赛克　　　　　B. 光照效果
　C. 波纹　　　　　　D. 浮雕效果

③ 下列关于滤镜的操作原则哪些是正确的（　　）？
　A. 滤镜不仅可用于当前可视图层，对隐藏的图层也有效
　B. 不能将滤镜应用于位图模式（Bitmap）或索引颜色（Index Color）的图像
　C. 有些滤镜只对 RGB 图像起作用
　D. 只有极少数的滤镜可用于 16 位/通道图像

④ 选择"滤镜/纹理/纹理化"命令，弹出"纹理化"对话框，在"纹理"后面的弹出菜单中选择"载入纹理"可以载入和使用其他图像作为纹理效果。所有载入的纹理必须是下列哪种格式（　　）？
　A. PSD 格式　　　　B. JPEG 格式
　C. BMP 格式　　　　D. TIFF 格式

⑤ 使用"云彩"滤镜时，在按住下列哪个键的同时选取"滤镜＞渲染＞云彩"命令，可生成对比度更明显的云彩图案（　　）？
　A. Alt 键(Win)/Option 键(Mac)
　B. Ctrl 键(Win)/Command 键(Mac)
　C. Ctrl＋Alt 键(Win)/Command＋Option 键(Mac)

D. Shift 键

⑥ 在对一幅人物图像执行了模糊，杂点等多个滤镜效果后，如果想恢复人物图像中局部，如脸部的原来样貌，下面可行的方法是（　　）？

A. 采用橡皮图章工具
B. 配合历史记录调板使用橡皮工具
C. 配合历史记录调板使用历史记录画笔
D. 使用菜单中的重做或后退的命令

二、练习题

① 制作"水中倒影"。

主要涉及三种滤镜的用法：动感模糊滤镜、波纹滤镜、水波滤镜。

参考操作步骤如下：

● 按"D"键设置前景色为黑色，背景色为白色。打开一幅需要制作水中倒影效果的图像文件，如图 19-50 所示。

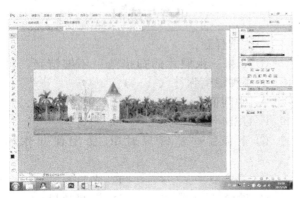

图 19-50　原图

● 执行"图像/画布大小"命令在打开的对话框中进行如图 19-51 所示的设置，单击"确定"按钮，得到如图 19-52 所示的效果。

图 19-51　调整画布大小

● 在"工具栏"中选择"魔棒"工具，在图像白色画布中单击左键，执行"选择反向"命令将图像选中，右击选中"通过拷贝的图层"将所选区域复制到"图层 1"上，垂直向下拖动"图层 1"的图像内容，将它置于水中倒影的位置，这时图层面板就呈现如图 19-53 所示的效果。

● 执行"编辑/变换/垂直反转"命令，将"图层 1"中的对象进行反转，如图 19-54 所示。

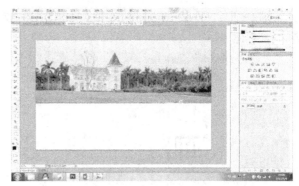

图 19-52　调整后效果图

图 19-53　图层面板图

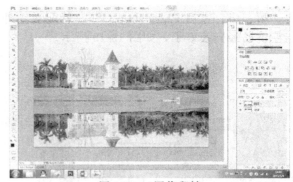

图 19-54　图像翻转

● 在"图层 1"中按下"Ctrl+T"键进行自由变换，使所选图像充满湖水的区域，并缩小图像的高度，效果如图 19-55 所示。

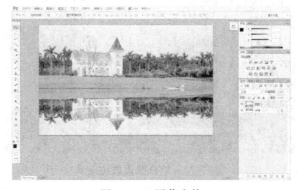

图 19-55　图像变换

● 在"图层1"中执行"滤镜/扭曲/波纹"命令，在打开的"波纹"滤镜对话框中进行如图19-56所示的设置，左键单击"确认"按钮后得到如图19-57所示的倒影效果。

图 19-58　羽化设置

● 执行"滤镜/扭曲/水波"命令，在打开的对话框中进行如图19-59所示设置，左键单击"确认"按钮，并将图层面板中的"图层1"的"不透明度"设置为85％，最终得到如图19-60所示效果。

图 19-56　波纹对话框

图 19-59　水波设置

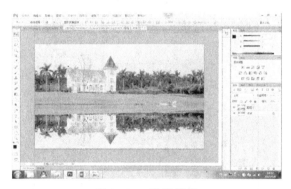

图 19-57　波纹效果

● 执行"滤镜/模糊/动感模糊"命令，在打开的对话框中设置角度为90，距离为10像素，选择"矩形选框"工具，在倒影区域绘制一个矩形框，右击选择羽化操作，设置羽化半径为5像素，如图19-58所示。

图 19-60　效果图

第 19 章　滤镜的使用

第20章 用Photoshop CS6制作园林效果图

20.1 园林平面效果图制作

第一步：在PhotoshopCS6中打开"图20-1.psd"文件，如图20-1所示。

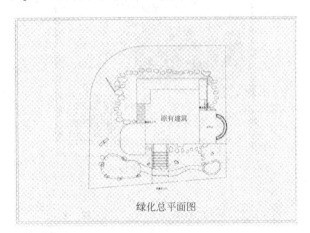

图20-1 别墅平面线框图

第二步：创建新图层，并将其命名为"背景"，将前景色设置为白色，填充前景色，交换"背景"图层与"线框"图层的位置，给"线框"图层添加一个白色背景，效果如图20-2所示。

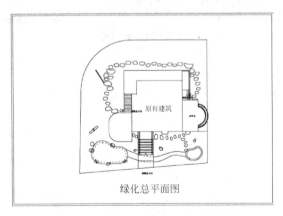

图20-2 别墅平面线框添加白色背景

第三步：制作草地。打开"图20-3 草地.jpg"文件，调整"草地"图像的色调，执行"图像/调整/曲线"命令，做相应的调整，如图20-4所示。

将调整好的"草地"定义图案，执行"编辑/定义图案"命令，出现如图20-5所示对话框，左键单击"确定"。关闭"草地.jpg"文件，回到图形中。

图20-3 草地

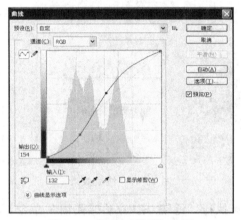

图20-4 调整"草地"色调

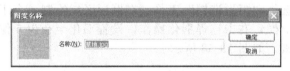

图20-5 定义图案对话框

选择"工具栏/魔棒工具"，在"线框"图层中选择草地，如图20-6所示。

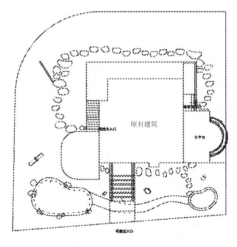

图20-6 "草地"选区

执行"创建新的填充或调整图层/图案"命令，出现如图 20-7 所示对话框，可调整图案比例，左键单击"确定"按钮，草地选区填充完毕，如图 20-8 所示。

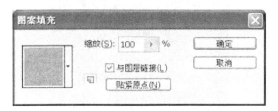

图 20-7 "图案填充"对话框

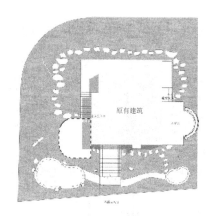

图 20-10 铺装选区

打开"图 20-11 铺装砖.jpg"文件，执行"编辑/定义图案"命令，在弹出的对话框中左键单击"确定"按钮，关闭"图 20-11 铺装砖.jpg"文件。回到图像中，新建一个图层，命名为"铺装"，填充任意色，执行"添加图层样式/图案叠加"命令，选择刚刚定义的图案，调整比例，左键单击"确定"按钮，效果如图 20-12 所示。

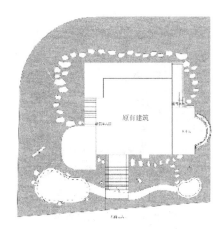

图 20-8 "草地"填充

第四步：制作建筑。选择"工具栏/魔棒工具"，在"线框"图层中选择"原有建筑"选区，新建一个图层，命名为"建筑"。设置前景色为乳黄色（♯fbfad4），在"建筑"图层上填充。

第五步：制作建筑阴影。按住"Ctrl键"左键单击"建筑"图层缩览图，取得"建筑"选区，将前景色设置为灰色（♯858583），将"建筑阴影"图层放置于"建筑"图层下方，选择"工具栏/多边形套索工具"，绘制缺失的阴影选区，填充灰色，效果如图 20-9 所示。

图 20-11 铺装砖

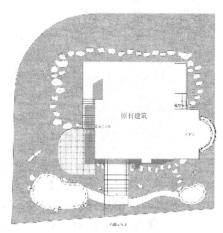

图 20-12 铺装填充效果

用相同的方法分别定义图案"走廊""阳台""楼梯""廊架下铺装"，完成走廊、阳台、楼梯、廊架下铺装的填充。效果如图 20-13 所示。

第七步：绘制花坛。方法同上，打开"图 20-14"，完成"花坛"的填充。参考效果如图 20-15 所示。

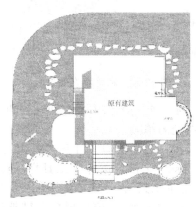

图 20-9 建筑阴影效果

第六步：制作铺装。选择"背景"图层，选择"工具栏/魔棒工具"，选择一块铺装，选区效果如图 20-10 所示。

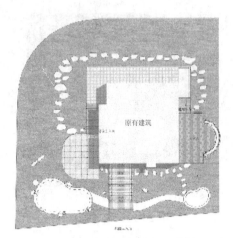

图 20-13　所有铺装填充效果

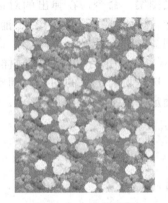

图 20-14　绘制花坛

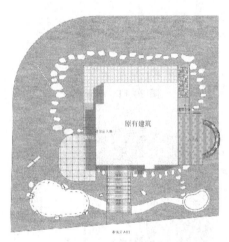

图 20-15　花坛填充效果

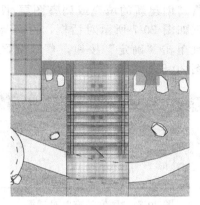

图 20-16　花架填充效果

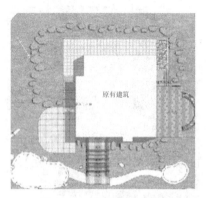

图 20-17　汀步填充效果

1ea3f9），选择"加深工具/减淡工具"，调整池塘的光影效果，执行"添加图层样式/内阴影"命令，添加内阴影效果，效果如图 20-18 所示。

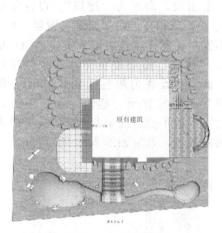

图 20-18　池塘填充效果

第八步：制作花架。选择"线框"图层，选择"工具栏/魔棒工具"，选择花架选区，执行"创建新的填充或调整图层/纯色"命令，设置颜色值♯ae500a，完成花架填充。打开"图层样式"对话框，从中选择"投影"选项，结果如图 20-16 所示。

第九步：绘制汀步。方法同上，效果如图 20-17 所示。

第十步：绘制池塘。选择"线框"图层，选择"工具栏/魔棒工具"，选择所有的池塘，可按住 Shift 或 Alt 键选取，设置前景色为蓝色（♯

第十一步：使用类似方法完成池塘边汀步以及其他空白处的填充。

第十二步：制作植物。打开"图 20-19 植物平面图例.psd"文件，选择"工具栏/矩形选框工具/矩形选框工具"，选中如图 20-19 中所示植物，选择"移动工具"，按住鼠标左键拖动至平面图中，松开鼠标，执行菜单栏"编辑/自由变换"命令，调整植物图例为适当大小。按住 Alt 键移动植物图例可复制，选择"工具栏/矩形选框工具"，框选住后复制可使所复制的植物图例均位于同一图层中。执行"添加图层样式/投影"命令，给植物图例添加投影，如图20-20所示。

图 20-22 立面图

图 20-19 选中植物图例

图 20-23 天空

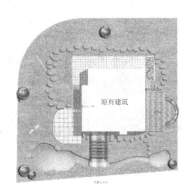

图 20-20 加植物投影

用和上面相同的方法制作所有的树木、植物。结果如图20-21所示。

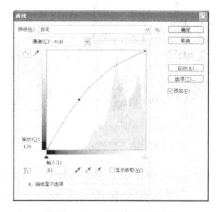

图 20-24 调整天空色调

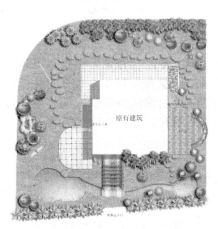

图 20-25 框选天空的范围

选择"工具栏/仿制图章工具"，在"天空"文件中按住"Alt键"+左键选取目标文件，松开 Alt 键，回到"立面"文件，选中"天空"图层，将"图层混合模式"改为"正片叠底"，在选框中进行涂抹，调整笔尖大小仿制天空，效果如图20-26所示。

图 20-21 某别墅绿化平面效果图

图 20-26 天空效果

20.2 园林立面效果图制作

第一步：制作天空。在 Photoshop CS6 中打开"图20-22立面图"和"图20-23天空"。选择天空图像，调整天空的色调，按 Ctrl+M 键调整曲线，如图20-24所示。在"立面"图像文件中新建一个图层，命名为"天空"。左键单击"矩形选框工具"选择天空的范围，如图20-25所示。

第二步：绘制断面土壤。选择"工具栏/魔

第20章 用 Photoshop CS6 制作园林效果图 **279**

棒工具"，选中"立面"文件中的剖断线，垂直向下移动选区，将前景色设置为#d5c0b2，新建图层，命名为"土壤"，在该图层中填充前景色。效果如图20-27所示。

图20-27　土壤效果

第三步：绘制建筑小品。新建图层，将其命名为"建筑"。把"图层混合模式"改为"正片叠底"，将前景色设置为#52d6e3，选择"工具栏/画笔工具"，调整笔尖大小，绘制建筑顶。将前景色设置为#ad7858，绘制柱子。效果如图20-28所示。

图20-28　建筑小品效果

第四步：绘制植物。新建图层，将其命名为"植物1"。"图层混合模式"改为"正片叠底"，将前景色设置为#78b74a，选择"工具栏/画笔工具"，调整画笔笔尖形状如图20-29所示。效果如图20-30"植物初步效果"所示。

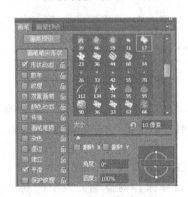

图20-29　画笔参数设置

绘制植物高光部分，新建图层，将其命名为"高光1"。设置前景色为#f9ecc0，调整画笔参数，完成"高光1"绘制，将前景色设置为#90f074，绘制过渡色，效果如图20-31所示。

第五步：用和上面相同的方法绘制其他植物，使立面图色彩丰富饱满。最终效果如图20-32所示。

图20-30　植物初步效果

图20-31　植物最终效果

图20-32　植物整体效果

第六步：复制"背景"图层，得到"背景副本"图层，设置背景副本，"图层混合模式"为"正片叠底"，加深线条浓度。调整整体效果，使画面效果更精神，如图20-33所示。

图20-33　剖立面图整体效果

20.3　园林透视效果图后期制作

第一步：在Photoshop CS6中打开图20-34。

第二步：选择"工具栏/魔棒工具"，设置"容差"为"0"，单击除了木屋以外的黑色部分，按住Shift键添加多个选区，将黑色背景全部选中，按住Ctrl+Shift+I键反选，执行"添加矢量蒙版"命令，去除黑色背景，将图层重命名为

图 20-34　打开木屋文件

"木屋"，效果如图 20-35 所示。

图 20-37　添加天空背景

图 20-35　去除黑色背景

图 20-38　图片文件

第三步：打开图 20-36，将图 20-36 拖拽到图 20-35 中，命名为"天空"。执行"自由变换"命令，将其缩放为合适的大小，并将此图层拖到"木屋"图层的下面，结果如图 20-37 所示。

图 20-39　添加背景植物

命令，调整其大小，并将此图层拖到"木屋"图层的下面，效果如图 20-41 所示。

图 20-36　图例

图 20-40　效果图

第四步：打开"图 20-38 精选效果图配景.psd"文件，选择"图层 10"，如图 20-38 将其拖拽到图形中，命名为"背景植物"，执行"自由变换"命令，调整其大小，并将此图层拖到"木屋"图层的下面，效果如图 20-39 所示。

第五步：打开"图 20-38 精选效果图配景.psd"文件，选择"图层 1"，如图 20-40 将其拖拽到图形中，命名为"草地"，执行"自由变换"

第六步：打开"图 20-38 精选效果图配景.psd"文件，选择"图层 2"，如图 20-42 所示。将其拖拽到图形中，命名为"屋后植物"，执行"自由变换"命令调整其大小，并将此图层拖到"木屋"图层的下面，注意前后关系。执行"创建新的填充或调整图层/曲线"命令，如图 20-43 所示。执行"创建新的填充或调整图层/色相/饱和

图 20-41　添加草地

度"命令,如图 20-44 所示。

图 20-42　图例 1

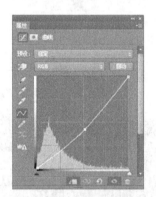

图 20-43　调整曲线

图 20-44　调整色相/饱和度

执行"图层/创建剪贴蒙版"命令,为"屋后植物"创建剪贴蒙版,如图 20-45 所示,最终效果如图 20-46 所示。

第七步:继续在"图 20-38 精选效果图配景.psd"文件上选择素材,选择"工具栏/移动工具",将"小叶黄杨"图层拖到图形中,如图

图 20-45　屋后植物

图 20-46　屋后植物

20-47,并命名为"小叶黄杨"。对其执行"自由变换""移动""透视"等操作进行调整,并将其放到合适的位置。结果如图 20-48 所示。

图 20-47　小叶黄杨

图 20-48　小叶黄杨效果

第八步:在"图 20-38 精选效果图配景.psd"文件上选择素材"植物 2",如图 20-49 所示,选择"工具栏/移动工具",将其移到所做图形中,命名该图层为"植物 2"。对其执行"编辑/变换/缩放"和"透视"命令,调整大小和形

状，放于适当的位置，结果如图 20-50 所示。

图 20-49　图例 2

图 20-50　植物 2

第九步：在"图 20-38 精选效果图配景.psd"文件上选择素材"桂花"，如图 20-51 所示。选择"工具栏/移动工具"，将其移到所做图形中，命名该图层为"桂花"。对其执行"编辑/变换"调整大小和形状，放于适当的位置；执行"图像/调整/曲线"命令，调整图像色调，如图 20-52 所示，结果如图 20-53 所示。

图 20-51　图例 3

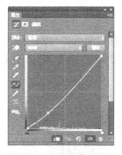

图 20-52　调整曲线

第十步：在"图 20-38 精选效果图配景.psd"文件中选择素材"树1""树2""树3""树4""树5""树6""植物3""植物4""人物""前景树""前景树2"，拖至图中，相应的命名图层名，分别进行缩放、色彩和亮度/对比度的调整，摆到适当的位置，图层顺序摆放正确，结果如图 20-54 所示。

图 20-53　桂花效果

图 20-54　植物效果

第十一步：调整图像整体效果。打开"图 20-55 花草.jpg"文件，移入图形中，将其草坪部分覆盖在效果图中栅栏内的草坪上，执行"添加图层蒙版"命令，调整画笔工具并涂抹，效果如图 20-55 所示。

图 20-55　草坪效果

调整整体曲线效果如图 20-56 所示，图像效果如图 20-57 所示。

图 20-56　调整整体曲线效果

图 20-57 最终透视效果

20.4 园林鸟瞰效果图后期制作

第一步：启动 Photoshop CS6。执行"文件/打开"命令，打开"素材图 20-60 鸟瞰效果图.psd"文件，如图 20-58 所示。

图 20-58 打开鸟瞰图

第二步：执行"图像/调整/色阶"命令，在弹出的"色阶"对话框中，设置各项参数如图 20-59 所示，使整个画面变亮，效果如图 20-60 所示。

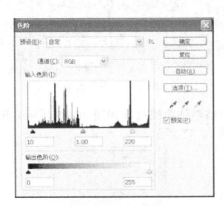

图 20-59 "色阶"参数设置

第三步：打开"图 20-61 背景图片.jpg"文件，选择"工具栏/移动工具"，将其拖动到"图 20-60 鸟瞰效果图.psd"文件中，并将该图层命名为"草地"，调整"色彩平衡"参数设置

图 20-60 调整"色阶"后的效果

（图 20-62），使其更自然。

图 20-61 图例

图 20-62 "色彩平衡"参数设置

第四步：将"草地"图层置于"大楼"图层的下面，调整其大小和位置，此时效果如图 20-63 所示。

图 20-63 添加背景后的效果

第五步：制作水面。打开"图 20-66 水面.jpg"文件，选择"工具栏/钢笔工具"，在"背景"图层上画出要制作成水面效果的部分，将路径转换为选区，选择"工具栏/移动工具"，将其拖动至"20-60 鸟瞰效果图.psd"文件，并把图层命名为"水面"。效果如图 20-64 所示。

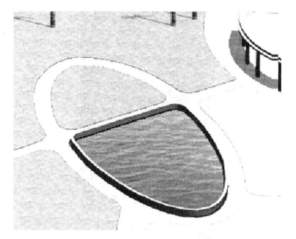

图 20-64 水面

第六步：制作水面特效。新建一个图层，命名为水面渐变，将其拖放到"大楼"图层与"水面"图层之间，载入水面选区，设置前景色为浅蓝色，设置背景色为深蓝色，用渐变工具制作线性渐变效果。把"水面渐变"图层的混合模式设置为"柔光"，效果如图 20-65 所示。

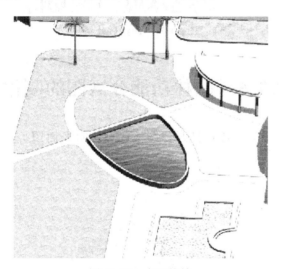

图 20-65 水面特效

第七步：制作路。选择"大楼"图层，选择"工具栏/魔棒工具"，选择道路部分，将前景色设置为＃898989，填充选区，使用"加深/减淡"工具添加道路特殊效果。结果如图 20-66 所示。

第八步：打开"图 20-38 精选效果图配景.psd"文件，选择"灌木"图层，将其拖至图中命名为"灌木"，将其放到"大楼"图层的上方，使用"自由变换"功能调整位置和大小，并调整其

图 20-66 马路效果

"色彩平衡"和"色相/饱和度"，使色彩和整个图形协调一致，复制"灌木"图层，位置和大小（近大远小）设置合适后，合并所有"灌木"图层，效果如图 20-67 所示。

图 20-67 灌木效果

第九步：打开"图 20-38 精选效果图配景.psd"文件，选择"行道树"图层，将其拖放到图形中，命名该图层为"行道树"。在"图层"面板中，将行道树所在的图层复制一层，使用扭曲、变形命令将其作变形处理，然后调整"色相/饱和度"中的明度为－100，在将此图层的不透明度调为 50，制作树木阴影，然后按"Ctrl＋E"键，合并"行道树副本"和"行道树"图层，结果如图 20-68 所示。

图 20-68 行道树阴影

按 Ctrl＋T 自由变换键，将其进行适当缩小，移动到需要栽种行道树的位置，然后按照近

第 20 章 用 Photoshop CS6 制作园林效果图 **285**

大远小和图层顺序，沿道路两侧进行复制。确认合适后，合并所有行道树图层，并用橡皮擦擦掉不该遮挡的部分。效果如图 20-69 所示。

图 20-69　栽植行道树效果

第十步：打开"精选效果图配景.psd"文件，选择"车""柏""主景树""枫树""悬铃木""桂花""假山""雕塑""棕榈"图层，用和前面相同的方法放入到图中合适的位置，并执行"复制""自由变换"等命令，调整大小及位置，效果如图 20-70 所示。

图 20-70　添加树木、人物、小品和车后的效果

第十一步：调整背景效果。打开"补充背景.jpg"文件，选择"工具栏/移动工具"将该图片拖动至左侧绿处，命名为"左侧绿地"，选择"工具栏/多边形套索工具"，大致绘制左侧绿地区域，建立如图 20-71 所示的选区。

图 20-71　左侧绿地选区

按住 Ctrl＋Shift＋I 键反选，按住 Delete 键，清除左侧绿地以外多余的部分，给"左侧绿地"图层创建剪贴蒙版，执行"图像/调整/色彩平衡"命令，设置参数如图 20-72 所示，使左侧绿地色调与原图像相融合。效果如图 20-73 所示。

图 20-72　色彩平衡参数

图 20-73　调整后效果

20.5　园林功能分区图的制作

第一步：打开"图 20-74 公园平面图.jpg"文件。

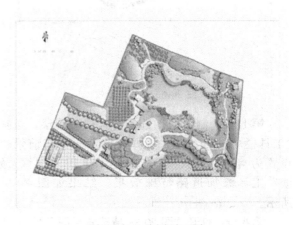

图 20-74　公园平面图

第二步：调整平面图色彩。执行"创建新的填充或调整图层/色相/饱和度"命令，设置参数

如图 20-75 所示，使图面变灰，效果如图 20-76 所示。

图 20-75　色相饱和度调整参数

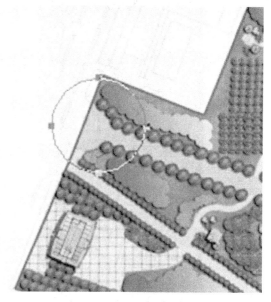

图 20-78　入口景观区域

图 20-76　调整后效果

执行菜单栏"图层/创建剪贴蒙版"命令，为背景层创建剪贴蒙版，如图 20-77 所示。

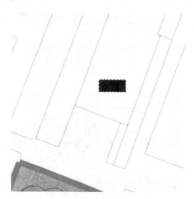

图 20-79　绘制虚线

图 20-77　创建剪贴蒙版

第三步：框出入口景观区。选择"工具栏/椭圆工具"，工具属性栏单击下拉三角菜单选择"路径"，按住 Shift 键，绘制正圆如图 20-78 所示。

第四步：绘制虚线。新建一个图层，命名为虚线，选择"工具栏/矩形选框工具"，绘制一个小矩形。大宽度为虚线的宽度，并将其填充为黑色，如图 20-79 所示。

执行"编辑/定义画笔预设"命令，创建画笔，选择"工具栏/画笔工具"，左键单击 切

换画笔面板，找到定义好的画笔笔尖形状，调整间距如图 20-80 所示参数设置。角度抖动，控制改为"方向"，如图 20-81 所示。

图 20-80　调整间距

第 20 章　用 Photoshop CS6 制作园林效果图

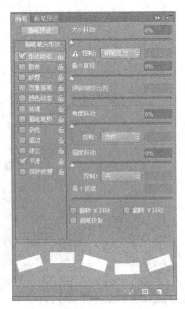

图 20-81　调整角度抖动

将前景色设置为#33de26，选中路径，右击选择"描边路径"，工具选择"画笔"，效果如图20-82所示。

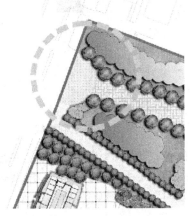

图 20-82　绘制虚线

给虚线添加特殊效果，执行"添加图层样式/投影"命令，参数设置如图20-83，选择"斜面和浮雕"参数设置如图20-84所示。

图 20-83　设置投影

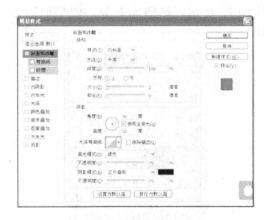

图 20-84　设置斜面浮雕效果

第五步：填充区域。新建一个图层，命名为填充区域。选中路径，右击选择"填充路径"，将不透明度设置为30%，如图20-85所示。最终效果如图20-86所示。

图 20-85　设置不透明度

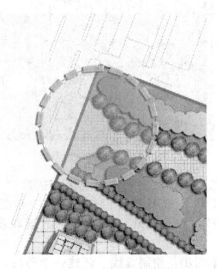

图 20-86　入口景观区最终效果

第六步：用相同的方法完成中心广场区、草坪运动区、文体活动区、停车区、中心垂钓区的绘制。并用文字进行标注，最终效果如图20-87所示。

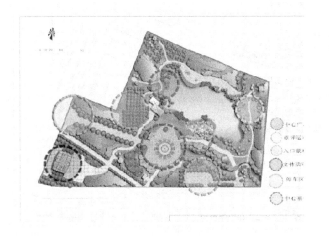

图 20-87 最终效果

本章小结

本章主要介绍了园林平面效果图的制作、园林立面效果图的制作、园林透视效果图后期制作、园林鸟瞰图的后期制作及园林平面图功能分区的制作。在 Photoshop CS6 中，综合使用各类工具和命令使用户掌握各类效果图制作的基本方法。

思考与练习

1. 搜集素材，将图 20-88 所示 CAD 中绘制的"小游园绿化设计方案"制作成平面效果图（可参考图 20-89 所示的平面效果进行绘制）。

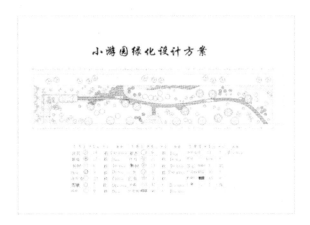

图 20-88

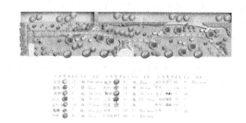

图 20-89

2. 搜集素材，自行制作一副立面效果图（可以参考图 20-90 所示的立面效果进行绘制）。

图 20-90

3. 搜集素材，将图 20-91 所示鸟瞰图进行后期设计制作。

图 20-91

参 考 文 献

[1] 曲梅. 园林计算机辅助设计 [M]. 北京：中国农业大学出版社，2010.
[2] 赵芸. 园林计算机辅助设计 [M]. 北京：中国建筑工业出版社，2008.
[3] 常会宁. 园林计算机辅助设计 [M]. 北京：高等教育出版社，2010.
[4] 邢黎峰. 园林计算机辅助设计教程（第2版）[M]. 北京：机械工业出版社，2007.
[5] 杨学成. 计算机辅助园林设计 [M]. 重庆：重庆大学出版社，2012.
[6] 高成广. 风景园林计算机辅助设计 [M]. 北京：化学工业出版社，2010.
[7] 王先杰. 风景园林计算机辅助设计 [M]. 北京：化学工业出版社，2016.